Crise écologique,
Crise de Dieu

Vol. I

Patrick Mégarbané

Crise écologique, Crise de Dieu

Vol. I - Une analyse approfondie de l'impasse actuelle

Édition : BoD • Books on Demand GmbH,
In de Tarpen 42, 22848 Norderstedt (Allemagne)
Impression : Libri Plureos GmbH, Friedensallee 273,
22763 Hamburg (Allemagne)

ISBN : 978-2-3225-5058-6
Dépôt legal : Octobre 2024

Introduction

Notre monde connaît les prémices d'un basculement écologique global, et en grande partie irréversible, dont l'homme est le premier responsable[1]. Le réchauffement climatique, la pollution généralisée, l'artificialisation des sols, l'acidification des mers, la montée des eaux, l'extinction accélérée des espèces et l'épuisement des ressources non renouvelables représentent les sombres facettes d'un bouleversement qui affecte et affectera durablement les conditions d'habitabilité sur Terre.

La dégradation des conditions environnementales constitue une menace existentielle pour l'homme[2]. Elle provoque des phénomènes météorologiques extrêmes, rend de vastes territoires inhabitables, creuse l'insécurité alimentaire et les difficultés d'accès à l'eau douce dans de nombreuses régions, déclenche des déplacements massifs de population, multiplie les risques sanitaires environnementaux et affecte négativement la qualité de vie. Par toutes sortes de biais, l'altération de la biosphère affaiblit les économies, déstabilise les États, désorganise les sociétés et, par enchaînement, accroît les risques de convulsions sociales et de violence[3]. « Autrement dit, nous sommes en train de sortir d'une ère d'abondance de trois siècles avec, à l'arrière-plan, des conditions naturelles d'existence stables, pour entrer dans une ère indéterminée de rétrécissement de l'écoumène[4] comme de nos capacités d'action, marquée au sceau de la violence et de l'instabilité des éléments naturels » (Bourg, 2013). C'est plus largement le contexte écologique dans lequel l'espèce humaine s'est développée et a survécu au cours des dix derniers millénaires qui est aujourd'hui menacé, rendant les risques d'effondrement et de chaos généralisé bien réels[5].

La question n'est donc plus, comme la formulent encore certains, de savoir si l'on pourra échapper à ces catastrophes et à leurs redoutables conséquences. Il faut plutôt se demander si l'homme est capable de se ressaisir pour limiter l'ampleur du désastre en cours et s'il est de force à traverser les épreuves qui l'attendent, ou bien s'il restera prostré sous le poids des problèmes et tombera encore plus bas dans l'irresponsabilité, la dépravation et le malheur.

Force est de constater qu'à l'heure où les questions environnementales se font pressantes, notre monde s'obstine, avec une incompréhensible désinvolture, dans une course en avant aveugle et destructrice.

Pour s'en tenir à la question climatique, n'est-il pas alarmant de voir nos sociétés impuissantes à réduire leurs émissions de gaz à effet de serre, alors même qu'elles reconnaissent la nécessité de le faire, pour contenir l'élévation de la température globale de la planète dans des limites sûres ? Bien que des solutions existent, et que le choix de la transition vers un monde à faible intensité de carbone[6] soit économiquement et humainement plus attractif que celui de la continuité[7], nos sociétés rechignent à avancer sur une voie écologiquement soutenable, et ignorent les objectifs climatiques pour lesquels elles se sont engagées[8]. Les instances scientifiques, les organisations non gouvernementales, et de nombreuses figures politiques, ont beau souligner la gravité de la situation, aucune inflexion significative ne se précise[9]. Ni au niveau des individus, ni sur le plan collectif, on ne voit advenir, à une échelle de masse suffisante, des changements qui soient à la hauteur des menaces qui pèsent sur notre avenir.

Face à l'urgence écologique, les avis divergent encore radicalement sur les stratégies à mettre en œuvre. Certains continuent de prôner l'attentisme, en pariant sur l'innovation technologique pour résoudre les difficultés qui s'accumulent. D'autres préconisent le retrait, en prophétisant l'écroulement inéluctable de notre civilisation thermo-industrielle. Cependant, à égale distance des extrêmes, un large éventail de discours, plus ou moins ambitieux, nous exhortent à agir pour prévenir le pire. Ces discours se rattachent à deux écoles de pensée rivales[10]. D'un côté, l'écologie « superficielle » ou « gestionnaire », qui propose de répondre aux défis environnementaux par des mesures juridiques, techniques et économiques, sans remettre en cause les conditions-cadre du système actuel. De l'autre côté, l'écologie « radicale » ou « profonde », qui nous enjoint de rompre avec le modèle techno-économique dominant pour instaurer un nouveau mode de rapport entre les sociétés humaines et le reste du vivant.

Cet ouvrage reprend le problème à la racine. En procédant à un examen critique des débats prolifiques qui animent le champ de la réflexion écologique, il cherche à déterminer, d'un même élan, les raisons de notre incapacité à confronter activement le problème environnemental, les contours de ce que seraient des engagements authentiquement responsables, et les conditions nécessaires à l'émergence de tels comportements.

Notre parcours s'échelonne en cinq étapes. Nous commençons par réfuter les thèses opposées du solutionnisme technologique et du défaitisme de la catastrophe, qui toutes deux justifient l'inaction, de manière à réaffirmer la nécessité d'un engagement individuel et collectif d'envergure face aux défis écologiques de notre temps (première partie).

Puis, nous entrons dans le vif du sujet, avec pour ambition d'explorer les raisons de l'inertie écologique actuelle et d'identifier les mesures à entreprendre pour y remédier. Pour cela, nous interrogeons successivement l'indifférence du plus grand nombre, la défaillance de l'agir collectif, les problèmes que posent les visions modernes du monde, et enfin les difficultés à penser le rapport à la nature. Dans ce parcours, nous envisageons l'anthropocène[11] et ses bouleversements, tour à tour, comme une crise de l'homme (seconde partie), une crise des sociétés (troisième partie), une crise de la modernité (quatrième partie) et une crise de la nature (cinquième partie).

Les trois premières parties mettent l'accent sur les dimensions économiques et sociales du problème environnemental. Elles reprennent des questionnements qui appartiennent au champ de l'écologie politique. Par contraste, les dernières parties s'intéressent aux difficultés que soulèvent les cadres de représentation de la modernité occidentale ; elles se réfèrent plus spécifiquement aux savoirs de l'éthique environnementale et aux philosophies du milieu[12].

- *La notion de responsabilité*

La notion de responsabilité se tient au cœur de notre démarche. Nous considérons comme écologiquement responsable, tout individu, ou collectivité, qui s'engage sur la voie de la transition, en s'efforçant de prévenir et de réparer les conséquences dommageables que ses agissements peuvent avoir sur l'environnement. Est écologiquement responsable quiconque cherche à mettre un terme à la dévastation du monde et aspire à l'émergence d'une société durable. Ainsi comprise, la notion de responsabilité est élargie à la portée considérablement accrue de l'agir humain, et mise en rapport avec l'impasse dans laquelle notre monde est plongé. Elle ne renvoie pas de façon étroite à l'imputation de fautes passées qui demandent à être réparées, mais plutôt à une charge qu'il convient d'assumer individuellement et collectivement pour l'avenir[13].

Toutefois, nous ne donnons pas au concept de responsabilité écologique un contenu *a priori*. C'est à mesure que les ressorts de l'impasse actuelle sont diagnostiqués, et que l'inventaire des changements à entreprendre pour en sortir est dressé, que sera dérivé par inférence ce qu'est un comportement écologiquement responsable, ainsi que les conditions qui rendent un tel comportement possible.

Un point essentiel est que l'exercice de la responsabilité écologique, telle qu'elle sera spécifiée par l'analyse, ne compromet nullement l'épanouissement individuel ou collectif. Au contraire, ceux qui s'y astreignent sont capables d'exprimer leurs possibilités les plus élevées, dans leur contexte spécifique, en contribuant à leur mesure à jeter les prémices d'un monde réconcilié et durable. De manière réciproque, ceux qui sont capables de donner forme à leurs potentialités solennelles découvriront que leur trajectoire existentielle est écologiquement et socialement féconde. Autrement dit, les analyses révèleront qu'être authentiquement responsable, accomplir ses possibilités les plus significatives, et contribuer à l'émergence d'un monde soutenable, sont des dimensions étroitement liées.

- La dimension cruciale des mentalités

Au fil de l'analyse, il apparaîtra que si les recommandations de l'écologie gestionnaire sont incontournables et doivent être mises en œuvre sans délai, c'est néanmoins l'écologie profonde qui a raison, car elle seule prône un changement radical, dont la nécessité aujourd'hui ne fait plus guère de doute. La crise écologique est une crise systémique, qui ne peut être surmontée que par une révision de l'ordre techno-économique en vigueur, par des avancées réelles dans les divers domaines de l'émancipation sociale, et par une refonte des liens entre l'homme et le reste du vivant.

De telles reconfigurations nécessitent bien plus que des actions techniques, économiques, juridiques ou institutionnelles : elles réclament un changement d'attitude plus fondamental. La transition vers un monde durable, où les inégalités seraient atténuées, et où les processus technico-économiques et les relations entre l'homme et le reste du vivant seraient renouvelés et rendus écologiquement rationnels, exige un changement de représentations, de valeurs et d'imaginaire.

Ces changements de mentalités à accomplir seront circonscrits et précisés par l'analyse. Nous verrons qu'il s'agit tout d'abord de restructurer l'individualisme étroit de l'homme contemporain, en l'enrichissant de valeurs écologiquement significatives telles que la solidarité, la sobriété et la justice, afin de favoriser la migration de nos sociétés vers un fonctionnement plus frugal et solidaire. En même temps, il est indispensable de contenir les appétits de puissance, de maîtrise et de domination qui sous-tendent le déploiement de la techno-économie marchande, pour les mettre au service d'autres fins que celle de l'accumulation utilitariste. Alors, la technique ne serait plus – comme elle tend à l'être – une entreprise de domination sans réciprocité ; elle retrouverait ses fonctions de régulation, de support et de pilotage des processus naturels et humains. À l'évidence, rien ne pourrait se faire sans redynamiser la vie démocratique et éveiller auprès du plus grand nombre le sens de l'engagement, le respect de l'altérité et l'envie d'une existence plus authentique et responsable. Dans ce cadre, il serait primordial de vaincre les préjugés culturels de nature sexiste, raciste et ethnocentriste qui font corps avec l'esprit prédateur de la modernité, et de réformer les schèmes anthropocentriques et dualistes qui structurent encore notre perception du monde, de manière à penser le rapport à la nature et aux autres vivants sous un angle plus large que celui de l'opposition, de l'exclusion et de la domination instrumentale. En somme, il s'agirait de briser, à ses différents niveaux, le huis-clos égocentrique dans lequel l'homme contemporain s'est enfermé, pour que puissent émerger, à une échelle de masse suffisante, des formes individuelles et collectives de citoyenneté active, créative et exigeante à la fois, qui soient capables de travailler à l'essor d'une destinée nouvelle.

Cet ensemble de restructurations ne peut être obtenu simplement par des élaborations théoriques, des exhortations morales et des efforts d'éducation. Il nécessite d'opérer à un niveau plus fondamental, qui est celui des croyances. Il exige d'intervenir sur les convictions profondes, d'aller au cœur de ce que chacun croit, et d'interroger la conception que les individus se font des choses de Dieu.

- *Une crise de Dieu*

La manière dont chacun d'entre nous répond à la question de Dieu peut être explicite ou informulée, personnelle, ou bien relever d'une doctrine collective. Elle peut s'accorder avec le credo d'une religion, ou coïncider avec le refus de l'athéisme, voire se résumer à l'irréligion du quotidien, de l'argent ou de la carrière[14]. Mais dans tous les cas, la position que chaque personne adopte sur la question de Dieu reflète et influence sa vision des choses, ses aspirations et ses valeurs, l'idée qu'elle se fait de sa destinée et de sa place dans le monde, le sens qu'elle donne à ses relations avec ses semblables et les autres vivants, ou encore la façon dont elle se rapporte à l'espace, aux ressources et au savoir. Toutes ces dimensions exercent une influence déterminante sur la conscience écologique de chacun et sur son mode d'existence.

Or, c'est précisément à ce niveau que le bât blesse. Notre analyse montre que les grandes doctrines philosophico-théologiques et les réponses qu'elles apportent à la question de Dieu sont dépassées. Le théisme, l'athéisme, le pan-théisme, le spiritualisme, le nouveau matérialisme… tous les cadres de représentation et de croyance se découvrent incompatibles avec l'essor d'une authentique responsabilité écologique et sociale. Tous induisent des biais préjudiciables à l'engagement effectif, et prédisposent l'homme à des modes d'être et de penser qui ne sont pas pleinement ajustés aux exigences de notre époque.

Pourtant, la question de Dieu ne parvient pas à être évacuée. Au contraire, à chaque étape-clé de notre itinéraire, nous ressentons la nécessité de faire appel à un Tiers-transcendant. Nous constatons qu'il serait très difficile pour l'homme contemporain de se remettre sur la voie d'un avenir durable, sans référence vivante à une Altérité radicale. L'individu soumis aux conditions aliénantes de l'ordre technique et économique actuel peut-il développer un sens aigu de la responsabilité et soutenir la dynamique de renouveau qu'appelle l'anthropocène, s'il ne se replace pas sous le regard d'un tout-Autre que lui ? Pourra-t-il s'arracher à l'auto-référence narcissique dans laquelle il se complaît, se préoccuper de l'équité inter- et intragénérationnelle, accorder de l'importance aux autres qu'humains et trouver la volonté de lutter pour l'avènement d'un monde réconcilié, s'il devait rester seul avec lui-même et sourd à l'appel de toute Transcendance ?

Ainsi notre analyse aboutit à une difficulté en apparence insurmontable. D'une part, elle suggère que Dieu, s'il n'est pas improprement figuré, pourrait être l'unique Altérité capable de briser l'indifférence générale et d'élever l'homme contemporain à la hauteur d'une véritable affirmation. D'autre part, il ressort que toutes nos traditions religieuses actuelles et l'ensemble de nos grandes formes de croyance sont déficientes, aucune n'offrant en elle-même un cadre de référence compatible avec un authentique esprit de responsabilité écologique et sociale. Il semble qu'il y ait là une faille qui menace notre capacité à penser, à agir et à vivre au siècle de l'anthropocène.

À tout le moins, un constat s'impose. Derrière les crises enchevêtrées qui secouent l'anthropocène – crises de l'homme, de la société, de la modernité et de la nature – se tient une crise fondamentale de Dieu. Aussi, pour lever les obstacles à une véritable transition écologique, et formuler une réponse forte et cohérente aux défis de notre temps, il devient impératif de réinvestir la question de Dieu et d'en renouveler la compréhension.

- *L'idée désirable de Dieu*

Si Dieu est nécessaire, mais qu'aucune des conceptions que nous en avons n'est recevable, est-il envisageable qu'il puisse exister une autre idée de Dieu, qui serait avantageuse d'un point de vue écologique et social ? Si oui, quelle serait cette nouvelle conception, et où la trouver ?

En explicitant, au fil de nos investigations, les raisons pour lesquelles une référence vivante à Dieu peut être nécessaire, et les limites que posent les conceptions communément admises sur le divin, nous parvenons à établir un ensemble de conditions que ce Dieu – dont l'analyse nous donne à éprouver la nécessité, mais dont l'idée ne cadre avec aucun de nos systèmes philosophiques et religieux actuels – devrait satisfaire pour être réellement bénéfique.

Bien entendu, en formulant des critères de validité portant sur le Dieu désirable, nous ne préjugeons pas de son existence. Nos critères ne disent pas si cette idée sur laquelle nous spéculons peut acquérir une expression concrète et devenir pertinente pour les uns ou pour les autres. Notre démarche permet simplement de caractériser, sur des bases rationnelles et inductives, ce que l'idée de Dieu devrait susciter ou rendre possible pour contribuer à l'affermissement d'une authentique responsabilité écologique et être considérée comme salutaire au regard des défis de notre temps.

Ainsi, nous concluons ce premier volume en énonçant un ensemble de conditions que la référence à Dieu devrait satisfaire pour ouvrir une voie effective de transition. Ces conditions sont les suivantes :

(i)   dissiper la résignation, la désinvolture et la fuite de l'homme contemporain, en l'incitant à des engagements tournés vers le monde, empreints de préoccupation pour l'avenir et désireux de confronter la catastrophe en cours ;

(ii)   donner aux valeurs morales de la sobriété, de la solidarité, de la justice et de la gratuité, un poids comparable aux principes actuellement dominants de l'utilitarisme et de l'individualisme (de manière à faciliter l'intégration des logiques économiques dans un cadre éthique plus large) ;

(iii)   contrarier le désir de maîtrise, la passion de la domination et les fantasmes d'illimitation qui sous-tendent le déploiement incontrôlé de la techno-économie moderne, et restructurer ces forces pour les faire servir à des fins plus hautes (favorisant ainsi l'émergence de trajectoires technologiques émancipatrices et soutenables) ;

(iv)   fonder une nouvelle compréhension de l'autonomie du sujet, encourager les pratiques délibératives et renforcer les visées de l'unité plurielle (contribuant de la sorte à la consolidation d'un cadre démocratique dynamique, efficace et inclusif, sans lequel il ne peut y avoir de transition réussie) ;

(v)   ouvrir un point de vue non-anthropocentrique[15] et réinscrire l'humain au sein du vivant, tout en continuant à marquer l'absolue dignité de l'homme et la charge de responsabilité qui lui incombe (de manière à sortir de l'anthropocentrisme dualiste et destructeur, sans ruiner le sens de l'homme) ;

(vi)   promouvoir une compréhension hospitalière et édifiante du rapport entre l'homme et la femme, qui soit propice à leur rencontre à l'épreuve de l'altérité (en contrariant ainsi le cadre patriarcal de représentation et ses effets défavorables à la femme et à la nature) ;

(vii) accompagner l'homme et le soutenir dans l'épreuve de la limite, l'expérience de la violence et l'accueil de l'événement créateur (ouvrant la possibilité d'une rupture qualitative avec le système établi).

À ces critères s'ajoute une condition-cadre fondamentale : la relation à la transcendance doit inciter l'existant à s'ouvrir à des visions contradictoires du monde et à les articuler dans une expérience effective de lutte et de transformation. Typiquement, il s'agirait de permettre l'intégration des conceptions rivales du dualisme anthropocentrique, du monisme de la Nature et du matérialisme du milieu – conceptions que nous définirons et présenterons en détail.

L'idée de Dieu qui serait compatible avec cet ensemble de restructurations serait bel et bien salvatrice, dans la mesure où elle porterait ceux qui l'honorent à s'élever à la hauteur de leurs possibilités les plus hautes, en conspirant au développement d'un monde socialement et écologiquement durable.

- *La suite de notre travail*

Le second volume de notre travail s'attachera à montrer que l'idée salutaire de Dieu, que nous aurons caractérisée par l'ensemble des transformations qu'elle doit rendre possible, n'est pas une construction abstraite ou une illusion de plus, mais qu'elle peut être réappropriée par une relecture critique et sans concession des Écritures historiques. Si cette relecture pouvait être menée à bien et diffusée, elle rendrait l'idée salutaire de Dieu existentiellement opérante pour le plus grand nombre, et produirait des changements de mentalités et d'attitudes susceptibles d'ouvrir un avenir différent.

Pour éviter tout malentendu, il importe de souligner un point fondamental. Les Écritures, lorsqu'elles sont interprétées avec rigueur, n'autorisent pas de savoir absolu sur l'être et le monde, pas plus qu'elles ne délivrent d'instruction normative simple et sans contredit. Leur valeur réside dans leur capacité à instruire les hommes dans la foi, et à les éclairer sur les réalités du témoignage auquel ils sont appelés, sans se substituer à leur place. En respectant le mystère de Dieu, les Écritures replacent les hommes au seuil d'un engagement décisif, pour qu'ils deviennent eux-mêmes, à la suite des prophètes, les vecteurs d'une affirmation inspirée par Dieu et responsable devant lui.

Dès lors, notre proposition n'a pas besoin d'introduire de postulat métaphysique, ni d'épouser un quelconque parti pris théologique. En contribuant à redonner lisibilité à des textes fondateurs, elle entend encourager la reprise d'une histoire salvatrice aujourd'hui en souffrance ; elle espère favoriser l'approfondissement d'une herméneutique du témoignage[16], qui verrait des hommes se lever, reconfigurer leur expérience à la lumière de Dieu, moyennant des déplacements parfois considérables, et répondre de leur irréductible responsabilité devant lui. Nous aurons à cœur de montrer que ceux qui s'élèveraient à une telle exigence pourraient concrétiser leurs possibilités les plus solennelles, en travaillant à l'édification d'un monde durable, pluriel et fraternel.

Ainsi, la possibilité réelle d'un renouveau pourrait se dessiner. Elle passerait par la prise de conscience que les livres de la Torah, de l'Évangile et du Coran ne cautionnent pas les figures de Dieu que prônent les traditions actuellement dominantes du monothéisme, mais qu'elles proposent une compréhension plus aiguisée du divin et appellent à une expérience plus exigeante de la foi. Cette nouvelle perspective pourrait être source de régénération pour chaque individu et chaque société, quelles que soient sa culture et ses croyances. Elle pourrait être le catalyseur d'une responsabilité à la hauteur des défis auxquels notre monde est confronté.

- I -

L'urgence
de l'engagement

L'avenir est imprévisible, et nul ne peut prédire avec certitude la forme que prendra la catastrophe environnementale en cours, ni l'impact qu'elle aura pour l'humanité. Mais les analyses scientifiques suggèrent, avec toujours plus de force, que nous sommes sur le point de connaître des dérèglements écologiques incontrôlables, qui pourraient entraîner famine, destruction, migration, maladie et guerre : « Tout indique en effet que nous sommes au bord d'une rupture environnementale majeure dont les conséquences peuvent être envisagées à grands traits au niveau global, sans que l'on sache encore très bien comment elles vont se traduire localement dans l'inévitable bouleversement des modes d'existence qu'elles vont engendrer » (Descola, 2017 : 180).

Si cette interprétation fait aujourd'hui l'objet d'un vaste consensus dans la communauté scientifique, et qu'elle est largement acceptée dans l'arène politique, les avis divergent toutefois radicalement sur les solutions à mettre en œuvre. À un extrême, certains estiment que la technologie et les possibilités inépuisables qu'elle crée permettront à l'homme de surmonter les difficultés auxquelles il est confronté. À l'opposé, d'autres considèrent que la catastrophe est inévitable et qu'elle conduira à une baisse radicale de la présence de l'homme sur Terre et de son impact sur la nature.

Cependant, le solutionnisme technologique et le défaitisme de la catastrophe se rejoignent dans une même attitude d'évitement du problème et de fuite de responsabilité : l'un récuse la nécessité de toute transition écologique ; l'autre dispute la possibilité même de toute transformation.

Nous nous proposons de réfuter ces deux points de vue, afin de rétablir fermement la nécessité d'actions individuelles et collectives d'envergure en matière écologique. Ce travail fera apparaître, dans les raisonnements de l'optimisme technologique, mais aussi dans les arguments du défaitisme de la catastrophe, un ensemble de motifs propres à une certaine modernité occidentale : une conception fétichiste de la technique, une perception anthropocentrique de la nature, et une vision individualiste, hédoniste ou utilitariste des rapports sociaux. Ces motifs montrent à quel point les valeurs et les représentations du système idéologique dominant sont ancrées dans les esprits, y compris chez ceux qui s'opposent ouvertement à ce système.

Cependant, les discours que nous dénonçons comportent aussi des considérations positives et constructives qu'il est essentiel de reconnaître et de reprendre. En se plaçant à égale distance des postures de fuite, et dans un rapport critique avec elles, un engagement écologique résolu et authentique pourrait être trouvé.

Le solutionnisme technologique

De nombreux économistes, ingénieurs, chefs d'entreprise et représentants politiques considèrent qu'il n'est pas nécessaire d'intensifier nos efforts ni de modifier fondamentalement nos comportements pour réussir la transition écologique, car tous les problèmes auxquels nous sommes confrontés trouveront une solution technique. Ce discours, généralement qualifié de techno-optimisme ou de solutionnisme technologique[17], trouve un écho auprès des différentes couches de la population. Il n'en est pas moins fallacieux en raison de ses approximations, de ses négligences et de ses omissions délibérées[18].

Pour commencer, le solutionnisme technologique néglige les contraintes de calendrier. Il développe ses arguments comme si les technologies « propres », censées régler les problèmes du réchauffement ou de la pollution, étaient déjà disponibles, ou sur le point de l'être. Or, comme le rappelle avec force le rapport *Absolute Zero*, récemment remis au gouvernement britannique, les technologies propres – indépendamment de la question de leur véritable impact – « ne seront pas opérationnelles à grande échelle avant une trentaine d'années » ; « [elles] ne résoudront pas le changement climatique [ni les autres dérèglements écologiques] parce qu'elles ne peuvent pas être déployées à l'échelle suffisante dans les temps » (Allwood et al., 2019). La panacée technologique, censée nous permettre de passer le cap difficile qui s'annonce, est au pire une publicité mensongère, et au mieux un palliatif qui viendrait de toute façon trop tard.

Le solutionnisme fait également abstraction de l'impact environnemental des technologies sur lesquelles il mise. Pourtant, celles-ci induisent des transferts de pollution et des effets de rebond qui en atténuent parfois significativement l'attractivité. Le cas de la voiture électrique est symptomatique à cet égard. Promue par les constructeurs et les pouvoirs publics comme un véhicule « zéro émission », son bilan environnemental s'avère en réalité mitigé dès lors que l'on prend en compte le mix carboné de l'énergie utilisée, l'augmentation continue des cylindrées et du kilométrage moyen parcouru, et la pollution générée par les matériaux employés (notamment les batteries, dont l'élaboration et le recyclage sont très polluants) (Helmers et al., 2020)[19].

Enfin et surtout, le solutionnisme tend à minimiser les dangers des technologies innovantes, dont la plupart n'ont pas été testées à grande échelle et dont les conséquences à long terme sont mal évaluées. De nombreux analystes nous mettent justement en garde contre un déploiement précipité de ces technologies, dont l'impact et les rétroactions imprévues pourraient être désastreuses. Ainsi, l'utilisation de la géo-ingénierie[20], si elle devait se faire sans garanties de sécurité suffisante, pourrait avoir des effets dévastateurs sur les systèmes écologiques, la biodiversité, la pollution de l'air, la fertilité des terres et l'approvisionnement en nourriture (Clingerman et al., 2018 ; Robock, 2008)[21]. Ces risques sont d'autant plus réels que la gouvernance de l'innovation demeure faible, que certaines technologies ne nécessitent ni capitaux importants ni savoir-faire de pointe, et que l'impact de la crise environnementale va grandissant (Martel, 2019). Comment, en effet, ne pas craindre la catastrophe, si des acteurs politiques, n'ayant de comptes à rendre à personne, se trouvaient pris dans des situations d'urgence et venaient à utiliser des technologies incertaines de façon expéditive[22] ? Aussi, tant que les processus de l'innovation demeurent sous la coupe d'intérêts privés, leur mise en œuvre risque fort de se faire dans l'indifférence au plus grand nombre et aux plus vulnérables[23]. Enfin, peut-on écarter les dangers d'une exploitation malveillante des technologies à des fins militaires ou terroristes (Hamilton, 2013 : chapitres 5 et 6) ?

En laissant croire qu'une transition écologique sans douleur est possible, le discours techno-optimiste atténue le sentiment d'urgence et détourne les acteurs des efforts nécessaires de sobriété et d'adaptation[24]. Par là-même, il fait porter aux générations futures le poids d'ajustements inévitables.

Pourtant, le discours techno-optimiste continue d'être relayé par les instances médiatiques et gouvernantes. Il constitue même aujourd'hui le principal vecteur de fuite de responsabilité et de déni en matière d'écologie[25]. Si ce discours jouit d'un certain crédit, c'est parce qu'il exalte le progrès technique auquel notre monde doit tant, parce qu'il projette une vision rassurante de l'avenir à l'heure où l'éco-anxiété devient envahissante, et parce qu'il joue sur la fascination qu'inspirent au plus grand nombre les possibilités que la technologie permet. Le solutionnisme s'accorde également avec l'imaginaire techniciste et les fantasmes de maîtrise qui habitent les mentalités contemporaines. Pour beaucoup, il n'est pas aberrant de croire que les pertes environnementales puissent être compensées ou effacées à l'aide de moyens techniques sophistiqués – alors qu'en réalité, les dégradations de la biodiversité sont en grande partie irréversibles, et qu'aucune remédiation technologique ne pourra jamais reproduire la richesse et la complexité des arrangements écosystémiques perdus.

Mais ce qui explique finalement la persistance des thèses techno-optimistes, c'est leur force de légitimation. Ces thèses sont relayées parce qu'elles réhabilitent la logique techno-scientifique dominante, justifient les trajectoires empruntées par la modernité occidentale, et confortent les rapports de société et de pouvoir qui en sont issus. Il n'est pas surprenant que ces thèses aient la faveur des classes privilégiées et dirigeantes. Ce qui l'est davantage, c'est que l'optimisme, la rhétorique du progrès, et la foi en l'inventivité humaine, soient utilisés pour défendre des intérêts établis et égoïstes.

Il faut cependant se garder de toute tentation inverse de technophobie. Si la technique à elle seule ne nous permettra pas de nous en sortir collectivement, elle a néanmoins un rôle déterminant à jouer dans les luttes pour la durabilité[26]. D'ailleurs, aucune stratégie environnementale cohérente n'est envisageable sans recours aux technologies innovantes. C'est notamment le cas en matière climatique. Les scientifiques considèrent en effet que les efforts de réduction des émissions de gaz à effet de serre ne seront pas suffisants pour contenir le coût économique et humain croissant du réchauffement dans des limites soutenables, et que l'utilisation de certaines formes de géo-ingénierie sera nécessaire. De fait, tous les scénarios du GIEC qui visent au maintien du réchauffement en dessous de 1,5°C à l'horizon 2100 impliquent des projets de capture ou d'élimination du carbone.

Plus généralement, l'avènement de l'anthropocène – c'est-à-dire le fait que l'histoire naturelle et l'histoire humaine soient désormais à tel point imbriquées que l'analyse géologique peine à les séparer – signifie qu'on ne peut plus concevoir de monde sans technologisation, ni même une écologie sans technologie. Ce rappel est d'autant plus nécessaire que, tout à l'opposé de l'optimisme technique, des discours empreints de technophobie et de fatalisme prospèrent depuis quelques années sur l'extrême gravité de la crise environnementale et sur l'incapacité des politiques publiques à y faire face.

Le défaitisme de la catastrophe

Le solutionnisme technologique nous incite à ne rien faire, sur la foi que les problèmes écologiques trouveront une solution technique. Face à lui, une autre école de pensée, empreinte de catastrophisme, voudrait nous convaincre que l'on ne peut rien faire parce que le système techno-industriel qui régit notre monde est verrouillé, et qu'il s'écroulera inéluctablement à brève échéance. Ce courant de pensée s'est étoffé au cours de la dernière décennie, jusqu'à se donner les apparences d'une discipline scientifique : la collapsologie[27].

Prophétisant l'effondrement prochain de la civilisation thermo-industrielle, la collapsologie nous invite à faire le deuil des médiations techniques, sociales et économiques qui déterminent notre rapport actuel au monde, pour reconstituer, à partir de cette perte, de petites communautés résilientes fondées sur l'autosubsistance et la proximité avec la nature (Servigne et Stevens, 2015 : 237-241).

La collapsologie pèche d'emblée par son caractère ethnocentré. Elle s'alarme avant tout de la ruine qui menace les classes moyennes et privilégiées des sociétés industrielles. Elle ne s'intéresse guère aux effondrements multiples que subit déjà la biosphère terrestre (Fressoz, 2018), pas plus qu'elle ne se soucie du sort « déjà effondré » des nombreuses populations humaines déshéritées et marginalisées (Lagasse, 2018).

Le discours effondriste ne s'intéresse pas non plus aux causes réelles des bouleversements en cours. Il parle d'un système verrouillé, pris dans une course en avant fatale, mais ne dit rien des jeux de pouvoir et des relations complexes de domination qui commandent cette réalité. Il peut d'autant mieux défendre l'idée simpliste d'un écroulement systémique inévitable qu'il ignore les causes réelles, sociales et historiques de la crise. La collapsologie s'en tient à une vision mécaniste du monde, « qui met en avant le système plutôt que les acteurs·rices et les rapports sociaux de pouvoirs » (Lagasse, 2018). Elle n'appréhende pas la catastrophe de façon prospective, selon des scénarios différenciés, mais de façon fataliste, comme un « processus irréversible » qui fera brutalement basculer les sociétés industrielles dans un état d'anarchie et de chaos[28]. À l'instar de Pablo Servigne et de Gauthier Chapelle, les collapsologues ne voient pas « un "problème" qui appelle des "solutions", mais un *predicament*, une situation inextricable qui ne sera jamais résolue, comme la mort ou une maladie incurable » (2018 : 30). Or, qui peut prédire au juste ce qui sortira du tumulte actuel, et ce que sera l'avenir du monde complexe et imprévisible dans lequel nous vivons ? Raymond Aron a raison sur ce point : « Nulle loi, humaine ou inhumaine, n'ordonne le chaos vers un aboutissement, radieux ou horrible » (1955 : 188).

Évoquer l'écroulement du système capitaliste en place, c'est aussi oublier la résilience dont il est capable (Cravatte, 2019). Plutôt qu'un effondrement généralisé, ce qui risque d'advenir (et que l'on voit déjà se profiler) est une douloureuse descente aux abîmes. Loin de s'écrouler d'un bloc, le système actuel se durcit sous l'effet des chocs à répétition : il tend à produire des structures de pouvoir plus coercitives, une administration plus autoritaire de l'économie, une exploitation plus intense de la matière, et une ségrégation accrue entre riches et pauvres.

Les critiques que nous adressons à la collapsologie n'entendent évidemment pas relativiser la tournure catastrophique des développements en cours, mais simplement réaffirmer que l'histoire n'est pas verrouillée et que l'étendue des désastres et des régressions à venir dépend encore largement de nous. L'ampleur des bouleversements environnementaux, et le degré de violence et d'injustice qui en résultera, sont fonction des luttes qui sont et seront engagées pour limiter les activités polluantes et pour modifier les rapports de structure dans un sens écologiquement et socialement plus favorable.

C'est sur ce point que le discours effondriste s'avère le plus dommageable. En soutenant que « tout va s'effondrer » d'un bloc, et en rendant ce pronostic indépendant de toute logique d'action collective, la collapsologie démobilise les individus et les incite à des comportements de retrait ou de capitulation[29]. Elle s'avère « politiquement inoffensive » pour le pouvoir en place (Larrère & Larrère, 2020). Elle favoriserait « l'adaptation des classes dominantes et [le maintien] de leurs privilèges » (Cravatte, 2019). En cela, elle ne paraît pas moins « réactionnaire » que la vision de l'optimisme technologique à laquelle elle s'oppose (Fressoz, 2018).

Mais la collapsologie est aussi utile au pouvoir en place d'une toute autre façon. En agitant le spectre d'un désastre apocalyptique imminent, elle incite les populations à se tourner vers l'État pour leur protection, et les dispose à consentir aux restrictions, aux aménagements et aux états d'exception qui leur seraient imposés au nom de la survie collective. La collapsologie aiderait involontairement le système dominant à se perpétuer, en lui offrant la propagande catastrophiste dont il a besoin pour soumettre les masses à une administration plus autoritaire sous prétexte de sauver la planète (Riesel et Semprun, 2008).

Ce qu'il faudrait idéalement rechercher est le contraire de ce que produit le catastrophisme défaitiste : non pas figer le devenir dans un fatalisme de l'effondrement, qui relègue les individus au-delà de la société, mais rendre à l'histoire sa complexité et réinscrire les individus au cœur du fonctionnement conflictuel du réel, en les appelant à l'engagement résolu, aux luttes qui ouvrent les possibles et au travail laborieux qu'exige le renouveau. Plutôt que de « verrouiller [les] réalités vivantes et mouvantes [des luttes sociales et politiques], avec un récit d'effondrement généralisé », il convient de redonner visibilité aux « interactions, conflits, solidarités, résistances existantes (et à venir) qui modifient la situation et les manières dont les basculements écologiques sont et seront vécus » (Cravatte, 2019).

Mais le discours effondriste ne pense pas le renouveau à partir des luttes sociales et écologiques. Il soutient que la catastrophe fera tomber, comme par enchantement, les murs de la société thermo-industrielle, et que cette remise à plat permettra l'éclosion de cultures écologiquement saines. Se profile ici quelque chose comme le fantasme d'un commencement absolu, une conception du renouveau qui n'est pas étrangère à l'illusion révolutionnaire de la *tabula rasa* ou de la *terra nullius* (Lagasse, 2018), et qui n'est pas sans rappeler l'imaginaire de « la modernité coloniale » (Kozlowski, 2018). Il y a là une idée fausse, une expression malencontreuse de l'individualisme moderne, selon laquelle une renaissance est possible sans transformation de l'existant, ni tissage de continuités dans les ruptures en cours.

Bien entendu, en fustigeant la collapsologie, nous n'entendons pas contester la nécessité d'une rupture qualitative avec le système productiviste en place, mais rappeler qu'une nouvelle société ne peut naître que des expériences, des luttes et des potentialités que l'ancien monde porte en son sein. De même, il ne s'agit pas de relativiser l'importance de recréer des liens constitutifs entre l'homme et le reste du vivant, mais de mettre en garde contre le fantasme d'un retour à une forme de nature originelle.

Au fond, notre critique de la collapsologie est inversement symétrique de celle que nous adressons au solutionnisme technologique. D'ailleurs, les deux théories sont structurées par des imaginaires parfaitement opposés. Le catastrophisme se présente comme une antithèse du progressisme. De même, la représentation qui décrit la nature comme un milieu originellement bon qui aurait été corrompu par la civilisation thermo-industrielle forme l'image inversée de la nature hostile qu'il faut dominer par la technique pour assurer l'élévation culturelle de l'homme. Les deux pensées puisent dans une même vision anthropocentrée et dualiste du monde qui, comme on le rappellera par la suite, est à la source du problème écologique actuel.

Les thèses effondristes n'ouvrent pas de perspective nouvelle. Elles reconduisent sous forme d'antithèse les préjugés du système auquel elles s'opposent. Puis, en prônant le retrait de la société techno-industrielle, l'attente de la catastrophe, et le retour à la nature, elles produisent sur l'individu le même effet dissolvant que les discours opposés de l'optimisme technologique : « L'attente d'une catastrophe, d'un auto-effondrement libérateur du système technique, n'est que le reflet inversé de celle qui compte sur ce même système technique pour faire venir positivement la possibilité d'une émancipation : dans l'un et l'autre cas, on se dissimule le fait qu'ont justement disparu sous l'action du conditionnement technique, les individus qui auraient l'usage de cette possibilité, ou de cette occasion ; on s'épargne donc à soi-même l'effort d'en être un. Ceux qui veulent la liberté pour rien manifestent qu'ils ne la méritent pas » (Semprun, 1997 : 84).

L'engagement dans la dialectique de l'optimisme et du pessimisme

Les postures de l'optimisme technologique et du pessimisme de la catastrophe conduisent chacune par des voies différentes à la défection en matière écologique. Toutes deux contribuent à conforter la fuite en avant du système établi et l'impasse dans laquelle nos sociétés sont engagées. Au-delà des erreurs et des illusions propres à chacune d'elles, ces attitudes partagent un certain nombre de préjugés que l'on a pu entrevoir dans notre critique : une même conception fétichiste de la technique, une même idée marquée d'opposition entre nature et culture, et une vision très égocentrée du monde. Ces préjugés, nous le verrons, sont au cœur du problème écologique.

Cependant, chacune des positions contraires porte, dissimulées dans ses propres caricatures, des revendications justes et des dispositions positives. Ainsi, malgré les critiques que nous lui avons adressées, l'utopie techniciste comporte des mérites : elle donne toute son importance au réel existant ; elle reconnaît l'incontournable rôle de la technologie ; elle garde vive la foi en l'inventivité de l'homme ; et elle porte haut l'optimisme en dépit de tout. Ces qualités sont précisément celles qui manquent aux discours de la collapsologie.

De même, en sens inverse, les thèses catastrophistes dénotent des convictions et retiennent certaines exigences, auxquelles les tenants du solutionnisme technologique devraient prêter attention. Le récit de l'effondrement met en évidence le caractère catastrophique et irréversible des détériorations écologiques ; il a le mérite de rompre avec la religion de la croissance ; il a le courage d'assumer une posture de dissidence ; il comprend la nécessité de recréer des liens privilégiés avec le vivant non-humain ; « et surtout, il dit que c'est maintenant ou jamais » (Bouanchaud, 2019).

Chacune des attitudes adverses retient donc des dispositions positives qui font défaut à son opposée. Chacune a, par là-même, le potentiel d'exercer une fonction rectificatrice à l'endroit de sa rivale. Dès lors, il pourrait être judicieux de motiver l'engagement écologique, non pas dans le rejet des positions extrêmes du désengagement, mais dans un rapport critique avec elles. Une mise en présence des allégations contraires du solutionnisme et du défaitisme, de l'utopisme et du catastrophisme, permettrait de les corriger l'une par l'autre et de susciter un état d'esprit porté à la mobilisation, et mieux armé face à la réalité de la crise environnementale. Ne pourrait-on pas conjuguer l'optimisme et le pessimisme, pour rendre le premier inquiet et précautionneux, et le second lucide et agissant, jusqu'à parvenir à une attitude qui saurait allier, selon la formule célèbre d'Antonio Gramsci, « le pessimisme de l'intelligence et l'optimisme de la volonté » (*Cahiers de prison*, 1983) ?

Pour un catastrophisme agissant

Dans son ouvrage intitulé *Pour un catastrophisme éclairé* (2009), Jean-Pierre Dupuy adopte une stratégie de ce genre[30]. Il suggère de mettre en rapport les positions miroirs du pessimisme de l'effondrement et de l'optimisme technolâtre, de manière à donner autant de poids à l'avènement de la catastrophe et aux possibilités de s'en sortir : « Ce qu'il faudrait, c'est annoncer un avenir nécessaire qui superposerait l'occurrence de la catastrophe, pour qu'elle puisse faire office de dissuasion, et sa non-occurrence, pour préserver l'espoir » (Dupuy, 2021).

Dupuy a raison de mettre en tension les perspectives contraires. Mais sa proposition appelle quelques remarques. Tout d'abord, il convient de s'interroger sur la valeur pédagogique du catastrophisme éclairé qu'il préconise. Dans quelle mesure le spectre de la catastrophe encourage-t-il la prise de responsabilité et l'engagement ? Dans quelle mesure, au contraire, engendre-t-il le désarroi, la détresse et la fuite ? L'anticipation d'un désastre irrépressible, face auquel chacun reconnaîtrait son impuissance, peut-elle réellement promouvoir la discipline éthique et transformer la multitude en communauté d'action, comme le suppose Dupuy ? Ou bien, au contraire, inhibe-t-elle les possibilités d'agir, et désarme-t-elle l'activisme collectif, en alimentant la fabrique de l'impuissance ?

La question n'a pas de réponse simple et univoque. Une façon de la résoudre serait de tout faire dépendre de la disposition d'esprit dans laquelle se trouvent les individus mis à l'épreuve, des traits psychiques et moraux qui constituent leur personnalité, des représentations qui structurent leur mentalité, et de leurs croyances. Schématiquement, on pourrait dire que si l'individu est centré sur lui-même, obnubilé par des préoccupations de court terme, dominé par l'instinct et les habitudes grégaires, comme tend à l'être le sujet contemporain, alors la pensée d'une catastrophe qui le dépasse infiniment risque fort de susciter chez lui des réactions de repli ou de fuite. Comme nous le verrons dans notre prochain chapitre, l'heuristique de la peur[31], appliquée dans le contexte des sociétés modernes individualistes, ne fonctionne pas selon le sens positif esquissé par Dupuy. Pour que la perspective de la catastrophe ait un effet pédagogique et mobilisateur, pour qu'elle relance et oriente l'effort de volonté plutôt que de le paralyser ou le réduire, il faut une autre qualité d'homme, d'autres ambitions et valeurs, d'autres manières d'être et de se projeter dans le monde, que celles qui prévalent dans les sociétés contemporaines de masse.

Par ailleurs, il convient de se demander si la dialectique voulue par Dupuy entre la catastrophe et sa non-occurrence ne risque pas de se dissiper dans des postures de tiédeur, à mi-chemin entre l'inquiétude avivée par la venue du désastre et l'insouciance restaurée par le démenti de son avènement. Dans ce cas, l'heuristique de la peur ne produirait qu'un engagement mesuré et bien en-deçà de l'effort requis.

Plus fondamentalement, faire jouer l'alternative entre la survenance de la catastrophe et sa non-réalisation peut paraître fallacieux, dans la mesure où cela suppose que la catastrophe puisse être évitée, alors qu'elle est déjà en cours et qu'elle va s'aggraver. Il ne s'agit donc pas de mettre en balance des considérations contraires, ni de laisser ouvertes deux possibilités exclusives, comme Dupuy semble le préconiser, mais de nourrir deux dispositions d'esprit contraires et de les maintenir en tension. Il faut regarder avec lucidité l'énormité de la catastrophe écologique, et ne jamais cesser de croire qu'une issue est malgré tout possible. Il faut se savoir embarqué dans une histoire catastrophique, et croire malgré tout en la possibilité d'une vie significative et d'une issue salutaire. Que cette dialectique s'altère, et l'attitude de fuite face au défi écologique reprendra le dessus d'une façon ou d'une autre.

Mais comment faire pour éveiller et consolider une telle dialectique de pensée, tout en s'assurant qu'elle se dénouera dans le sens d'un engagement effectif et résolu ?

Nous pensons que l'objectif recherché ne peut être atteint dans le cadre de nos systèmes de croyance actuels, et notamment pas en référence aux conceptions fondamentales du théisme et de l'athéisme. L'incroyant qui se complaît dans l'irréligion commune, et le croyant qui se conforme aux préceptes de la religion traditionnelle, ne développent pas un état d'esprit dans lequel l'optimisme et le pessimisme se mêlent et se résolvent en un authentique élan de responsabilité.

L'individu athée ne peut concevoir la catastrophe que comme un scénario du pire. Parce qu'il se pense et se projette dans un strict cadre de finitude, il appréhende la catastrophe comme ce qui réduit drastiquement l'éventail de ses possibles et menace les conditions de sa survie. Quel sens pourrait-il d'ailleurs trouver à l'idée d'une issue salutaire, ou au principe de l'optimisme envers et contre tout, lorsque son horizon est saturé par la menace ou le désastre ? En bonne logique, l'athée donnera l'avantage au pessimisme de l'intelligence : il veillera à la préservation de ses avantages et, s'il fait preuve de volontarisme, son volontarisme sera mesuré. Au fond, il y aura toujours une inadéquation entre le champ limité des intérêts, des préoccupations et des projets de l'athée et l'étendue des enjeux collectifs, globaux et de long terme, liés à la préservation de la planète, que l'heuristique de la catastrophe entend faire valoir.

Le cas du croyant est différent. Celui qui donne créance à une autre vie, à un arrière-monde ou à un ailleurs surnaturel, aura tendance à mettre le cap sur l'au-delà auquel il croit et à mitiger la gravité de la catastrophe qui s'abat sur ce monde. Au mieux, il prendra le parti d'un activisme détaché des enjeux terrestres. Au pire, il se complaira dans la résignation, ou s'avancera dans un ascétisme contempteur de l'ici-bas. D'une façon ou d'une autre, le croyant rigoureux donne l'avantage à l'éternité de Dieu sur l'histoire des hommes, et aux exigences qui lui donnent de gagner l'autre vie sur celles qui lui permettent de préserver la présente.

Nous aurons l'occasion de revenir sur ces questions et de préciser les considérations schématiques que nous venons de faire. Cependant, l'idée fondamentale peut être retenue : les doctrines du théisme et de l'athéisme ne permettent pas d'accommoder la dialectique paradoxale entre l'optimisme foncier et le pessimisme radical que nécessite l'activisme en temps de catastrophes. En cautionnant l'existence d'un au-delà, le théisme adoucit la perspective du désastre et relativise la valeur du monde présent. En durcissant les seuils de la finitude, l'athéisme annule tout horizon désirable ou imaginable au-delà des catastrophes, et concentre toute la valeur dans le présent du monde. En consacrant un avenir radieux, le premier pèche par défaut de pessimisme. En concluant au néant de tout, le second pèche par manque d'espérance.

À l'instar de Dupuy, Frédéric Worms considère qu'une pensée rigoureuse de la catastrophe est nécessaire à l'action éthique et politique responsable, car elle seule permet d'excéder l'approche gestionnaire du risque, qui en elle-même est incapable de prendre la mesure des basculements en cours. Cependant, Worms marque une distinction entre le catastrophisme éclairé qu'il préconise et les nombreuses formes de « catastrophisme non éclairé, obscur et aveuglant » dont les effets sont désastreux. Selon lui, les mauvais rapports à la catastrophe ont en commun d'être « fascinés par ce qui se détruit, en croyant que la destruction, ou bien prouve la vanité de tout, ou bien promet le renouvellement de tout, ce qui, dans les deux cas, est une illusion » (Fœssel et Worms, 2011). Les deux travers qui sous-tendent le catastrophisme non éclairé que dénonce Worms, à savoir la croyance en « la vanité de tout », et la croyance dans « le renouvellement de tout », ne sont-ils pas précisément les travers qu'induisent l'athéisme, d'un côté, et le théisme de l'autre ?

Pourtant, la solution ne se trouve pas dans une piètre moyenne entre espérance et désenchantement, entre théisme et athéisme. Un agnosticisme tiède ou douteur cumulerait les défauts des positions adverses et accentuerait le fléchissement de la volonté dans le sens de la réserve. La solution consisterait plutôt à excéder les conceptions contraires, sans cesser de les mettre en présence l'une de l'autre. Il faudrait trouver le moyen d'associer le pessimisme radical de l'incroyance avec l'optimisme indéfectible de la croyance, de manière à allier le sens aigu du réalisme, qui appréhende le désastre sans lendemain, et un instinct d'espérance qui s'obstine à croire en une issue possible en dépit de toutes les épreuves. L'existant qui parviendrait à cultiver un tel état d'esprit serait en mesure de faire un usage positif de la catastrophe dans le sens voulu par Dupuy ou Worms. Car pour lui, il n'y aurait plus « de mystique de l'avenir radieux, mais pas non plus de fin de tout » ; il y aurait, comme le voudrait Worms, « la catastrophe comme réalité, et l'action vitale et morale comme nécessité ». Un tel existant réussirait à traduire l'appréhension des catastrophes en une exigence de transformation et de dépassement : il parviendrait à « penser ces seuils de notre finitude, non pas pour se replier sur elle, mais pour voir aussi en quoi ils sont ce par quoi nous nous dépassons conjointement », « comme si la lutte contre les catastrophes était aussi le seuil positif entre notre finitude assumée et notre désir et notre capacité d'infini » (Fœssel et Worms, 2011). Nous pensons qu'un tel état d'esprit ne peut pas naître d'une simple heuristique de la peur (Dupuy), ni d'une juste définition de la catastrophe (Worms). Mais il peut être corrélatif d'une foi qui redoute infiniment et espère infiniment – d'une foi paradoxale en un Dieu qui inspirerait autant la confiance que la crainte, autant le salut que la perte.

Principe Responsabilité et Principe Espérance

Au risque d'établir des correspondances trop simplistes, il peut être tentant de rapprocher l'opposition entre catastrophisme et technolâtrie, que nous venons d'examiner, avec le contraste entre le *Principe Responsabilité* énoncé par Hans Jonas et le *Principe Espérance* d'Ernst Bloch[32].

On le sait, Jonas écarte tout idéalisme utopique : « Nous ne pouvons, écrit-il, nous permettre l'utopie d'un accomplissement de l'humain, d'une réalisation finale de la société idéale ; il y réside même un danger : premièrement, c'est un objectif arrogant, et deuxièmement il peut, dans les conditions actuelles, nous conduire à notre perte, pour autant qu'il attise les espérances des hommes au lieu de les modérer. C'est l'argument que j'opposais au Principe Espérance d'Ernst Bloch » (Jonas, 2005 : 253). Pour Jonas, l'utopisme de Bloch n'est que la version radicalisée du rêve implicite d'abondance porté par la société techno-industrielle. Or, ajoute Jonas, « le danger a [justement] son origine dans les dimensions excessives de la civilisation scientifique-technique-industrielle ». C'est pourquoi il convient de renoncer à la poursuite utopique de l'abondance matérielle et du développement technologique, au profit d'une appréhension anxieuse de l'avenir et d'une gestion précautionneuse du présent. La responsabilité jonassienne, à l'aune de l'« heuristique de la peur », est proche du retrait, de la préservation et de l'empêchement, parce qu'elle est sollicitude pour les générations à venir (2005 : 272-285).

En contraste, Bloch n'a jamais renoncé à la nécessité des utopies, car elles seules permettent de penser un avenir réconcilié et d'affirmer la capacité de l'humanité à aller vers un monde meilleur malgré les vicissitudes du présent. Pour Bloch, cependant, les utopies doivent être fondées en raison, selon une espérance savante qui serait instruite par la science de la réalité et la pratique transformatrice du monde (Adorno et Bloch, 2008). D'un point de vue blochien, l'éthique de responsabilité de Jonas serait tout le contraire de l'espérance : elle serait l'expression élaborée du pessimisme qui hante le tréfonds de l'âme humaine et de la peur irrationnelle que l'audace technologique éveille en elle. Cependant, Bloch n'a rien du technolâtre béat. Il oppose à la réalité de la technique moderne, et de la « relation marchande et hostile » qu'elle entretient avec la nature, l'idéal d'une technique libérée des lois du marché, opérant en alliance de productivité avec la nature, et qui serait libératrice. Dans son optimisme humaniste, Bloch continue de plaider pour l'émancipation de l'homme, et il oppose, à toutes les formes du renoncement, sa foi en l'idée messianique d'une possible reconstruction humaine du monde (Bloch, 1976 : II, 267-303).

On a là affaire à « deux visions complètement incompatibles et contrastées du monde, dont l'une [celle de Jonas] valorise plutôt le présent et le sentiment de responsabilité, en nous invitant à rompre avec l'idée de la "préhistoire", tandis que l'autre [celle de Bloch] défend – contre vents et marées – l'idée du progrès et d'un *telos* humain et historique encore à atteindre, en nous rappelant sans cesse "l'horaire des utopies" et la puissance anticipatrice de leurs lumières » (Boyer, 2014).

Chacune de ces visions recèle des mérites qui ne peuvent être ignorés. Chacune, prise isolément, porte aussi en germe des dangers que l'on ne saurait passer sous silence – mais que la vision contraire permettrait justement de conjurer. Alors, plutôt que de choisir entre la position « réaliste-pessimiste » de Jonas et celle « humaniste-optimiste » de Bloch, il conviendrait de les retenir ensemble, de les articuler et de les assainir l'une par l'autre. Ainsi, le parti pris de la conservation, défendu par Jonas, offrirait l'exigence de sobriété et de gestion durable que requiert l'urgence de la situation écologique et sociale. Le Principe Responsabilité servirait aussi à prévenir les dérives de l'idéal utopique qui, quoi qu'on en dise, renferme en puissance le prométhéisme[33] perverti de notre temps et tous les dangers du productivisme anthropocentré qui nous condamne. Quant au parti pris de l'espérance prôné par Bloch, il est essentiel aux projets de résistance contre l'injustice et à la promotion des idéaux d'émancipation qui doivent nous animer. Le Principe Espérance permettrait aussi d'exorciser le pessimisme civilisationnel ambiant et les crispations de la culpabilité qui nous poussent insensiblement au nihilisme. C'est donc dans la tension maintenue entre les perspectives contrastées ouvertes par Jonas et Bloch, et par l'articulation des exigences en litige qu'ils énoncent, que pourrait se déployer un engagement écologique fort et responsable.

Mais comment faire en sorte que ces deux principes antithétiques s'imposent à l'esprit de l'homme comme étant également impératifs ? Comment faire pour que le mouvement de la pensée, et les vacillations de la volonté qui en résulteraient, ne se dissipent pas sur un mode désengagé, mais contribuent à un investissement éclairé, combatif et tourné vers le monde ? Nous défendrons l'idée que la conjugaison des exigences contraires ne peut prendre forme, acquérir un sens existentiel, et se traduire en une véritable posture de responsabilité, que dans le cadre d'une relation avec un Dieu dont la notion rassemble et excède les conceptions les plus opposées qui sont faites à son sujet.

- II -

L'anthropocène : une crise de l'homme

À présent qu'est établie, à l'encontre des discours de fuite, la nécessité d'engager une action écologique d'envergure, il faut se pencher sur les raisons de l'inertie dont font preuve les hommes et les femmes de notre temps. Il est vrai que de plus en plus de personnes se mobilisent pour l'environnement, et que le rang des militants qui se rallient à la cause écologique ne cesse de croître. « Si l'on fait le bilan, on s'aperçoit que la classe écologique en voie de formation n'a rien de marginal » (Latour et Schultz, 2022a : 61). Toutefois, si l'on fait abstraction de ceux qui en restent à des postures de façade, sans volonté réelle de changer de comportement, et que l'on écarte ceux qui prennent quelques dispositions, mais qui demeurent en retrait des luttes sociales concrètes, il ne reste qu'une petite minorité de gens véritablement impliqués dans le combat pour l'environnement. Ce nombre paraît en tout cas dérisoire au regard de l'écrasante majorité des personnes qui se montrent indifférentes au drame qui se déroule sous leurs yeux. Au total, sur la question écologique, « nos attitudes ressemblent à un immobilisme, à un embarras, plutôt qu'à une mobilisation » (Latour, 2022a).

Ce constat ne cesse d'être renouvelé et confirmé par toutes sortes d'analyses et de sondages, comme l'enquête d'opinion récente menée par le cabinet Kantar à travers dix pays industrialisés dont la France. L'étude affirme que « près de la moitié (46 %) des personnes interrogées estiment ne pas devoir changer leurs habitudes » pour des raisons écologiques. « Au moins trois personnes interrogées sur quatre se disent fières de ce qu'elles font actuellement pour la planète », avouant ainsi qu'elles n'ont pas l'intention d'en faire davantage. D'ailleurs, « lorsqu'on les interroge sur les solutions possibles à la crise climatique, les gens ont tendance à privilégier "l'innovation et les découvertes technologiques" plutôt que "les efforts individuels et collectifs de changement" ». « Ceci est une preuve supplémentaire qu'il n'y a pas de consensus sur la nécessité de faire des efforts significatifs ». « Dans le même ordre d'idées, lorsqu'il s'agit de choisir entre "la mise en place d'obligation légales" et "des mesures d'encouragement et de persuasion pour préserver l'environnement", les gens inclinent à préférer les secondes ». Enfin, « les actions les plus plébiscitées sont celles qui ne nécessitent pas d'effort de la part des individus ». « En revanche, les solutions les moins populaires sont celles qui impliquent un impact direct sur le mode de vie des citoyens : utiliser les transports publics plutôt que la voiture, réduire les voyages en avion, augmenter le prix des produits qui ne respectent pas les critères environnementaux, et réduire la consommation de viande ». Tout cela montre que « les conditions d'un changement significatif et durable à tous les niveaux de la société ne sont pas encore réunies ». Et l'étude de conclure : « Les citoyens sont indéniablement préoccupés par l'état de la planète, mais ces résultats suscitent des doutes quant à leur niveau d'engagement pour la préserver » (Rivière, 2021).

Pourtant le problème ne date pas d'hier. Les sociétés industrialisées savent, depuis plusieurs décennies, qu'elles doivent changer de trajectoire, et chacun sait qu'il doit consentir à sa mesure à des efforts d'ajustement. Nul n'ignore que le basculement écologique en cours a des conséquences dramatiques, qu'il engendre et engendrera des épreuves et des souffrances. Mais en dépit de la prise de conscience générale, l'inertie perdure, et rares sont ceux qui réforment leurs habitudes. La plupart se retranchent dans des comportements individualistes, purement défensifs, exacerbant ainsi la crise dont ils tentent de se protéger[34]. Difficile, dans ces conditions, de ne pas voir dans la ruine écologique actuelle la conséquence d'une dérobade généralisée, ou pour mieux dire, le fruit déplorable d'un crime collectif d'indifférence. Plutôt que d'affronter le problème, et d'amender leur comportement dans un sens socialement et écologiquement vertueux, la plupart de nos contemporains se sont dérobés, et continuent de le faire, en négligeant leur part de responsabilité[35].

En plaçant d'emblée l'analyse sur le terrain moral de la responsabilité individuelle, nous n'ignorons nullement que le problème écologique est global, qu'il est lié aux conséquences incalculables des activités politiques, techniques et économiques des sociétés industrielles modernes, qu'il implique également des mécanismes naturels sur lesquels l'homme n'a pas de prise et que, par conséquent, les individus ne sauraient en supporter seuls le fardeau.

Il ne s'agit donc pas de minimiser le poids déterminant des conditionnements économiques, culturels et techniques. Le système en place distribue très inéquitablement les contraintes environnementales et les conflits d'intérêts avec la nature, et rend l'épreuve de la responsabilité plus aiguë pour certains que pour d'autres.

Il faut aussi reconnaître que la responsabilité des catastrophes actuelles n'incombe pas exclusivement à l'être humain. Il est vrai qu'avec l'anthropocène, la distinction entre cause humaine et cause naturelle est devenue problématique, et qu'il est désormais difficile de faire la part entre ce qui relève de l'une ou de l'autre. Toutefois, le basculement écologique engage des déterminismes, des processus et des développements de différents ordres qui ne relèvent pas, en tant que tels, de l'être humain. Le drame écologique fait intervenir une dimension excédentaire – destin, nature ou transcendance – qui surdétermine la responsabilité de l'homme, sans la réduire pour autant. De ce point de vue, la référence à Dieu – à l'Autre de l'être humain – peut paraître incontournable.

Mais pour commencer, nous mettons l'accent sur le pouvoir conscient d'adaptation et d'innovation des individus, et sur leur capacité à orienter l'utilisation des conditions ambiguës de leur liberté au meilleur de ses fins. Dans cette optique, l'idée de responsabilité n'est pas malvenue, puisque les acteurs individuels contribuent, par leurs actes, au drame auquel ils sont mêlés, et qu'ils tirent avantage de leurs comportements. Tous ont quelque moyen d'agir à leur niveau. Chacun, s'il le souhaite, pourrait faire des choix moins préjudiciables à la nature[36] et prendre part aux luttes politiques et sociales qui forgent l'époque[37]. Des actions individuelles écologiquement vertueuses ne pourraient-elles pas, mises bout à bout, et par effet de masse, faire la différence ?

Redisons toutefois que l'enjeu écologique ne peut être situé uniquement en-deçà du politique, dans une accumulation de choix individuels. De même, l'individu ne peut constituer par lui-même un contre-pouvoir efficace face au système qui le gouverne. Enfin, nous ne comptons pas défendre une vision de l'omni-responsabilité qui rendrait l'homme responsable de tout : il s'agit plutôt de souligner que chaque individu dispose de zones de liberté, de latitudes d'action et de marges de manœuvre, et qu'en conséquence nul ne devrait se soustraire à la responsabilité qui lui incombe, si petite soit-elle, sous prétexte que le problème est collectif et qu'il implique quelque chose qui excède l'humain.

Les discours de la justification

La plupart de nos contemporains se résignent à l'apparente fatalité du désastre en cours, et se montrent indifférents aux dévastations causées par les sociétés auxquelles ils appartiennent. Comme dans d'autres circonstances similaires, dont l'histoire moderne abonde, les masses se montrent dociles, inertes, et peu disposées à changer, en dépit de ce qu'elles savent : elles se comportent au mépris de tout comme si elles ne savaient pas.

Mais les individus qui se dérobent à leur responsabilité n'en éprouvent pas moins des sentiments d'anxiété, de malaise ou de honte. Même ceux qui se disent moralement indifférents ne le sont pas au point de reconnaître ouvertement, et de s'avouer à eux-mêmes, que leur désinvolture est empreinte d'égoïsme, que leur désintérêt dénote de la lâcheté, et que leur inaction participe d'une fuite en avant destructrice et absurde. Pour gérer les sentiments déplaisants que leur attitude éveille en eux, et se réhabiliter dans leur propre opinion et dans celle de leurs semblables, les individus négligents développent des discours plus ou moins aboutis de justification, et recourent à des manœuvres d'adaptation. Ils puisent certains de leurs arguments dans les thèses du solutionnisme technologique, et en empruntent d'autres aux théories de la collapsologie. Mais ils recourent aussi à d'autres sophisme et à d'autres raisonnements. Par différents artifices, ils s'emploient à réinterpréter les menaces qu'ils négligent, à relativiser la nécessité d'une action environnementale forte, ou à s'exonérer de la part de responsabilité qui leur revient.

Les manœuvres auxquelles on fait ici allusion ont été qualifiées de « stratégies d'adaptation et de déni » (Hamilton, 2012), de « stratégies de désengagement moral » (Bandura,

2002) ou de « corruption morale » (Gardiner, 2011)[38]. Ce ne sont pas ces manœuvres en tant que telles qui nous intéressent, mais ce qu'elles révèlent de l'homme contemporain et des raisons de sa défection.

À cet égard, deux aspects s'avèrent fondamentaux. Le premier tient au fait que les manœuvres de la dérobade ont partie liée à des valeurs prégnantes de nature individualiste, hédoniste ou utilitariste, ainsi qu'à des représentations anthropocentriques, qui réduisent la nature à son utilité pour l'homme. Ces motifs, qui sont constitutifs de la modernité techno-marchande, sont profondément ancrés dans les mentalités contemporaines. Ils contribuent à nourrir, sinon l'indifférence, du moins la négligence en matière écologique. Ils témoignent aussi indirectement de l'attachement des masses au système qui les gouverne[39].

Le deuxième point important à souligner est que les manœuvres de la dérobade tirent prétexte du caractère hors norme du basculement environnemental. Il faut rappeler à ce sujet que le drame écologique peine à être appréhendé selon les principes juridiques convenus, qu'il n'est pas réductible à une histoire classique de responsabilité qui peut être circonscrite de façon précise dans l'espace et le temps, avec des coupables clairement identifiables, des actions intentionnellement motivées, des préjudices constatables de façon précise, et des victimes en capacité de réclamer réparation[40]. Plus largement encore, en raison de son caractère systémique, de ses causes diffuses, de ses conséquences impondérables et de son développement non maîtrisé, le drame écologique déjoue les capacités communes de compréhension et déborde les cadres habituels de l'appréciation intellectuelle et morale.

Or, plutôt que de s'ouvrir à la complexité des développements environnementaux, de s'affirmer responsable de la crise en cours, et de souligner l'urgence qu'il y a d'agir en dépit de ce qui demeure incertain, incompréhensible ou incommensurable, le sujet contemporain, mu par des ambitions communes et conditionné par des mentalités étriquées, invoque l'immensité du problème pour se disculper.

Ainsi, la dérobade écologique procède, à chaque fois, du décalage entre l'étroitesse des aspirations de l'homme contemporain et le caractère exorbitant du défi auquel il est confronté. Ce point est essentiel, et nous allons prendre le temps de l'étayer. Nous allons énumérer les principaux traits qui font du drame écologique un phénomène hors norme, et montrer comment chacun d'eux est utilisé en guise d'alibi ou d'argument de justification dans la dérobade morale. Nous verrons par là-même de quelle manière les valeurs et les représentations qui façonnent les mentalités communes contribuent à la manipulation et la rendent possible. La conclusion s'imposera alors d'elle-même : le sujet contemporain ne cessera de fuir, à moins que sa vision du monde n'évolue, que ses ambitions ne s'élèvent, que sa conscience morale ne s'étoffe, et qu'il puisse ainsi s'ouvrir au caractère excédentaire du problème auquel il fait face.

L'utilisation frauduleuse du caractère hors norme du drame écologique

(1) L'incertitude inhérente du savoir sur l'environnement.

L'incertitude est présente à chaque étape de l'élaboration du savoir sur l'environnement : dans la modélisation des systèmes écologiques, dans l'évaluation scientifique des phénomènes naturels, dans l'appréciation des possibilités que réservent les progrès techniques à venir, ou encore dans la conception que l'on se fait de la préférence des générations futures. Omniprésente, l'incertitude est aussi de différentes natures : elle est épistémologique (en lien avec notre capacité limitée à comprendre), méthodologique (en rapport avec le choix des instruments d'analyse) et technique (en raison de l'imprécision des mesures et des modélisations) (Funtowicz

& Ravetz, 1991). Ces différentes catégories d'incertitude interfèrent entre elles et se combinent dans le travail pluri-disciplinaire nécessaire à l'étude de l'environnement, aboutis-sant à des niveaux irréductibles et élevés d'imprécision : « Dans le domaine des sciences de l'environnement, l'incer-titude est devenue progressivement un élément essentiel de l'approche des phénomènes » (Allard, 2010 : 25). Cet état des choses ne compromet pas la possibilité de la connaissance scientifique, ni ne constitue un achoppement insurmontable pour l'épreuve de la conviction et de la responsabilité. Il a néanmoins pour conséquence d'anéantir les prétentions à la connaissance achevée, laissant le champ du savoir ouvert à des débats qui ne peuvent être ni clos ni tranchés de façon définitive.

Or, c'est sur cette part d'incertain et de contestable que jouent les manœuvres de la dérobade en matière écologique. L'incomplétude de la recherche scientifique, les inévitables lacunes qu'elle recèle, et les divergences qui persistent en son sein, sont indûment utilisées pour disputer l'origine humaine du basculement environnemental, contester l'impact réel des phénomènes observés, et mettre en cause la réalité du drame en cours (Farrell et al., 2019 ; Harvey et al., 2018) : « Toute parcelle d'incertitude dans l'ensemble des preuves scien-tifiques représente une faille que les climato-sceptiques ne manqueront pas de forcer au pied de biche pour tenter de fissurer l'édifice puis de le faire s'effondrer » (Hamilton, 2012 : 223). Les débats portant sur les mesures à prendre, sur le rythme optimal de la transition, sur le partage des respon-sabilités, ou sur la répartition des coûts et des bénéfices, sont également exploités pour insinuer le doute sur la réalité de la tragédie en cours, ou récuser l'urgence d'une action environ-nementale forte (Lamb et al., 2020)[41]. Ces procédés ne sont pas propres à quelques imposteurs professionnels ; on les retrouve dans toutes les menées du scepticisme désinvolte dans lequel se complaît le commun des mortels.

(2) L'inertie des écosystèmes.

On le sait, les systèmes écologiques réagissent avec des temps de latence plus ou moins grands aux changements de facteurs importants. Ainsi, pour prendre l'exemple du climat, « en raison de l'inertie et de la variabilité interne du système climatique et du cycle mondial du carbone, une réduction du réchauffement [consécutive à des mesures d'atténuation] ne sera pas immédiatement perceptible (...) Pour la température moyenne à la surface du globe, le délai médian avant que l'effet des mesures d'atténuation ne puisse être détecté est d'environ vingt-cinq à trente ans » (Tebaldi, 2013). Le phénomène d'inertie crée donc un temps de latence, qui peut être long, entre l'action que les hommes exercent sur l'environnement et les conséquences bonnes ou mauvaises qui en résultent. Ce décalage n'est pas de nature à encourager les comportements vertueux, puisque les acteurs sont portés à penser qu'ils ne seront pas concernés par les conséquences de leurs agissements, qu'ils n'auront pas eux-mêmes à assumer les risques que leur inconduite engendre, ou qu'ils ne bénéficieront pas pleinement des retombées de leurs actions méritoires.

Le phénomène d'inertie signifie également que les systèmes écologiques – quoi qu'ils puissent s'effondrer au-delà d'un certain seuil de perturbation – se dégradent selon des processus accumulés qui se développent sur longues périodes. Les conditions environnementales paraîtront donc relativement stables lorsqu'elles sont examinées sur courtes durées, comme à l'échelle d'une vie humaine par exemple. Cette apparente stabilité induit une vision biaisée du bouleversement en cours, véhicule un faux sens de la sécurité, et alimente les interprétations sceptiques. Elle peut accréditer l'idée fallacieuse que les dégradations environnementales sont relatives et que l'on dispose de temps pour traiter le problème (Hamilton, 2012)[42].

Ainsi, les acteurs se trouvent doublement incités à l'irresponsabilité, d'une part parce qu'ils croient ne pas avoir à supporter les conséquences de leur inconduite, d'autre part parce qu'ils sont rassurés par la fausse apparence de stabilité de leur environnement. Ces incitations sont d'autant plus fortes que les individus raisonnent et se projettent sur un horizon rapproché. Ceux dont les intérêts, les préoccupations et les ambitions se limitent au temps court ne se sentent ni concernés ni menacés par le délabrement écologique. Ils auront tendance à ignorer les contraintes environnementales, puisque les conséquences pour eux leur sembleront plus ou moins les mêmes, quoiqu'ils fassent. On voit apparaître ici, au niveau microéconomique, ce que l'on discutera plus loin à l'échelle macroéconomique : l'incompatibilité entre les valeurs du système néolibéral dominant et le principe de la responsabilité écologique.

Sur le plan économique justement, puisque le phénomène d'inertie crée un décalage temporel entre l'effort consenti en faveur de l'environnement et les fruits qui en résultent, tout investissement ayant des implications écologiques appellera un arbitrage entre les bénéfices attendus dont pourraient profiter les générations futures, et les coûts encourus au présent par les populations actuelles. Cet arbitrage est capté en termes économiques par le taux d'actualisation, qui sert dans les évaluations financières à calculer la valeur actuelle d'un projet en prenant en considération sa durée, le risque associé et les préférences des décisionnaires : le choix d'un taux d'actualisation élevé ayant pour effet de réduire la valeur des bénéfices futurs au regard des considérations présentes[43]. Ainsi, plus les acteurs accordent de l'importance à leur intérêt individuel et à la maximisation de leur satisfaction à court terme (c'est-à-dire, plus ils se conforment aux principes de l'économie néolibérale), plus ils attribuent une valeur élevée au taux d'actualisation, et pénalisent l'environnement. Ce constat anticipe un impératif que nous discuterons plus loin :

la nécessité de réenchâsser l'économique dans des considérations éthiques et politiques plus larges.

(3) L'imputation problématique du drame écologique.

Plusieurs traits relatifs à l'imputabilité en matière écologique contribuent à déresponsabiliser les individus. D'abord, tous les êtres humains – bien que diversement – concourent au délabrement environnemental en cours. Ensuite, les contributions individuelles restent insignifiantes au regard du phénomène global : prise isolément, la pression que produit un individu sur l'environnement est infinitésimale et sans conséquences réelles sur l'équilibre écologique d'ensemble. Enfin, le lien de causalité entre l'acte écologiquement préjudiciable et ses effets demeure le plus souvent distendu. À ces difficultés s'ajoute le fait que l'action nuisible pour l'environnement est rarement répréhensible en elle-même à l'échelle de la microsphère sociale dans laquelle elle s'inscrit : des technologies énergivores, telles que la voiture ou le numérique par exemple, peuvent être utilisées à des fins justes au niveau local, alors qu'elles produisent une pollution massive à l'échelle globale.

Dans ces conditions, il n'est pas étonnant que l'individu ait tendance à relativiser ses responsabilités. Devrait-il se sentir concerné par des dégradations environnementales auxquelles il contribue de façon négligeable et sans volonté de mal agir ? Doit-il se soucier d'inconduites dont les conséquences sont lointaines et incalculables ?

Plutôt que d'assumer la difficulté, nos contemporains la mettent à profit pour justifier leur indifférence. Ils estiment que la question environnementale étant l'affaire de tous, elle ne serait l'affaire de personne en particulier. Ou encore ils considèrent que nul ne peut être tenu responsable d'un préjudice impossible à quantifier précisément, ni à sanctionner de façon équitable. Ce type de raisonnement est à l'évidence fallacieux, puisqu'il consiste à s'exonérer d'une responsabilité, sous prétexte que les autres ne s'en acquittent pas, et à se disculper d'une inconduite en alléguant qu'elle ne peut être circonscrite et compensée adéquatement[44].

Cependant, ces manœuvres et les raisonnements qui les sous-tendent ne doivent pas être considérés comme de simples manifestations de mauvaise foi. La défection de nos contemporains est en partie liée à leur vision égocentrique du monde, à la myopie de leurs calculs individualistes et à la puissance des valeurs mercantiles qui les dominent. Elle reflète aussi la compréhension étroite du droit et de la justice qui prévaut dans nos sociétés modernes : le devoir et l'obligation étant essentiellement conçus à partir des modalités de l'échange, et ainsi subordonnés à des logiques contractualistes et procédurales, la responsabilité envers l'avenir – c'est-à-dire envers des personnes qui n'entrent pas dans des rapports de partenariat et d'échange contractuel avec nous – peine à prendre forme (Ost, 2018)[45]. Tout cela s'inscrit sur le fond d'un problème moral qui n'a pas de réponse aisée : s'il est inconvenant de s'en tenir à une conception courte de la responsabilité, qui se limite aux seules intentions explicites, peut-on s'astreindre à une exigence infinie de responsabilité qui rendrait chacun responsable de tous les effets futurs de ses actes, y compris les plus imprévisibles ?

(4) Le caractère ordinaire des actes écologiquement répréhensibles.

Les activités polluantes tendent à perdre aux yeux de l'homme ordinaire leur caractère répréhensible dès lors qu'elles sont usuelles, licites et utiles à la satisfaction de nécessités devenues vitales. Ce phénomène est d'autant plus marqué que l'instinct grégaire domine et renforce la convergence des croyances et des comportements. Lorsque les individus mesurent leurs actions et règlent leurs conduites à l'aune de celles de leurs semblables, lorsqu'ils s'entourent de personnes qui leur ressemblent et évitent celles qui les contrarient, des comportements répréhensibles pourront leur paraître anodins, et prendre à leurs yeux le statut de norme, pour la simple raison qu'ils sont partagés. Ainsi, de nombreuses activités polluantes ou émettrices de gaz à effet de serre sont tolérées, ou considérées comme inévitables, simplement parce qu'elles sont ancrées dans les habitudes et largement répandues (Gifford, 2011 : 294 ; Bandura, 2002 : 105).

La tolérance à l'égard des activités nuisibles ne s'explique pas simplement par le poids des habitudes et du conformisme ; elle naît aussi d'une absence de la pensée, ou d'un défaut de jugement, qui porte le plus grand nombre à accepter l'intolérable dégradation de la nature comme une banalité (au sens où Hannah Arendt parle de la banalité du mal). Marcuse (1964) et Adorno (1975) ont lié cet état de défaillance au délabrement des esprits et à l'uniformisation des comportements que produit la civilisation technicienne : les hommes soumis au règne de la technique moderne, et à des modes de vie de plus en plus similaires, perdent leur identité de sujets responsables de leurs actions, pour devenir des collaborateurs, utilisateurs ou opérateurs impersonnels de systèmes, sur le choix desquels ils n'exercent aucune influence.

Cependant, ce n'est ni le mimétisme social, ni la technologisation du monde, qui sont à blâmer en tant que tels. En effet, le conformisme social ne produit l'indifférence morale que dans la mesure où les individus restent centrés sur leur personne et accrochés à leurs intérêts particuliers. Dans un environnement plus vertueux, le mimétisme ne serait-il pas source d'émulation positive et de perfectionnement ? De même, le déploiement de la technique, s'il était encadré par une gouvernance informée, collective et édifiante, ne pourrait-il pas contribuer à l'affranchissement de l'homme plutôt qu'à son asservissement ? Nous ne manquerons pas de revenir sur ces questions cruciales.

(5) L'asymétrie entre pollueurs et victimes.

Le bouleversement écologique, en affectant les biens communs qui permettent aux hommes d'exister ensemble, menace potentiellement tout le monde, sans égard aux différences de situation, de fortune ou de statut. Mais en même temps, la crise environnementale ne touche pas les habitants de la planète de la même façon. Elle tend à aggraver les formes historiques de violence et d'iniquité. Elle impacte plus durement ceux qui ont le moins de responsabilité dans sa survenue et peu de moyens de s'en protéger : « Ce sont les personnes les moins responsables de la production de gaz à effet de serre, celles qui vivent dans des sociétés non industrialisées, qui subiront le plus fortement les effets d'un changement produit par la société industrielle et le développement capitaliste contemporain » (Laugier, 2017)[46]. En sens inverse, ceux qui ont le plus contribué au délabrement environnemental, et qui devraient payer la plus grande part des coûts d'ajustement, ne sont pas, et ne seront pas, les plus durement éprouvés. « En gros, résume Bruno Latour, les moins responsables sont les plus touchés » (2019).

Cette réalité n'est guère propice à l'évolution favorable des comportements. Ainsi, les riches et les privilégiés sont d'autant plus réticents à réduire leurs activités polluantes et à investir dans la transition écologique qu'ils se croient épargnés par les changements en cours, qu'ils pensent avoir les moyens de se protéger, et qu'ils n'éprouvent aucun sentiment de devoir ou de compassion à l'égard des victimes[47]. L'indifférence écologique apparaît ici encore liée à l'égoïsme moral et au caractère atypique de la crise environnementale.

(6) L'immensité du désastre environnemental.

Parce qu'elle semble inéluctable, irréversible et insurmontable, la catastrophe écologique tend à tétaniser les consciences et à faire douter les gens de leur capacité à agir.

Telle une hydre trop vaste pour être terrassée, elle inspire la peur, le renoncement et la dérobade. Günther Anders qualifie de « supraliminaire » ce genre de phénomènes apocalyptiques dont l'immensité excède notre capacité de compréhension, et que l'on ne parvient à affronter que par la fuite[48].

L'angoisse que la catastrophe suscite peut devenir si intense, et les enjeux existentiels qu'elle soulève si douloureux à envisager, que le sujet n'arrive plus à faire face sans une forme ou une autre de dissimulation. Pour se protéger contre l'anxiété et le désarroi qui découlent d'une préoccupation trop forte, il recourt, de façon plus ou moins inconsciente, à des manœuvres de défense et d'auto-idéalisation. Il développe des interprétations illusoirement optimistes portant sur le monde, sa personne et l'avenir – ce que Shelley Taylor appelle des « fictions anodines » (1989). Ces mécanismes ont le même effet que les dissociations psychiques du déni, du nuancement ou de la consolation religieuse : ils minimisent la menace et tendent à réfréner l'engagement.

L'efficacité de ces mécanismes de défense, et leur caractère spontané, sonnent comme un désaveu pour les théories qui font de l'heuristique de la peur un moyen éthique de responsabilisation. En effet, tout se passe comme si, en suscitant des réactions de sauvegarde, « la menace elle-même contribuait de façon funeste à sa propre minimisation » (Anders, 2007 : 44).

Toutefois, comme on l'a signalé précédemment, il serait erroné de céder à un psychologisme simpliste et de trancher la question de l'heuristique de la peur dans un sens déterminé en particulier. Si l'individu commun est poussé par l'anxiété à la défection plutôt qu'à l'engagement, s'il ne parvient à dominer les ressorts de la peur qui l'habite que par la fuite, et si la dimension cosmique du drame écologique ne lui inspire qu'impuissance et affaissement, tout cela n'est pas le fait d'un déterminisme psychologique strict, mais le résultat d'un dynamisme existentiel complexe dans lequel les valeurs, les représentations et les croyances jouent un rôle déterminant. On peut penser que d'autres références axiologiques, d'autres habitudes d'esprit et d'autres dispositions morales que celles qui prévalent dans les sociétés contemporaines puissent influencer différemment les individus et les inciter dans le sens d'un investissement conscient des enjeux et des menaces auxquels est confronté notre monde. Dans ce cas, les mêmes mécanismes de défense, les mêmes entreprises de fiction et d'auto-idéalisation qui portent le sujet contemporain à fuir dans l'irresponsabilité pourraient jouer un rôle positif, en lui permettant de gérer son anxiété et son angoisse pour mieux faire face.

La dimension structurante des mentalités

Confrontés à une menace diffuse, habités par l'anxiété, troublés peut-être aussi par des sentiments de culpabilité, les individus qui se dérobent à leur responsabilité écologique cherchent à justifier leur procrastination, leur impuissance et la poursuite de leurs activités polluantes par toute une série d'arguments, de stratégies de défense et de mécanismes d'adaptation[49]. Ces manœuvres engagent des doses plus ou moins importantes de déni, d'ignorance, d'indifférence, de fatalité et de pensée magique. Elles sont souvent assorties d'actions modestes en faveur de l'environnement, qui permettent aux négligents de se donner une image de respectabilité écologique[50]. Elles sont toujours soutenues par une forme de fausse conscience qui idéalise l'appartenance au monde économique dominant et aux activités professionnelles, récréatives ou bénévoles que celui-ci engage. Elles vont finalement de pair avec le conformisme et la soumission, et contribuent à justifier la nécessité de s'en remettre à la société et à ses régulations pour lutter contre les aléas environnementaux.

Mais, comme nous venons de le montrer, le ressort essentiel de cette défection réside dans l'inadéquation entre l'étroitesse des valeurs qui structurent les mentalités de notre époque, et le caractère démesuré du basculement écologique en cours. Les manœuvres de la dérobade morale engagent un même schéma de manipulation : les individus mus par des mobiles égocentriques étroits, et marqués par des conceptions dualistes, individualistes et mercantiles du monde, exploitent le caractère exorbitant de la crise écologique – les difficultés de qualification qu'elle engendre, les conflits de temporalité qu'elle suscite, la dispersion des responsabilités qu'elle entretient, l'inégalité dans la répartition des causes et des effets qu'elle consacre, et les impasses stratégiques qui lui sont inhérentes – pour justifier la désinvolture, la soumission ou l'inaction dans lesquelles ils se réfugient.

Karl-Otto Appel fait un constat relativement similaire, en s'en tenant à la dimension spatiale du problème d'inadéquation. Il remarque que le périmètre éthique structuré par le contrat social est beaucoup trop étroit au regard de l'étendue de la responsabilité qu'appellent les nouvelles formes de l'agir technologique moderne. Pour expliquer son point de vue, Appel introduit la notion de « sphères » de moralité. Il note que le domaine de l'action éthique était autrefois, et est encore souvent, limité à la « microsphère » des liens de proximité noués entre « proches » au sein des communautés familiales et sociales. L'horizon éthique a été élargi par la modernité à la « mésosphère » des relations politiques établies entre « citoyens » sous l'égide de l'État-nation. Ce qui fait aujourd'hui défaut, ce sont les cadres conceptuels et institutionnels qui nous permettraient d'ancrer l'action et la responsabilité éthiques au niveau de la « macro-sphère » de l'économie politique mondiale et du fonctionnement écologique de la planète (Appel, 1987 : 46 et suiv.).

François Ost insiste pour sa part sur la dimension temporelle du problème d'inadéquation. Il relève que « notre culture contemporaine se décline quasi exclusivement au présent, sinon au registre de l'instant, témoignant d'une amnésie à l'égard du passé et de myopie à l'égard du futur, ce qui rend difficilement pensable une communauté de destin entre générations présentes, passées et futures ». Les populations contemporaines ne perçoivent pas les générations à venir comme faisant partie de la même collectivité éthique qu'elles et, partant, elles règlent leurs affaires de façon « purement locale et contingente ». Dès lors, ajoute Ost, « le risque est grand que chaque génération [ait] la tentation de maximiser son avantage sans trop de souci du lendemain, voire en reportant sur les générations suivantes le poids des risques, des emprunts, des pollutions et la raréfaction des ressources » (Ost, 2018). Face à l'irresponsabilité écologique – et au repli sur le présent qu'encouragent le monde économique et ses réseaux de communication instantanée – il importe d'ouvrir une temporalité accueillante tant pour les générations futures que pour les autres formes de vie qui peuplent la Terre.

Dipesh Chakrabarty signale une difficulté supplémentaire. Dans un article qui a fait date, *Le climat de l'histoire : quatre thèses*[51], il estime que l'homme, entré dans l'ère de l'anthropocène, et devenu une « force géophysique », ne peut plus se penser uniquement comme le sujet historique d'une aventure humaine. Dans l'intérêt de son futur collectif, il doit se comprendre également dans la durée de l'histoire géologique, comme un sujet de la nature, comme une espèce liée à la biodiversité et au devenir de l'écosystème terrestre. Cette nouvelle exigence de pensée soulève de considérables défis que nous discuterons. Mais pour notre propos actuel, elle permet de marquer le contraste entre l'individu contemporain, retranché dans la microsphère du privé, du présent et de l'exceptionnalisme humain, et l'idéal de l'homme responsable qu'exigent les nouvelles données de l'anthropocène : un sujet capable de s'ouvrir aux horizons les plus larges du temps et de l'espace, de penser les dimensions naturelles et historiques, biologiques et sociales, individuelles et collectives de son être, et donc de répondre de ses actes en tant qu'il est inséparablement acteur historique et agent géologique.

L'anthropocène figure donc un paradoxe : l'âge qui consacre l'homme comme force tellurique capable de décider du devenir de la Terre est aussi l'âge d'une crise profonde de l'humain. S'il y a une crise de l'homme, c'est parce que l'érosion des conditions d'habitabilité sur Terre est envisagée avec fatalité, indifférence ou cynisme, et non avec le soulèvement de scandale et le sursaut de conscience qu'elle devrait susciter. La catastrophe ne réside pas seulement dans l'énormité du bouleversement environnemental en cours, elle se trouve tout autant dans l'esprit des hommes, dans le délabrement des mentalités, dans l'étroitesse des ambitions et dans l'appauvrissement de la volonté et de la raison.

Ajoutons que si la crise anthropocénique de l'homme est bien une crise de « la conscience de notre condition commune » (comme l'avait analysée en son temps Camus), « notre condition » n'est plus celle du simple sujet historique qui doit réapprendre à s'ouvrir aux autres humains, et en particulier aux plus vulnérables et aux générations à venir ; elle est aussi celle du sujet naturel qui est tenu de nouer de nouveaux liens constitutifs avec la nature et avec les autres vivants.

Remédier à l'insulation malsaine de l'homme contemporain, dans sa double dimension sociale et écologique, requiert davantage que de simples innovations institutionnelles et juridiques[52]. Des changements de mentalités, de motivations et d'attitudes profondes sont nécessaires. Pour que l'individu commun sorte de l'état d'indifférence et de repli dans lequel il est enfermé, pour qu'il s'ouvre à la complexité du bouleversement écologique et à sa temporalité, pour que prenne forme une responsabilité écologique résolue et efficace et que, ainsi, toutes sortes de reconfigurations sociétales – qui seront précisées par la suite – puissent advenir, il faut que certaines évolutions se produisent au niveau des valeurs, des représentations et des croyances.

L'examen des modalités de la dérobade écologique rend plus clair le changement de mentalités à accomplir. Le sujet contemporain doit se hisser à un stade plus élevé de la conscience morale, et entrer dans un nouveau type de rapport au temps, à l'espace et au vivant. Il faudrait qu'il soit capable d'aller au-delà des calculs comptables de l'intérêt égoïste ou marchand, qu'il s'intéresse à des horizons qui débordent ses perspectives étroites, qu'il se sente concerné par les effets de masse et les injustices structurelles auxquelles il contribue, qu'il recherche la coopération en repoussant les tentations de la sécession, qu'il prenne à cœur le sort des générations à venir et des plus vulnérables par-delà les logiques contractualistes qui infusent les principes moraux communs, qu'il renoue des liens constitutifs avec la nature et les autres formes de vie en rompant avec le nombrilisme humain exacerbé de la pensée moderne, et enfin qu'il soit capable de vaincre, autant que possible, ses inclinations grégaires, la spécularité des croyances et les inclinations de la mauvaise foi. Bref, s'il ne veut pas faillir dans le rôle anthropocénique qui est désormais le sien, et auquel il ne peut plus échapper, l'homme contemporain doit acquérir ce « supplément d'âme » dont son « corps agrandi » par la technique a besoin[53].

Que l'homme doive impérativement se décentrer de lui-même, et sortir du huis-clos délétère dans lequel il s'est enfermé, ne signifie pas qu'il doive sacrifier ses intérêts, ses aspirations profondes, son désir d'autonomie, ni les principes de réciprocité et d'équivalence sur lesquels reposent nombre de ses activités. Loin de le rendre étranger à lui-même, le décentrement éthique peut être pour l'individu une source d'agrandissement et d'enrichissement, lui ouvrant des possibilités de sens insoupçonnées et de nouvelles orientations de vie, tout en favorisant l'émergence d'un avenir moins sombre.

Un utopisme de responsabilité ?

Mais n'est-il pas utopique ou idéaliste de vouloir arracher l'homme commun au vacuum moral dans lequel il vit, et de l'imaginer répondant de la responsabilité à laquelle il est tenu ? Günter Maschke a précisément critiqué Jonas pour son idéalisme, qualifiant son principe éthique d'« utopisme de la responsabilité », tant il jugeait irréaliste l'ambition d'ériger l'homme moderne en gardien de la nature et des générations futures (Pommier, 2012). Que dire alors de notre recommandation, dont l'ambition est aussi éloignée de l'esprit de son temps, que l'éthique formulée par Jonas pouvait l'être du sien ?

À la défense de Jonas, on peut estimer qu'« il n'y a pas lieu de condamner le caractère utopique » de l'exigence éthique qu'il porte au premier plan, « puisque cette accusation d'utopisme résulte du cadre étroit dans lequel la responsabilité était considérée jusqu'à lui » (Pommier, 2012). Pour autant, la critique de Maschke n'est pas infondée : « La pensée de Jonas souffre d'un excès d'idéalisme, car la responsabilité n'y est exposée que dans une enveloppe théorique sans application pratique (…). En édictant des normes et des impératifs censés faire redécouvrir à l'homme l'essence de sa responsabilité, [Jonas] recouvre malheureusement l'individu du voile d'une morale abstraite et quasiment inhumaine » (Arnoux, 2017 : 83). « Si Jonas a eu raison de mettre au cœur de l'éthique le thème de la responsabilité, il faut en revanche conclure qu'il n'a pas su donner à son éthique le fondement que méritait son intuition » (Pommier, 2012).

L'idée que nous entendons développer dans cet ouvrage est que la pratique élargie de la responsabilité dont notre monde a besoin ne peut être fondée, ni acquérir une signification existentielle, que dans une relation vivante à un Tiers-transcendant. Il ne faut rien de moins qu'une reconfiguration du rapport à Dieu, et de l'idée que l'on s'en fait, pour espérer arracher le sujet contemporain à son désenchantement narcissique, le remettre en situation de répondre des conséquences de ses activités, et lui insuffler la force d'entreprendre un véritable renouveau.

Jonas avait, semble-t-il, « une certitude » comparable. Il soutenait que la responsabilité humaine trouve son origine et son sens dans le rapport au divin : c'est la foi, écrit-il, qui peut « procurer à l'éthique le fondement » ; « la foi religieuse dispose ici de réponses que la philosophie ne peut que chercher avec une chance incertaine de succès » (Jonas, 1990 : 63, 72). Jonas était convaincu que l'homme gagné par le désenchantement, et confronté à des menaces d'un genre nouveau, ne pouvait développer un sens aigu de la responsabilité que dans le cadre d'une épreuve renouvelée de foi : « J'ai une certitude : sans un quelconque retour d'un engagement religieux, l'homme occidental ne sera pas en mesure de trouver les motivations qui sont nécessaires pour répondre au danger technologique d'autodestruction »[54].

Jonas n'a pas étayé « sa certitude » dans son exposé magistral du *Principe de Responsabilité*. Mais il propose dans un autre ouvrage, *Le Concept de Dieu après Auschwitz*, une idée du divin, ou ce qu'il appelle « son » mythe, capable, selon lui, de répondre du désarroi du siècle, et d'inspirer aux hommes la juste attitude de responsabilité que réclame le pouvoir inégalé qu'ils ont conquis sur Terre.

Jonas tente d'esquisser un concept de Dieu qui serait cohérent avec un autre mode d'être et de penser, où précisément Auschwitz serait rendu impossible. Il développe dans ses textes l'idée d'un Dieu « faible », qui aurait renoncé à la puissance au profit de l'autonomie cosmique. Ce Dieu crée en laissant être. Pour rendre possible la création, il la met en place en abdiquant son pouvoir. Après ce total don de soi, il n'a plus rien à donner : « C'est maintenant à l'homme de lui donner. Et il peut le faire en veillant à ce que, dans les cheminements de sa vie, n'arrive pas, ou n'arrive pas trop souvent, et pas à cause de lui, l'homme, que Dieu puisse regretter d'avoir laissé devenir le monde » (1994 : 207)[55]. Ainsi, le concept de Dieu imaginé par Jonas générerait pour l'être doué de conscience et de liberté qu'est l'homme l'obligation de prendre en charge l'avenir de la Terre, de venir en aide à cette divinité qui d'elle-même est devenue impuissante. En agissant dans le sens de la création, l'homme travaille pour Dieu et fait exister la divinité dans toute sa plénitude. Mais en agissant contre le sens de la création, il dénature le projet divin et porte atteinte à Dieu lui-même.

C'est donc à partir de ses propres convictions religieuses, et en lien avec un mythe de son invention, que Jonas conçoit le fondement ontologique qu'il donne à son éthique universelle. Mais de ce fait, le Principe Responsabilité repose sur une conjecture métaphysique, ou sur « une greffe théologique », qui, en tant que telle, « tombe, quant à sa prétention épistémique, sous le verdict de la critique kantienne de tout discours métaphysique » (Theis, 2014). Pour le dire plus simplement, « l'écueil de la conception jonassienne de la responsabilité est un écueil métaphysique avant tout », au sens où elle repose sur des hypothèses fondamentales qui ne relèvent pas du domaine de la connaissance rationnelle ou de la vérification empirique (Arnoux, 2017 : 86).

Pour éviter l'écueil auquel achoppe l'approche jonassienne, la démarche suivie dans ce livre vise à identifier, par une exploration rationnelle, les ressorts de l'impasse actuelle et les transformations requises pour promouvoir des comportements responsables. Ce faisant, la nécessité apparaît de faire intervenir une Altérité radicale, sans pour autant prendre position sur son existence. Nous nous contentons de spécifier l'idée qui lui correspond par l'ensemble des transformations qu'elle est censée rendre possible. Le second volume de notre étude montrera que cette idée désirable de Dieu est celle-là même qui émerge d'une relecture critique et sans concession des Écritures historiques, et qu'il importe donc de se réapproprier cette compréhension, à l'encontre des interprétations prévalentes qui l'ont dénaturée. Cette idée de Dieu ne s'accommode d'aucune vérité arrêtée sur les réalités ultimes. Elle ne trouve son sens et sa cohérence que dans le cadre d'une histoire du témoignage, où chacun serait appelé à prendre position et à agir de façon décisive. Dès lors, notre proposition n'a rien d'idéaliste, d'abstrait ou de dogmatique. Sans greffe théologique, ni conjecture métaphysique, ni mythe religieux, elle esquisse une voie concrète, et rationnellement étayée, à même de rendre accessible et vivante au plus grand nombre une idée de Dieu qui rouvre la possibilité d'un avenir écologiquement et socialement soutenable. Notre proposition a le potentiel de susciter un renouveau réel, salutaire et de grande ampleur.

Mais le chemin qui reste à parcourir est encore long. Ayant investigué les modalités de la défection individuelle, il faut désormais s'intéresser au champ de l'action collective. La responsabilité pour l'avenir étant avant tout une affaire de société, c'est dans la sphère de l'agir politique qu'elle s'engage. Les ressorts politiques, économiques et techniques de l'impasse écologique actuelle doivent donc être explorés.

- III -

L'anthropocène : une crise
des sociétés

Aussi loin que l'on remonte dans les temps paléolithiques, les sociétés humaines ont participé à la production des facteurs environnementaux qui affectent leur existence (Descola, 2017). Mais c'est plus récemment que la pression anthropique sur la nature est devenue insoutenable. Trois facteurs y ont contribué : une démographie humaine galopante, la montée en puissance d'un capitalisme consumériste, et le développement de technologies voraces en énergies fossiles. C'est l'effet conjugué du nombre des hommes, de leurs excès économiques et de leur puissance technologique qui menace l'équilibre des écosystèmes et leur pérennité.

La dynamique qui cause l'épuisement de la nature s'est accélérée au lendemain de la Seconde guerre mondiale, à mesure que le modèle occidental de développement s'est diffusé à l'échelle de la planète. Les activités de l'homme se sont mises alors à augmenter de façon effrénée, et leur impact sur la géologie, le climat et les écosystèmes a crû à un rythme exponentiel. Cette « Grande Accélération[56] » augure de grands bouleversements, tant elle paraît insoutenable sur le plan environnemental et social.

Dès 1972, Barry Commoner propose de décrire l'impact de l'activité humaine sur l'environnement par un modèle simple. L'équation : $I = P \times A \times T$ exprime l'impact anthropique (I) sous la forme d'un produit de trois facteurs : la population (P), la consommation de biens (A) et la technologie (T). De cette équation, on déduit immédiatement que la pression anthropique peut être atténuée par trois biais complémentaires : une inflexion de la croissance démographique ; une recherche de sobriété énergétique et matérielle ; et le verdissement des technologies[57].

L'équation IPAT souligne la nécessité de prendre en compte l'ensemble des facteurs d'impact et leurs effets multiplicateurs. Elle met en évidence les limites des stratégies basées sur un seul axe d'intervention. S'en tenir, par exemple, au verdissement des technologies sera voué à l'échec à cause des effets de rebond induits sur la consommation[58]. L'équation IPAT signale également que l'absence d'action sur l'un des trois facteurs d'impact se traduit par l'obligation d'agir plus fermement sur les autres. Ainsi, l'impossibilité ou le refus de courber la croissance démographique imposerait d'accomplir des transformations plus importantes sur les plans de l'économique et de la technique. À l'inverse, la réticence ou l'incapacité à changer le système technico-économique dominant produirait des dégâts environnementaux sévères qui pourraient forcer de brusques ajustements démographiques.

Mais pour mieux cerner les ressorts de la Grande Accélération, comprendre les raisons de l'incapacité à faire face aux défis qu'elle soulève, et déterminer la nature de la riposte qu'il convient d'y apporter, il importe de mettre au jour ce que l'équation quantitative ne dit pas d'elle-même, en examinant tour à tour les trois facteurs d'impact qui déterminent la pression anthropique.

Le facteur démographique

Les prévisions des Nations Unies montrent que, selon toute vraisemblance, la population mondiale continuera de croître de façon soutenue dans les prochaines décennies. Le seuil des 8 milliards d'habitants est d'ores et déjà franchi, et malgré l'incertitude qui pèse sur les prévisions démographiques à long terme (Le Bras, 2017), la Terre devrait compter plus de 10 milliards d'habitants à l'horizon 2050-2080 (UN-DESA, 2022). Cette croissance pose des défis interdépendants et transnationaux de nature sociale, économique et environnementale, d'autant plus difficiles à relever que ce sont les régions pauvres les plus durement touchées par le basculement écologique – notamment l'Afrique – qui vont contribuer le plus à l'accroissement démographique[59] : « La simple dynamique démographique va entraîner une augmentation de la population urbaine mondiale de quelque trois milliards de personnes au cours des quarante prochaines années (dont 90 % dans des villes pauvres) et personne, absolument personne n'a la moindre idée de la manière dont les habitants d'une planète de bidonvilles, frappés par la multiplication de crises alimentaires et énergétiques, pourrait garantir sa survie biologique, sans même parler de ses aspirations inévitables à un minimum de bonheur et de dignité » (Davis, 2008).

L'augmentation continue de la population, de la consommation de ressources et de la production de déchets est sans rapport durable avec les possibilités de régénération de la Terre. Depuis la fin des années 1970, la pression anthropique excède de façon systématique les capacités de charge géo-écologiques de la biosphère. Aujourd'hui, l'empreinte écologique mondiale – c'est-à-dire la quantité de terre qu'il faut pour produire les biens consommés par l'humanité et absorber ses déchets – s'élève à 1,7 planètes. Retranscrit en termes de calendrier annuel, ce chiffre signifie que la biocapacité de régénération de la Terre est dépassée chaque année le 8 août.

Ce « jour du dépassement » (Earth Overshoot Day) tombait le 21 août en 2010, et le 1er octobre en l'an 2000[60].

La dynamique que retracent ces quelques données est effrayante. Mais elle le serait davantage s'il fallait prendre en considération les aspirations de développement des populations défavorisées. Si tous les hommes devaient revendiquer un niveau de consommation moyen équivalent à celui d'un Nord-Américain, il ne faudrait pas moins de cinq planètes pour couvrir les besoins de l'humanité[61]. La Terre ne peut tout simplement pas satisfaire l'exubérance économique des plus riches et les appétits de tous les autres. À l'inverse, si nous adoptions tous une consommation semblable à celle moyenne de l'Inde, du Cambodge ou des Philippines, l'empreinte écologique mondiale tomberait en dessous du seuil de l'unité, et nous pourrions nous contenter de notre planète.

Ces considérations n'impliquent pas qu'une régression des conditions de vie soit nécessaire pour répondre au défi écologique. Elles signifient que le problème n'est pas exclusivement démographique, mais qu'il est avant tout lié à la démesure du système économique dominant. Ce sont les excès de la production et de la consommation de masse, la machine folle de la croissance, du productivisme et du gaspillage sans fin, qui menacent en premier lieu la nature d'épuisement[62].

D'ailleurs, la croissance continue de la population mondiale ne nous condamne pas forcément à une impasse. Le défi crucial de la sécurité alimentaire, notamment, n'est pas impossible à relever. De nombreuses études – dont le dernier rapport du World Resources Institute (WRI), intitulé *Créer un avenir alimentaire durable* (Searchinger et al., 2019) – montrent qu'il est tout à fait possible de nourrir dix milliards de bouches d'ici 2050 sans détruire la planète. Mais il y a une condition à cela : changer les habitudes alimentaires qui prévalent dans les pays riches, et réformer les approches poursuivies en matière de développement agricole et de coopération internationale[63].

A contrario, cependant, si l'on considère que les niveaux de consommation sont rigides à la baisse, et que le mode de vie occidental est, sinon désirable, du moins effectivement désiré par l'immense majorité des habitants de la planète, alors la croissance de la population mondiale devient un facteur accélérateur et aggravant de la crise environnementale en cours.

En tout état de cause, le débat opposant les néo-malthusiens (qui considèrent la croissance de la population comme la principale source de la crise environnementale) aux anti-malthusiens (pour qui le facteur démographique n'est pas déterminant et présente même des aspects positifs) est dépassé. Contrairement à ce que laissent entendre les premiers, la responsabilité du système économique dominant n'est ni secondaire ni relative. Mais à l'inverse de ce que soutiennent les seconds, la question du régime démographique souhaitable ne peut être évacuée, ni celle du niveau de population qui serait compatible avec les capacités écologiques terrestres. « La nécessité est désormais de penser ensemble un "effet population" et un "effet niveau/mode de vie", l'un étant le multiplicateur de l'autre » (Lassalle, 2017).

Pour autant, les marges de manœuvre qu'offrent les politiques de baisse de la natalité sont limitées, et ce pour plusieurs raisons. En premier lieu, ces politiques, quelle que soit l'intention de leurs promoteurs, tendent à être coercitives, discriminatoires, et contraires au respect des droits de la personne. Elles font porter aux femmes et aux hommes du tiers-monde la responsabilité de problèmes écologiques qu'ils n'ont pas causés. Elles sont accusées d'être des solutions conservatrices que les élites occidentales promeuvent pour s'exonérer de leurs responsabilités et ne pas remettre en cause les rapports nationaux et internationaux qui les favorisent (Angus et Butler, 2014, 121-152)[64].

En second lieu, l'impact des politiques natalistes sur le bilan écologique global ne peut être que modeste. D'abord, parce que ces politiques ciblent principalement des populations démunies dont l'empreinte environnementale est faible. Ensuite, parce que leur efficacité est compromise par les effets rebond qu'elles engendrent : l'élévation du niveau de vie et de consommation qui accompagne habituellement la baisse de la natalité annule en partie ou totalement les bénéfices environnementaux que l'on pouvait attendre du ralentissement démographique. Enfin, il faut compter avec l'inertie démographique, qui empêche tout retournement de tendance à court ou moyen terme : même après un déclin rapide de la fécondité, « la croissance de la population se poursuit du fait que le nombre de naissances, même inférieur au seuil de renouvellement à long terme, demeure supérieur au nombre de décès » (Angus et Butler, 2014 : 150).

En somme, l'option démographique apparaît peu intéressante et, en tout état de cause, inopérante à court et moyen terme. Dès lors, sans minimiser l'importance de la question démographique – c'est-à-dire la nécessité d'engager des politiques adéquates pour contenir la croissance de la population mondiale dans des limites de long terme qui soient compatibles avec les capacités écologiques de la Terre –, nos sociétés sont tenues de réduire la pression anthropique sur l'environnement par le biais des deuxième et troisième facteurs d'impact donnés par l'équation IPAT : par une baisse des ressources moyennes consommées par individu (A), et par les réductions de l'intensité carbone de l'énergie utilisée et de l'intensité énergétique des processus de production (T). Autrement dit, c'est à un changement profond des modes de consommation et de production qu'il faut s'atteler.

Le facteur économique

D'un point de vue étroitement économique, la crise climatique et environnementale peut s'interpréter en termes de défaillance de marché. D'une part, le bien commun de la nature – considéré comme capital naturel – ne parvient pas à être valorisé par le jeu de la concurrence. D'autre part, les dégradations écologiques et leurs incidences – assimilées à des externalités négatives – restent en dehors de la logique économique et ne sont pas compensées par des mécanismes de régulation[65].

Caractéristiques de ces défaillances sont les situations d'impasse stratégique, de type dilemme du prisonnier[66], qui se nouent autour des questions environnementales. Dans de telles situations, les agents économiques trouvent intérêt à ne pas coopérer dans un sens écologiquement responsable, alors que le choix de la collaboration serait globalement meilleur. Chaque partie prenante considère préférable de prolonger ses activités polluantes, voire de les intensifier, en laissant les autres supporter les coûts nécessaires de sobriété ou d'ajustement. Chacun espère ainsi préserver ses positions, tout en tirant profit des efforts que ses concurrents vertueux auront consentis[67]. Mais dès lors que tous tiennent ce genre de raisonnement – en adoptant ce que l'on appelle un comportement de « passager clandestin » –, et n'acceptent de rectifier leur comportement que si un certain nombre d'autres le font aussi, on bascule dans une configuration de marché, que Garrett Hardin (1968) a qualifié de « tragédie des communs », où le capital naturel se trouve surexploité et dégradé.

L'approche étroitement économiste des communs a été critiquée d'un point de vue à la fois sociologique[68] et théorique[69]. Mais dans cette affaire, c'est le dilemme du prisonnier qui constitue la véritable pierre d'achoppement. C'est le fait que dans les situations typiques où se cache un enjeu écologique, le libre jeu des rationalités individuelles égoïstes (qui est au fondement de l'économie de marché) engendre une irrationalité globale préjudiciable à l'environnement et aux intérêts de chacun. Pour surmonter cette difficulté, les économistes libéraux ont exploré différentes approches, la plus pertinente étant d'inscrire le dilemme du prisonnier dans un processus de répétition[70]s qui permettrait aux agents économiques rationnels d'atteindre l'intérêt collectif par la négociation et la coopération. Cependant, toutes les tentatives de résolution positive échouent sur le même écueil logique auquel achoppe le dilemme original. L'échec souligne qu'il est impossible de sortir de l'impasse stratégique, et de parvenir à des solutions écologiquement satisfaisantes fondées sur le marché, tant que les parties prenantes se donnent pour seul objectif de maximiser de façon rationnelle leur intérêt matériel de court terme. Pour que le jeu des intérêts individuels puisse se développer de manière plus constructive et conduire à l'optimum collectif, il faudrait parvenir à modifier la fonction d'utilité des acteurs, en rendant ces derniers plus coopératifs et moins égocentriques – dans l'esprit de l'élargissement éthique que nous avons préconisé au chapitre précédent.

Mais les économistes néo-libéraux ne l'entendent pas de la sorte. Ils réaffirment les vertus du marché autorégulé, et continuent de croire qu'il est dans l'intérêt de tous de gérer les biens communs selon les principes de l'utilitarisme individuel et les procédures du capitalisme financier. Mettant à profit des avancées récentes dans la théorie des externalités[71] et dans le domaine des droits de propriété, ils proposent diverses formules permettant d'intégrer les questions environnementales dans le calcul économique, et de soumettre ainsi les biens communs à une gestion active par le marché[72]. Ces élaborations ont pavé la voie aux politiques de la croissance verte et du développement durable.

Le pari perdu de la croissance verte

Le paradigme de la croissance verte repose sur un double postulat. En premier lieu, il suppose que la croissance économique peut être découplée de l'utilisation des ressources fossiles et des émissions de gaz à effet de serre, grâce aux progrès technologiques et aux énergies renouvelables. En second lieu, il conditionne la réussite de ce pari au fonctionnement amélioré de l'économie de marché, qui doit être dotée d'instruments et de signaux adéquats pour internaliser les coûts environnementaux et permettre une meilleure gestion des communs. Les principes du capitalisme néolibéral – notamment les dogmes de la croissance indéfinie et de l'accumulation du capital – ne sont pas remis en cause.

Le paradigme de la croissance verte a été endossé et promu par les grandes institutions internationales, la plupart des États occidentaux et un grand nombre d'organisations non gouvernementales. Des stratégies ambitieuses ont été mises en œuvre sur cette base au cours de la dernière décennie. Des infrastructures institutionnelles, réglementaires, scientifiques et économiques nouvelles ont vu le jour : agriculture biologique, activités de maîtrise de l'énergie, gestion des déchets, production d'énergie renouvelable, conservation de la biodiversité, services écosystémiques, finance verte, etc. Ces activités, qualifiées d'« éco-responsables », visent à remodeler l'économie de marché de l'intérieur, en y faisant entrer les enjeux de la nature[73]. En même temps, les entreprises sont incitées à intégrer des objectifs environnementaux dans leur modèle d'affaire et leurs opérations : à court terme, par la réduction de leur consommation de ressources environnementales ; à long terme, par la diminution de la pollution produite, et par l'utilisation systématique des énergies renouvelables et des matériaux recyclables.

L'approche de la croissance verte constitue aujourd'hui la principale réponse politique au changement climatique et aux dégradations de l'environnement. Elle continue d'inspirer une multitude d'initiatives et de projets dans différents con-textes[74]. Elle peut se prévaloir de réelles réussites, notamment en Europe, où un découplage partiel entre la croissance économique et les émissions carbone peut être observé[75]. Mais, dans l'ensemble, et de plus en plus, le pari de la croissance verte semble compromis.

Le problème réside dans l'incapacité du système en place à réaliser un découplage suffisant entre la croissance et les pressions exercées sur l'environnement. Plusieurs raisons expliquent cette incapacité. Tout d'abord, le verdissement de l'économie par le biais de nouvelles technologies ne résout pas les difficultés existantes sans en créer de nouvelles ou en aggraver d'autres. Par exemple, la fabrication de véhicules électriques engendre de fortes pressions sur les ressources en lithium, en cuivre et en cobalt ; l'utilisation de biocarburants accapare des surfaces cultivables précieuses ; la production d'énergie nucléaire engendre des risques d'accidents majeurs et des problèmes logistiques liés à l'élimination des déchets, etc. Ensuite, il faut prendre en compte l'effet de rebond : dans une société foncièrement consumériste, les économies d'énergie ou de ressources obtenues par l'utilisation de technologies écologiquement plus rationnelles sont en partie ou totalement annulées par l'augmentation induite de la consommation[76]. À cela s'ajoutent les effets de la croissance démographique continue et les pressions environnementales qui en découlent. Pour toutes ces raisons, et bien d'autres encore[77], les flux de matière et d'énergie ne parviennent pas à être maîtrisés. Les gains d'efficacité atteignent assez vite un plafond, et le découplage recherché peine à se concrétiser.

Le Bureau Européen de l'Environnement (EEB) a passé en revue la littérature empirique et théorique sur la question du découplage. La conclusion qu'il donne dans son rapport *Decoupling Debunked* est sans appel : « Non seulement il n'existe aucune preuve empirique d'un découplage entre la croissance économique et les pressions environnementales à une échelle proche de celle nécessaire pour faire face à l'effondrement de l'environnement, mais aussi, et peut-être surtout, il semble peu probable qu'un tel découplage se produise à l'avenir » (Parrique et al., 2019)[78]. Ce constat signe l'insuffisance radicale, pour ne pas dire la faillite, du paradigme de la croissance verte.

Les politiques gouvernementales dans l'impasse

Avec l'échec des politiques de croissance verte, ce sont les deux grandes approches de la transition écologique actuellement en lice qui se trouvent disqualifiées, celle de la transition de marché prônée par la droite libérale, et celle de la transition régulée préconisée par la gauche de gouvernement.

L'approche libérale privilégie l'optimisation des mécanismes régulateurs du marché, l'investissement privé, l'action volontaire des entreprises, l'innovation, et la finance verte. Cette approche traduit ce que Daniela Gabor a appelé le « Consensus Climatique de Wall Street » (2021) – consensus auquel se sont ralliées, entre autres, la Banque d'Angleterre avec son nouveau mandat environnemental, la Banque centrale européenne avec sa feuille de route climatique, la Commission européenne avec son cadre de classification environnementale, et de nombreuses initiatives du secteur privé[79].

L'approche concurrente est portée par les gauches occidentales et trouve son emblème dans le New Deal Vert des démocrates américains. Elle défend l'idée d'un « Grand État Vert » (Gabor), impulsant une politique volontariste de réforme keynésienne. La démarche consiste à combiner investissements publics, incitations réglementaires et mesures sociales pour soutenir l'innovation, moderniser les infrastructures obsolètes, créer des emplois protégés et décemment rémunérés, et ainsi enclencher un mouvement de transformation vers une économie bas-carbone.

Ces deux approches, malgré des différences essentielles, restent pareillement fidèles au paradigme productiviste de développement. Toutes deux ambitionnent de parvenir au plein emploi par la croissance, et demeurent attachées aux logiques de marché et aux trajectoires technologiques en place. Aucune ne prend d'engagements clairs en matière de sobriété matérielle et énergétique (Gadey, 2020). Au fond, on a affaire à deux politiques bien différenciées, mais qui restent en phase avec le modèle néolibéral dominant, et avec les convictions communes aux élites politico-administratives de gouvernement.

Mais dès lors que ces politiques ont échoué, comment expliquer qu'elles continuent à être promues, en opérant de plus en plus à la manière de ce que les Anglo-Saxons appellent le *greenwashing* ? Dans son ouvrage *La croissance verte contre la nature* (2021), Hélène Tordjman s'efforce de clarifier l'essence de ce régime qui s'est mis en place sous le nom de « croissance verte ». En s'appuyant sur l'étude de cas choisis dans le domaine de l'agriculture et des politiques de protection de l'environnement, elle identifie trois tendances qu'elle considère essentielles à ce régime : la privatisation des ressources biologiques, la mise en œuvre d'instruments de marché appliqués à la nature, et la gouvernance fondée sur l'expertise techno-scientifique et comptable. Ces orientations ouvrent grand la voie à l'exploitation utilitariste du vivant et à son appropriation par les grandes entreprises.

Particulièrement inquiétant à cet égard est le phénomène rampant de « transformation intentionnelle de la nature en marchandise fictive ». Variétés végétales, océans, barrières de corail, protection des espèces menacées et des habitats, séquestration du carbone par les forêts, toutes sortes d'entités vivantes, de biens communs et de projets de lutte pour l'environnement sont reconfigurés sous forme dématérialisée en éléments d'information, en services écosystémiques ou en actifs financiers négociables pour être proposés sur le marché.

Cette transformation va à l'encontre de la gestion collective, préventive et proche de la nature que l'on pourrait espérer ; elle limite la capacité d'intervention des États et des citoyens, donne libre cours au jeu utilitariste du marché, et renforce le pouvoir d'entreprises transnationales dont la légitimité démocratique est faible. Tordjman considère que la réponse apportée à la crise écologique sous forme de croissance verte n'est pas seulement « insuffisante ou inadaptée », elle est « dangereuse » (Tordjman, 2021 : 6).

L'auteur souligne alors la contradiction qu'il y a à vouloir résoudre les problèmes liés aux excès du régime techno-industriel, par l'élargissement et l'approfondissement de ce même régime. Une telle approche ne peut en aucun cas offrir une issue à la crise écologique. Ne servirait-elle pas secrètement à perpétuer le système en place en le verdissant ? Nous avons rappelé que les classes gouvernantes ont été accusées de soutenir les approches malthusiennes de la population pour ne pas remettre en cause les rapports nationaux et internationaux qui les avantagent. N'auraient-elles pas également choisi de maintenir le cap de la croissance verte pour ne pas compromettre leurs intérêts économiques établis ? Le pape François n'est pas loin de l'affirmer, lorsqu'il condamne à son tour la croissance verte dans son encyclique sur l'écologie : « Le discours de la croissance durable, écrit-il, devient souvent un moyen de distraction et de justification qui enferme les valeurs du discours écologique dans la logique des finances et de la technocratie ; la responsabilité sociale et environnementale des entreprises se réduisant d'ordinaire à une série d'actions de marketing et d'image » (*LS* 194).

Il faut donc sortir de l'illusion de la croissance verte, et cesser de croire qu'il est possible d'échapper au pire par le simple verdissement des tendances et des schémas du modèle néolibéral actuel. Il faut envisager des alternatives, et celles-ci passent forcément par la transformation profonde du système techno-économique dans son ensemble.

La mise en accusation du modèle néolibéral de croissance

L'échec de la croissance verte est un désaveu pour l'écologie gestionnaire, et pour tous ceux qui prétendent que les problèmes environnementaux peuvent être résolus sans remettre en cause « l'économie orthodoxe, capitaliste, néolibérale » (Citton, 2014 : 156). Sur ce point, c'est l'écologie radicale ou profonde qui a raison : la crise écologique est une crise générale du social, du politique et de l'existentiel, qui ne peut être surmontée sans une révision du système d'inspiration néolibérale qui domine aujourd'hui dans le monde[80].

N'y a-t-il pas, en effet, une insurmontable contradiction entre les principes constitutifs du néolibéralisme et la rationalité écologique : entre l'impératif de la croissance indéfinie et les limites finies de la biosphère, entre la recherche effrénée du profit et la préservation des biens communs, entre l'ivresse productiviste et la raréfaction des ressources périssables, entre la dérégulation des marchés et une saine gouvernance de l'environnement, ou encore entre l'obsession du court terme et les équilibres écologiques de long terme ?

De toute évidence, le régime économique dominant au niveau mondial est incompatible avec le maintien de conditions écologiques viables sur la planète[81]. Tant que le système établi se donne pour seule finalité la rentabilité maximale, et exige de ce fait la croissance artificielle des besoins, le travail productif, le loisir consommatif et l'obsolescence programmée des produits, l'exploitation ruineuse des ressources naturelles et la destruction des écosystèmes ne cesseront pas.

La piètre performance environnementale du modèle économique dominant est étroitement liée aux fortes inégalités qu'il perpétue. Non seulement des disparités importantes subsistent entre un Nord riche et grand émetteur de gaz à effet de serre, et un Sud moins développé économiquement et faible consommateur d'énergie[82], mais au sein de chaque pays, une fracture sociale plus ou moins marquée sépare les élites intégrées à l'économie mondialisée des masses paupérisées et exclues de l'abondance matérielle. Or, d'après le GIEC, les dix pour cent les plus aisés de la population mondiale produisent près de la moitié des émissions de gaz à effet de serre, tandis que la moitié la plus pauvre ne génère que 13 à 15 % des émissions totales[83]. Alors que les plus riches profitent du gigantesque gonflement de l'économie mondiale, les plus démunis sont les premières victimes des catastrophes environnementales que ce gonflement produit.

Les inégalités peuvent paraître scandaleuses d'un point de vue moral. Elles sont, en tout cas, préjudiciables à l'équilibre écologique : « Il y a d'un côté un lien entre pauvreté et destruction de la biodiversité, et d'autre part un lien entre richesse et atteintes à l'environnement – cette dernière corrélation étant patente dans le cas des émissions de gaz à effet de serre qui sont linéairement corrélées au niveau de revenu » (Laurent, 2015). Toutes choses étant égales par ailleurs, plus les inégalités économiques sont fortes au sein de la société, plus l'impact que la société exerce sur l'environnement est important[84].

Par conséquent, les luttes engagées en faveur de la durabilité écologique et celles visant à promouvoir l'équité sociale sont complémentaires : défendre l'environnement contribue à atténuer des préjudices sociaux existants et à venir, tout comme se battre pour la justice économique, c'est corriger des conditions d'arbitraire dommageables à l'environnement. Autrement dit, les exigences écologiques et sociales ne peuvent plus être séparées : elles doivent être articulées dans un même combat, quand bien même elles entreraient en conflit à certains niveaux et sur certaines échelles de temps ou d'espace.

Toutefois, l'idéal de justice qu'il faut inscrire au cœur des luttes environnementales ne doit pas se limiter à une compréhension étroitement redistributive et marchande de l'équité, ni être circonscrit aux seules sphères des existences humaines. Comme nous le verrons par la suite, l'impératif de justice doit prendre un sens plus large et exiger l'équitable « distribution des conditions de l'habitabilité » pour les humains et les autres qu'humains (Latour et Schultz, 2022b). Dans cette perspective, les questions relatives à l'émancipation sociale, à l'équité dans la sphère privée et au rapport d'altérité avec les autres vivants deviennent déterminantes.

De quelle décroissance a-t-on besoin ?

Dès lors que l'on reconnaît que les dynamiques démographiques sont rigides à court terme, que la croissance verte est une illusion, et qu'il existe un lien entre inégalités sociales et dégradations environnementales, on est inévitablement conduit à la conclusion qu'il ne peut y avoir d'issue à la crise systémique actuelle sans sobriété économique. Pour le dire en d'autres termes, si l'on veut éviter d'aggraver les inégalités dans un contexte où la population continue d'augmenter, et qu'on ne peut pas compter sur un découplage suffisant entre croissance et pressions environnementales, alors il faut forcément rompre avec les postulats de l'économie néolibérale de croissance et contenir le niveau moyen de consommation matérielle. N'est-ce pas reconnaître que nos sociétés devraient s'astreindre à la dure discipline de la décroissance[85] ?

Le mot d'ordre de la « décroissance » a quelques avantages. Utilisé de manière polémique comme un « mot-obus » (selon l'expression de Paul Ariès), il met en question le paradigme idéologique de la croissance économique et invite à la réflexion autour de projets alternatifs de société. Mais le slogan a aussi des inconvénients et ne traduit que très imparfaitement l'ambition que recouvrent les démarches salutaires de la transition[86].

Le premier reproche qu'on peut lui faire est de trop simplifier une problématique qui, en matière de croissance, se décline de façon différente selon les contextes.

D'un côté, les économies non-soutenables des pays les plus industrialisés, et les catégories de populations les plus aisées de la planète, ont l'obligation claire de construire un avenir leur permettant de vivre qualitativement mieux avec moins. Il ne peut y avoir d'issue à la crise systémique actuelle tant que les plus riches persévèrent dans leurs modes de vie dispendieux en ressources naturelles et coûteux pour l'environnement. Cependant, comme le précise Jean-Marie Harribey, le Nord global continuerait à avoir besoin de marges de croissance dans sa quête de soutenabilité, pour faire migrer « les sources énergétiques, les systèmes de transports, les modes de chauffage, l'habitat, l'urbanisme » vers des solutions écologiquement plus rationnelles, mais aussi pour réparer « les dégâts, en termes de dégradations et de pollution, occasionnés par le productivisme », enfin pour lutter contre les phénomènes de précarisation et de « pauvreté de masse ». Il ne s'agit donc pas de poursuivre des objectifs stricts ou indiscriminés de décroissance, au risque d'engendrer des conséquences néfastes pour l'environnement et pour la lutte contre la pauvreté, mais de recourir à une « décroissance sélective » (Latouche, 2009) ou de « borner la décroissance » en « fixant des frontières au périmètre des productions à faire décroître » (Harribey, 2007).

Quant aux pays les plus pauvres et au grand nombre de déshérités qui luttent pour survivre, ils doivent pouvoir compter sur des processus de développement qui engagent une certaine quantité de croissance matérielle. Mais le Sud global gagnerait aussi à prendre ses distances avec les formes de croissance économique destructrice de l'environnement. Comme le souligne justement Gilbert Rist, le modèle de développement qui a été imposé aux pays défavorisés par le passé a produit un gaspillage éhonté de ressources naturelles et humaines sans remédier à la pauvreté ni aux inégalités : « Ce n'est donc pas d'un surcroît de croissance dont on a besoin, mais de décisions politiques courageuses qui inversent les priorités imposées tantôt par les institutions internationales ou les investisseurs privés, tantôt par une minorité soucieuse de conserver – et d'accroître – ses privilèges » (Rist, 2015).

En somme, si la quête de soutenabilité exige une réduction de l'empreinte écologique globale et le rétablissement de niveaux de vie matérielle compatibles avec la reproduction des écosystèmes, cette conversion doit se faire de manière différenciée en fonction des contextes : certains secteurs, et les parties les plus prospères du monde, sont dans l'obligation de mener à bien une décroissance effective, tandis que d'autres domaines d'activité, et les couches de population les moins favorisées, doivent pouvoir bénéficier de processus de développement réformés.

En tout cas, quel que soit le contexte envisagé, les politiques économiques et sociales ne peuvent plus être formulées en fonction du seul objectif de croissance. Les paradigmes convenus de développement et les modes d'existence fondés sur la prodigalité matérielle sont invalidés.

De même, certains idéaux constitutifs de la modernité sont rendus caducs, parce que leur concrétisation repose sur la recherche de l'abondance matérielle et l'exploitation continue des ressources planétaires. Ainsi, Pierre Charbonnier a montré, dans son ouvrage *Abondance et liberté*, que la conception moderne de l'émancipation et sa pratique historique ont été, et restent encore, étroitement liées aux perspectives de la prospérité matérielle. Le sens que la modernité occidentale a donné à la liberté est imprégné et orienté par l'idéologie de la croissance. L'utilisation intensive des ressources a été historiquement, et demeure toujours, essentielle aux conquêtes de l'autonomie, parce qu'elle permet de surmonter la pénurie et qu'elle facilite les compromis sociaux, notamment grâce aux mesures de redistribution. Dans ces conditions, comment envisager la poursuite du projet d'autonomie ? La faillite du paradigme de croissance ne remet-elle pas en question l'histoire de la liberté et ses réalisations, telles qu'elles se sont développées en Occident ? « La liberté des modernes, estime

Charbonnier, est liée aux affordances de la terre, aux conflits industriels, aux possibilités ouvertes par le "développement", et elle est aujourd'hui suspendue à l'épreuve climatique » (Charbonnier, 2020 : 424)[87].

De façon similaire, l'idéal humaniste d'universalité, qui reconnaît à tous le droit à l'acquisition des mêmes privilèges en termes de bien-être, de santé et d'éducation[88] – idéal dont la modernité, dans le sillage de la philosophie des Lumières, s'est fait un étendard – ne peut plus être proclamé en référence aux niveaux de vie matériels des plus privilégiés[89]. La promesse d'universalité doit être reformulée à partir d'une pensée qui ferait à nouveau le lien entre individu et collectivité, société et nature, populations pauvres et classes possédantes.

Ce ne sont donc pas les seules pesanteurs et excès du système économique dominant qui font obstacle à la formulation d'une riposte ajustée à la crise écologique. Tout aussi entravantes sont les idées que l'homme contemporain se fait de son émancipation, de son bonheur et de ses droits – idées qui se sont construites au creuset de la société productionniste, et qui font corps avec des mécanismes, des infrastructures et des institutions sociales tributaires du paradigme de la croissance. « L'obstacle, conclut Charbonnier, est en nous, parmi nous : dans nos lois, nos institutions, plus que dans un spectre économique surplombant que l'on pourrait confortablement dénoncer de l'extérieur » (2020 : 424).

Par conséquent, la transition écologique ne peut se faire par la simple mise en place d'une politique quantitative et différenciée de décroissance. Elle implique de refonder l'ordre économique et social, de formuler de nouveaux idéaux, et de reconstruire une société différente, sur les ruines de l'abondance néolibérale.

L'idéal de la société d'abondance frugale et solidaire

Nos sociétés, étouffées par les excès du productivisme et les rythmes effrénés de la consommation, engendrant inégalités, solitude et ressentiment, devenues pour beaucoup – y compris pour nombre de privilégiés – synonymes d'infélicité, ne pourraient-elles pas tirer parti de la crise systémique qu'elles traversent pour se réinventer ?

Le concept de « l'abondance frugale et solidaire » proposé par Jean-Baptiste de Foucauld (2010) et Serge Latouche (2011) figure assez bien l'idéal vers lequel les sociétés néolibérales de croissance devraient tendre : « Passer d'une abondance illusoire qui exclut, à une abondance partagée qui inclut, en mobilisant les ressources d'une frugalité appropriée, proportionnée aux possibilités de chacun, et créative » (Foucould, 2010).

Un tel programme projette de conduire la société à la fois vers la soutenabilité écologique et sociale, en jetant simultanément les bases d'un monde fraternel et d'une coexistence durable avec la nature. Cela suppose de redéfinir le partage des tâches et des richesses, de manière à tendre vers un idéal de sobriété juste, où chaque personne aurait le droit à des conditions de vie digne, mais aussi d'accélérer le développement de modèles de production, de consommation et d'échange économes en ressources naturelles, sobres en carbone et circulaires.

L'instauration d'une société frugale et solidaire ne contribuerait pas seulement à la préservation des équilibres socio-écologiques ; elle ouvrirait aussi de nouveaux horizons de sociabilité, d'émancipation et de grandissement personnel. Elle donnerait aux individus la possibilité de s'affranchir de la tyrannie de la consommation et du conformisme unidimensionnel dans lequel le système dominant les enferme. Ceux qui parviendraient à se libérer de l'obsession matérielle, des rivalités de l'orgueil, et des vaines ostentations, seraient susceptibles d'accéder à des trajectoires de vie plus riches de sens et qualitativement différentes de celles que leur offre la société uniformisée de masse. À mesure de leurs progrès, ils verraient leur personnalité s'étoffer, leur parcours distinctif se construire dans la solidarité accrue, et le monde auquel ils conspirent acquérir la cohérence d'une unité plurielle.

Sous cet angle, le bouleversement écologique pourrait être l'occasion d'une transformation profonde de nos sociétés et de nos vies. Aussi, le discours écologique serait bien inspiré d'associer aux propos négatifs qu'il ressasse sur la catastrophe, une proposition positive prônant la conquête d'une nouvelle intégrité. Parler dans ce contexte de décroissance serait réducteur : ce serait mettre l'accent sur la limitation quantitative de la production matérielle, au détriment des changements émancipateurs d'ordre institutionnel et culturel ; ce serait faire rimer la transition avec récession ou régression, alors qu'elle peut être source d'enrichissement humain et de prospérité qualitative pour tous[90]. Les tenants de la décroissance le reconnaissent d'ailleurs volontiers quand ils se font les apôtres de « la décroissance heureuse »[91].

Si la société d'abondance frugale et solidaire offre des avantages évidents, la question cruciale des modalités de sa mise en œuvre reste posée. Cette question a été abondamment débattue, et des approches aux sensibilités économiques et idéologiques différentes ont été proposées[92]. Toutes accordent à l'État un rôle spécifique à jouer[93]. Mais toutes s'accordent aussi pour faire de la vie démocratique le vecteur de la refondation sociale envisagée. Sans le renouvellement et la re-politisation de l'expérience collective, il serait en effet difficile de définir, négocier et mettre en place les transformations nécessaires à la construction d'une société juste et soutenable. Nous reviendrons plus en détail sur l'importance du renouveau démocratique. Mais une mise au point s'impose d'ores et déjà : le dynamisme démocratique, bien que nécessaire, ne garantit pas en lui-même l'avancement des réformes et la réorientation du système dans un sens écologiquement favorable. Pour cela, il faudrait que les citoyens adhèrent à l'idéal de la société frugale et solidaire et veuillent sa réalisation. En effet, c'est à eux qu'il revient, en fin de compte, de vouloir un nouvel équilibre de vie, et de déterminer celui qui leur correspond, à mesure que les réformes voient le jour et que les institutions, les secteurs d'activité et les modes d'organisation sont repensés et transformés. C'est donc aussi dans la mesure où chacun regarderait le changement comme désirable, et serait capable – ou du moins soucieux – de donner forme à ses possibilités les plus élevées, que la société pourrait migrer vers une trajectoire satisfaisante économiquement, inclusive socialement et plus durable écologiquement.

Ainsi, une fois de plus, la juste transition se découvre suspendue à la nécessité de faire évoluer les aspirations et les mentalités, en les libérant de l'étau individualiste, technocratique et marchand dans lequel elles sont prises. Tant que le plus grand nombre continue d'adhérer aux conceptions de la réussite et du bonheur prônées par le système néolibéral en vigueur, il ne pourra y avoir de politique écologique et sociale forte. Les plus favorisés, notamment, n'accepteront pas les renoncements matériels et les efforts d'altruisme qui leur sont demandés, s'ils les perçoivent comme des entraves à leur liberté ou à leur bien-être. De même, les moins privilégiés continueront à donner leur consentement au système établi, et à briguer les avantages qu'on leur fait miroiter, tant qu'ils restent sous l'emprise des valeurs et des représentations communes. Mais tous pourraient adhérer au changement radical et aux efforts qu'il suppose, s'ils en comprennent la nécessité, y souscrivent par esprit de justice, et y voient l'occasion de refonder le lien social et leur propre vie sur des bases plus heureuses.

En somme, pour réellement progresser vers la durabilité, nos sociétés doivent embrasser des perspectives de vie moins matérialistes et plus relationnelles ; elles doivent développer des formes d'hédonisme différentes de celle dictée par le marché et souscrire à des utopies qui aient pour corollaire, non pas l'épuisement du monde vivant, mais l'établissement avec lui d'une relation socialisatrice et durable[94]. Il faudrait qu'un nombre significatif d'hommes et de femmes intègrent, à la conception qu'ils se font de leurs intérêts, de leurs plaisirs et de leur réussite, des principes de modération, de justice, de partage et de respect de l'environnement. Collectivement, cela permettrait d'encadrer les logiques de croissance matérielle, de profit financier et d'utilité productiviste par des considérations de bien-être, de soutenabilité et de vivre-ensemble. L'économique serait réencastré dans le social, et le processus de refondation progresserait dans le sens idéal de la société d'abondance frugale et solidaire.

Ce schéma de résolution – qui est en phase avec celui auquel nous sommes parvenus au terme du chapitre précédent – trace une voie idéale, pacifique et démocratique pour la transition écologique. Il requiert un changement profond dans nos manières communes d'appréhender le monde et d'exister. Or, les qualités requises par ce schéma – l'amour de l'équité, l'attention au lointain, le souci de l'autre, la joie du dépassement de soi, l'appétit de sens autres que matériels, l'ouverture à l'altérité de la nature... – ne sont pas spontanément données à tous, et rien – ni tradition, ni idéologie, ni utopie, ni récit – ne semble aujourd'hui à même de les susciter. Puisque notre monde est ainsi enlisé dans un individualisme de masse dont la figure se donne précisément dans le sujet socialement et écologiquement irresponsable, alors il convient d'aller à quelque chose de plus fondamental. Nous pensons que l'homme contemporain ne pourra pas se soustraire à l'aliénation narcissique dans laquelle il se perd, ni s'ouvrir à la responsabilité qui lui incombe et le sauve, s'il reste seul avec lui-même sans se penser à partir d'un Autre absolu et entrer en relation avec lui. Mais cet Autre, dont nous ressentons la nécessité, ne devrait pas être un ferment de normativité et d'uniformité, comme peuvent l'être communément les figures du divin : il devrait être un moteur de moralisation, d'ouverture à l'altérité réelle et de diversification des formes de vie.

L'écologie est-elle anticapitaliste ?

Pointer du doigt le rôle du néolibéralisme dans la crise écologique actuelle, reconnaître que les enjeux environnementaux sont traversés par les luttes de classe, plaider pour la sobriété économique et la limitation du productivisme outrancier, considérer enfin qu'on ne peut atteindre la soutenabilité écologique sans une transformation de fond de nos sociétés individualistes, de nos pratiques utilitaristes et de nos mentalités consuméristes, ne revient-il pas à désigner « le capitalisme comme responsable des dérèglements environnementaux » (Rotillon, 2022) ? Ne gagnerait-on pas en clarté, en cohérence et en efficacité à désigner ouvertement l'ennemi à confronter ? Ne devrait-on pas reconnaître, avec Frédéric Neyrat, que « le capitalisme est aujourd'hui ce qui empêche, notre Grand Empêchement »[95], et proclamer, avec Christian Arnspenger, qu'« être réellement écologiste, c'est être anticapitaliste »[96] ?

Une littérature scientifique de plus en plus étoffée estime qu'il existe un lien direct entre capitalisme et crise écologique. Le modèle capitaliste serait incompatible avec la durabilité, parce qu'il repose sur la recherche continue de croissance. Giorgos Kallis (2011) résume bien les arguments de cette thèse : « La croissance n'est pas [dans l'économie capitaliste] une option, mais un impératif découlant des modes de fonctionnement de ses institutions de base, tels que l'utilisation de la propriété privée comme garantie, la dette, le taux d'intérêt et le crédit, ainsi que la concurrence entre entreprises privées pour l'augmentation des profits et des parts de marché (les entreprises qui optent pour un état stable de leurs profits étant éliminées par leurs concurrents). Dans le capitalisme tel que nous le connaissons, l'ensemble des institutions économiques incite à un réinvestissement des surplus en vue d'une croissance de la production et d'une accumulation supplémentaire. Lorsque la croissance s'arrête, comme c'est le cas actuellement, l'édifice se met à trembler : les dettes ne peuvent plus être payées, le crédit s'épuise et le chômage monte en flèche ». L'obligation de la croissance à tout prix, et la quête effrénée du profit qui lui est corollaire, seraient des lois internes au capitalisme. C'est d'elles que procèderaient les tendances du système actuel à susciter des besoins artificiels, à concevoir des produits obsolescents, à encourager le consumérisme débridé et à vouloir étendre sans cesse les processus de marchandisation à de nouvelles dimensions du monde, portant ainsi atteinte à la société et à l'environnement.

Sous cet angle, le capitalisme apparaît hostile à toute perspective écologique. Sa dynamique interne, qui le pousse à rechercher toujours plus de ressources, de marchés et de technologies pour la valorisation du capital, son appétit insatiable de croître, que Joseph Schumpeter (1942) comparait à « un ouragan perpétuel », ne peuvent que nuire aux équilibres environnementaux et à l'habitabilité de la Terre. Ce serait donc bien le capitalisme, en tant que tel, et non les excès de sa forme néolibérale[97], qu'il faut dénoncer et incriminer : « Le capitalisme, en raison de sa soif inextinguible de croissance et de profits, se dresse comme un obstacle sur l'unique chemin menant à la transition rapide vers la sortie des énergies fossiles » (Klein, 2018)[98].

Pour autant, ramener le combat écologique à une lutte contre le capitalisme serait contre-productif et potentiellement mystificateur. Tout comme il convient de se méfier du slogan de la décroissance, quand bien même le chemin de la durabilité passerait par la décrue de la croissance globale, ainsi, il faut éviter de faire de l'anticapitalisme un mot d'ordre ou une posture de ralliement, même si le changement de paradigme exigé par la transition écologique conduirait à un système qui ne serait plus identifiable aux capitalismes que l'on connaît.

Le discours anticapitaliste recèle un premier danger : il laisse entendre qu'il existe un ordre extérieur, le capitalisme, qu'il suffirait d'abolir ou de renverser pour sortir de l'impasse actuelle, alors que le système contre lequel il faut lutter est constitué de croyances communément admises, de conduites largement partagées et de rapports institués auxquels participent l'ensemble des forces vives de la société. Comme le précise à juste titre Bruno Latour (2022b), il ne s'agit pas de vaincre « un seul et même système capitaliste » « dans un acte révolutionnaire magnifique », mais d'analyser et de contrer de façon spécifique « des milliers de décisions », prises à tous les niveaux, qui sont préjudiciables à l'environnement.

Il n'est pas question ici de relativiser la nécessité de transformer radicalement nos sociétés[99]. Nulle intention, non plus, de refuser *a priori* le recours au registre de l'action révolutionnaire, aux pratiques alternatives de la conflictualité politique et aux expériences de reprise de contrôle sur le cours des choses. Ces modalités, qui soulèvent la question de la violence, feront l'objet d'un examen ultérieur. Simplement, il s'agit de souligner que le changement profond qu'exige l'impasse actuelle ne viendra pas d'un grand soir écologique, mais plutôt de ce que l'on pourrait appeler – en détournant quelque peu le concept de Félix Guattari (1977) – une « révolution moléculaire », un processus multiple de confrontations, de négociations, de combats locaux, de transformations relatives et continues, par lesquels les sociétés contemporaines engendreraient les conditions leur permettant d'habiter la Terre de façon responsable et durable.

Le mot d'ordre anticapitaliste peut être insidieux pour une autre raison. Il laisse entendre que la transition écologique – qui suppose de se défaire de la matrice idéologique du néolibéralisme – appelle une hostilité de principe à l'encontre des formes institutionnelles du capitalisme. Or, l'impératif écologique n'exige pas de stigmatiser la propriété privée des moyens de production, de renoncer aux fonctions régulatrices du marché, ou d'abjurer le rôle dévolu aux institutions financières, pas plus qu'il n'enjoint de leur préférer des dispositifs fondés sur le contrôle collectif et l'affectation dirigée des ressources et des capitaux. Les questions fondamentales qui ont historiquement opposé le capitalisme et le socialisme doivent être reposées à la lumière des nouvelles donnes écologiques ; mais elles gagneraient à l'être sans parti pris idéologique, ni présupposé dogmatique, de manière à susciter des réponses à chaque fois originales, en fonction des contextes, et au vu de l'enjeu essentiel de l'habitabilité de la planète. S'il est alors impossible d'anticiper le cheminement que pourrait suivre la société tournée vers la durabilité écologique, ni de prévoir les formes précises qu'elle revêtirait, il est fort à parier qu'elle articulerait néanmoins en son sein des formes de vie capitalistes et non-capitalistes[100].

De toute façon, l'idéologie capitaliste et la tradition socialiste n'ont plus aujourd'hui de légitimité à définir le sens de l'histoire, non seulement à cause des drames humains que l'une et l'autre ont produits[101], mais aussi parce qu'elles n'ont su ni anticiper ni empêcher la crise systémique en cours. Comme l'explique justement Latour (2022a), les bouleversements écologiques inaugurent un « nouveau régime », qui appelle à formuler de nouvelles catégories politiques et à définir des stratégies d'action innovantes, auxquelles les schémas idéologiques classiques du libéralisme économique ou du marxisme idéologisé ne peuvent correspondre. Raison de plus pour se défier du mot d'ordre éculé de l'anti-capitalisme.

D'ailleurs, l'enjeu écologique a entièrement rebattu les cartes du paysage politique ancien : il a fait émerger « de nombreuses contradictions à l'intérieur des anciennes classes » et a dessiné de nouvelles lignes de conflit avec des

« fronts moins nets que par le passé entre les amis et les ennemis » (Latour, 2022a)[102]. Dès lors, il serait terriblement réducteur de ramener le combat écologique à un simple antagonisme de classes, ou à une opposition figée entre le Nord et le Sud, même si ces clivages gardent une certaine pertinence, au vu de la responsabilité inégale qui incombe aux uns et aux autres, et compte tenu de la propension du système en place à perpétuer les inégalités de privilèges et de sécurité[103]. Il convient notamment de reconnaître que certains pays riches et certaines franges de populations aisées sont enclins à engager les ajustements nécessaires[104]. *A contrario*, de nombreuses populations défavorisées, aussi bien dans les pays riches que sous-développés, restent indifférentes à la question environnementale. Leur désintérêt s'explique en partie par les conditions matérielles difficiles dans lesquelles elles vivent, par le sentiment qu'elles ont d'être victimes et non coupables des catastrophes naturelles, et par une certaine méfiance envers des discours écologistes qui ne prennent pas toujours en compte leurs préoccupations, leurs histoires et leurs luttes. Mais le désintérêt des moins privilégiés reflète aussi la fascination que leur inspire l'ordre dominant, et traduit les aspirations qui les portent à vouloir s'élever – au nom de l'équité, en vertu d'un retard à rattraper, ou du fait de la mystification dont ils sont l'objet – à un niveau de confort et de consommation matériels comparable à celui des nantis. Comme les analyses de notre chapitre précédent ont pu le montrer, l'alignement entre les élites gouvernantes et les masses gouvernées sous l'emprise de la doctrine néolibérale est plus fort qu'on ne le pense de prime abord : « Au "Nord" comme au "Sud", la classe moyenne, les "laissés-pour-compte" et les "exclus" pensent et veulent la même chose que leurs "élites" et ceux qu'ils croient "les maîtres du monde" » (Riesel et Semprun, 2008 : 17)[105]. Les classes ouvrières, notamment, autrefois désireuses de faire advenir un monde nouveau, sont désormais intégrées à la société établie dont elles ont assimilé les valeurs : elles ne veulent plus changer le système capitaliste, mais obtenir une meilleure répartition des biens et des profits[106]. Dans ces conditions, la notion d'anticapitalisme, et la théorie de la lutte des classes qui lui est associée, paraissent pour le moins dépassées. Ce qu'elles risquent de faire oublier est qu'il ne peut y avoir de transition écologique sérieuse sans un changement de mentalités qui doit s'étendre à toutes les classes et à toutes les sociétés occidentalisées du monde contemporain[107].

Enfin, il faut éviter une autre méprise. Puisque le capitalisme est associé à des principes constitutifs tels que la propriété privée des moyens de production, la recherche du profit, l'accumulation du capital, la primauté du marché, la liberté de concurrence, l'intérêt personnel ou encore l'avidité matérielle – motifs que l'on pourrait regrouper sous le terme emblématique de « l'égoïsme rationnel ou économique » –, alors le recours au slogan anticapitaliste pourrait laisser croire qu'il faille neutraliser, juguler ou briser cet égoïsme pour permettre le développement d'un paradigme politique et social différent. C'est ce que préconisent d'ailleurs, explicitement ou de façon implicite, nombre d'écologistes.

À l'encontre de ces préconisations, Vittorio Hösle (2011) rappelle que la répression de l'égoïsme économique n'a jamais permis l'éclosion d'une société plus morale, ni un meilleur service du bien commun, mais « des crimes bien plus épouvantables que ceux que l'on attribue à l'égoïsme ». L'expérience du socialisme réel le démontre à loisir. Aussi, Hösle estime que toute tentative qui viserait à contrecarrer les forces de l'égoïsme, sans les réinscrire dans une discipline réussie de sublimation, conspirerait à l'affaissement ou à l'affaiblissement de l'être humain : « Celui qui neutralise l'égoïsme sans parvenir à conserver à un plus haut niveau les énergies qui l'animent, condamne ainsi l'humanité à une apathie, à une indifférence qui seront pires encore que dans un monde gouverné par l'égoïsme ». En somme, l'égoïsme économique – et plus largement tout ce qui sert de moteur au capitalisme : l'intérêt individuel, la rationalité utilitariste, le principe d'émulation, l'esprit d'innovation, etc. – ne doivent pas être réprimés ou refoulés ; ils gagneraient à être contenus, transfigurés et mis au service des tâches gigantesques que requiert le « siècle de l'environnement » : « Sans l'incroyable efficacité d'une activité économique rationalisée et fondée sur des motivations égoïstes, il sera très difficile de venir à bout des tâches importantes qui nous incombent » (Hösle, 2011). De même, les institutions du capitalisme (le marché, la monnaie, l'entreprise, etc.) ne doivent pas être démantelées et mises à terre, mais repensées et transformées dans la perspective d'une société d'abondance frugale et solidaire.

Plus généralement, si la transition écologique exige bel et bien de « réenchâsser l'économique dans le social », ou de « réencastrer l'économie dans la société », pour reprendre les célèbres formules de Karl Polanyi (1983), cela ne signifie pas qu'il faille donner un avantage de principe aux économies planifiées ou partagées sur l'économie privatisée, ni qu'il faille étrécir systématiquement les activités concurrentielles au profit de pratiques coopératives, ou encore qu'il faille sacrifier les finalités capitalistiques sur l'autel des solidarités humaines. Il s'agit plutôt de réarticuler les logiques du marché dans un cadre politique et social plus large, en gardant la tension vive entre les impératifs économiques et ceux qui leur font contrepoids. En termes axiologiques, cela revient à donner une égale importance à la quantité et à la qualité, au matériel et au relationnel, à l'utilitaire et au fraternel, à la compétition et à la coopération, au court terme et au long terme, au local et au global, etc., et non pas, comme le recommandent souvent les pourfendeurs du capitalisme ou les idéologues de la décroissance, de donner l'avantage à certaines valeurs (souvent d'ordre moral) sur d'autres (qui sont plutôt matérialistes)[108].

L'écologie est-elle anti-productiviste ?

Dans un ordre d'idées assez proche, on pourrait se demander si le mouvement écologique gagnerait à se définir comme anti-productiviste. Si l'on rappelle que le productivisme accorde le primat à l'économie et vise à orienter l'effort commun vers l'accroissement maximal du potentiel de production, qu'il cherche à soumettre tous les domaines de l'activité humaine à la logique de la rationalité instrumentale et du développement des forces productives, et qu'il érige la valeur marchande en valeur suprême, en faisant de la croissance illimitée le but légitime de l'organisation sociale, alors il va sans dire que l'écologie se doit d'être anti-productiviste. Pour autant, ce serait une erreur d'accorder l'exigence écologique sur une ligne idéologique unilatérale, qui prendrait le contrepied des visées productionnistes, et dont l'ambition serait de décentraliser, démocratiser, démarchandiser et décroître.

Dans son article, *La gauche productiviste, c'est le stalinisme*, Paul Ariès revient sur l'expérience socialiste de la jeune Russie des Soviets. Il distingue dans cette expérience deux lignes politiques qui se côtoient et s'affrontent, deux visions du socialisme profondément antithétiques : l'une productiviste et l'autre anti-productiviste. Le conflit entre ces deux courants porte sur de nombreux domaines, « comme la question des nouveaux modes de vie et de l'homme neuf, de l'organisation de l'économie et du travail, de l'urbanisme et de l'architecture, de l'art et de la pédagogie, de la sexualité et de la libération des femmes, etc. ». Avec le triomphe du camp productiviste, une classe s'est appropriée le pouvoir et l'a exercé de façon totalitaire. Cela a donné le socialisme réel, le stalinisme. Mais si l'autre camp avait pris le dessus, aurait-on vu s'épanouir, comme le laisse entendre Ariès, un socialisme à visage humain, démocratique, non-bureaucratique, souple et émancipateur ? Qu'il suffise d'égrener le programme économique du courant anti-productiviste pour en juger : abolition de l'économie marchande et monétaire, décentralisation à outrance, socialisation dans le tout-coopératif, contestation de toute autorité hiérarchique, auto-gestion par la base, stricte égalisation des salaires et nivellement dans les besoins... Ce programme, s'il devait être appliqué sans contrepoids ni nuance, produirait-il autre chose qu'une catastrophe ?

Contrairement à ce que pense Ariès, « la tragédie » des Soviets n'est pas d'avoir choisi la mauvaise voie, ou de s'être rallié au mauvais camp, mais d'avoir adossé le mouvement révolutionnaire à une pensée unidimensionnelle, en étouffant la dialectique féconde qui l'animait à ses débuts. Dès lors que le conflit de fond entre la tendance productiviste (le socialisme réel) et la tendance anti-productiviste (le socialisme utopique) prend fin avec la domination exclusive de la première, dès lors que le courant gestionnaire et froid congédie son rival et n'est plus contesté, remodelé et transfiguré par lui, alors le socialisme devient autoritaire, étatique, moralisant et centralisateur.

De la même façon, s'il est vrai que les sociétés capitalistes traversent une tragédie parce qu'elles sacrifient à un réalisme productiviste étroit, l'alternative salutaire et écologiquement soutenable ne se trouve pas dans la poursuite d'une utopie anti-productiviste. Certes, pour sortir des excès du système néolibéral dominant, il faut plaider, à l'instar des courants anti-productivistes actuels, pour « la relocalisation contre la globalisation, le ralentissement contre l'accélération et la dénaturation du temps, l'idée coopérative contre la concurrence, la planification écologique contre le "tout-marché", le choix d'une vie simple contre le mythe de l'abondance, la gratuité contre la marchandisation » (Ariès, 2016). Mais il importe en même temps de retenir la perspective opposée, et de reconnaître les exigences, les vérités et les valeurs qu'elle défend, telles que : la légitime aspiration de l'individu à la satisfaction de ses besoins matériels et économiques, les bienfaits de la saine émulation, l'incomparable capacité de régulation du marché, la nécessité d'un ordre international ou d'une gouvernance mondiale permettant de faire face aux problèmes globaux, ainsi que l'importance de préserver l'injonction productiviste pour pouvoir répondre aux problèmes du sous-développement économique, de la surpopulation et de la faim dans le monde[109].

On touche ici à un point important sur lequel on s'est déjà arrêté et que l'on retrouvera tout au long de nos analyses : la posture écologiquement responsable ne s'accorde pas avec des schémas idéologiques réducteurs, des positions morales étroites et des clivages politiques éculés ; elle ne s'accommode d'aucun dualisme éthique figé. À tous les niveaux, elle nécessite de tenir ensemble les deux bouts de la chaîne et d'articuler des exigences contraires. Ainsi, nous avons vu que la juste posture de responsabilité supposait de conjoindre le pessimisme et l'optimisme, le catastrophisme et l'utopisme, la réserve recommandée par Jonas et l'audace prônée par Bloch, et il faut désormais ajouter : l'égoïsme vital et l'altruisme universel, les impératifs matériels et les valeurs morales, la rationalité productiviste et la contestation anti-productiviste. Si la nécessité du changement radical implique de donner raison à l'écologie profonde, cela ne signifie pas qu'il faut ignorer ou relativiser les critères, les arguments et les demandes de l'écologie gestionnaire. La juste approche consiste à continuellement reprendre, confronter et intégrer les exigences rivales dans un effort de transition vers un monde solidaire et durable.

La nécessité de faire valoir les points de vue contraires revêt plusieurs significations. Tout d'abord, elle signifie que l'effort de transformation radicale doit sans cesse faire le lien entre le « sens du possible » et le « sens du réel ». Cela n'implique pas de transiger sur l'essentiel, de suivre un chemin de complaisance ou de se régler sur les compromis honteux du pragmatisme, mais plutôt de conjuguer l'utopisme écologique et social avec une volonté de réalisme économique et politique pour introduire une réalité nouvelle. Valoriser les perspectives contraires signifie ensuite que l'effort de transformation doit embrasser l'ensemble des dimensions structurantes de l'existence humaine, le biologique et le culturel, le matériel et le spirituel, l'individuel et le collectif, le présent et l'avenir… en vue d'un exhaussement intégral. Enfin, si l'effort de transformation doit se référer à des exigences rivales, c'est parce que le monde qu'il convient de faire advenir n'a pas de modèle parfaitement défini par anticipation, et que les problématiques écologiques posent, à tous les niveaux, d'insolubles dilemmes éthiques. Par conséquent, la seule façon de procéder sainement consiste à opérer dans la délibération la plus large, sans préjugé réducteur, en associant des intérêts, des exigences et des partis pris hétérogènes, en vue d'une prise de responsabilité au sens le plus fort du terme.

Nous pensons – et nous discuterons précisément ce point dans la suite – que l'intégration des exigences opposées ne peut prendre une forme existentielle et se traduire en un engagement responsable qu'en lien avec un Tiers-transcendant. Mais Celui-ci devra alors, tout à la fois, parrainer les perspectives contraires, dévoiler les limites inhérentes à chacune d'elles, requérir leur dialectisation, et porter l'homme à hauteur de son irréductible responsabilité.

Le facteur technologique

Les analyses que nous avons menées jusqu'à présent ont négligé la dimension essentielle de la technique qui, avec la population et la consommation des ressources, représente l'un des trois facteurs déterminant la pression anthropique sur l'environnement. D'un point de vue strictement quantitatif, l'impact de la technologie peut être atténué en remplaçant les énergies fossiles par des alternatives moins carbonées (ce qui permet la baisse de l'intensité carbone de l'énergie) et en suscitant des économies d'énergie dans les processus de production et de consommation (ce qui assure la baisse de l'intensité énergétique de l'activité économique). L'effort de réduction quantitative est au principe des politiques de la croissance verte ; il est absolument nécessaire et doit être amplifié[110]. Mais la question de la technique se pose avec une tout autre acuité, dès lors que nos sociétés reconnaissent devoir engager une transformation profonde de leur système socio-économique et de repenser leur rapport à la nature. Dans quelle mesure la technique détermine-t-elle la forme de nos existences, et contribue-t-elle à les rendre écologiquement insoutenables[111] ?

Jacques Ellul a fortement insisté sur le caractère ambivalent de la technicisation du monde : « Le développement de la technique n'est ni bon, ni mauvais, ni neutre, mais il est fait d'un mélange complexe d'éléments positifs, "bon et mauvais" si on veut adopter un vocabulaire moral » (1988 : 55). D'un côté, la technique donne à voir la puissance de l'homme et sa capacité à transformer le réel en fonction de son désir. Source de mieux-être et de liberté, elle est tenue pour être l'alliée objective de l'humanisme et du progrès. D'un autre côté, cependant, la technique fait l'objet de nombreuses critiques. C'est elle qui donne à l'homme les moyens de soumettre les éléments, d'asservir les autres êtres vivants, d'organiser la marchandisation du monde, et d'alimenter la croissance des activités économiques. Certains n'hésitent pas à établir un lien direct entre la ruine de l'environnement terrestre et le déploiement accéléré de la technique, la montée en puissance de son efficacité, l'élargissement de ses champs d'application, et la nature de plus en plus synthétique et obsolescente des biens qu'elle produit.

La mise en cause de la technique moderne

L'avènement de la modernité inaugure en Occident un nouveau rapport au monde. Désormais, l'homme se pense au centre de toutes les préoccupations et se place à un niveau hiérarchique très supérieur au reste du vivant. La nature devient à ses yeux un milieu hostile qu'il doit domestiquer, et un réservoir de ressources qu'il est libre d'exploiter à sa guise. Comme on le rappellera ultérieurement, cette posture anthropocentrique et dualiste plonge ses racines dans une certaine conception du judéo-christianisme. Mais elle est aussi l'aboutissement d'une formidable réorientation de la conception du savoir, de la nature, de l'homme et de leurs rapports, qui s'accomplit en Europe Occidentale à la fin du Moyen Âge, et dont Descartes formule lapidairement l'ambition : « devenir comme maîtres et possesseurs de la nature » (*Discours de la méthode*. VI). La révolution industrielle, puis l'expansion du capitalisme technocratique, s'inscrivent dans ce paradigme et renforcent sa légitimité.

Ce qui revêt une importance cruciale dans cette histoire, c'est que la technique moderne marque une rupture radicale avec le mode opératoire traditionnel. Ce tournant a été analysé par Martin Heidegger dans des pages célèbres et depuis lors maintes fois rebattues. La technique moderne, explique-t-il, contrairement à la technique traditionnelle, ne se règle pas sur les possibilités pré-données de la nature ; elle s'introduit dans les processus naturels, en élucide les modes de fonctionnement, les détourne à son profit, et les fait servir à des travaux déterminés à l'avance. La technique moderne arraisonne la nature, la pousse au-delà de ses possibilités essentielles, et l'enchaîne toujours davantage à la course furieuse de la production (1958 : 113). Ce mouvement est devenu frénétique et insoutenable depuis la Grande Accélération : il inflige à la Terre de grandes fatigues, la dévaste, et compromet la possibilité de toute croissance future.

Mais le projet d'arraisonnement n'est pas réfréné pour autant. Au mépris du dérèglement des grands cycles de la Terre et de la dégradation rapide de l'environnement, le projet moderniste s'obstine dans ses fantasmes de maîtrise et de contrôle par la technique. Emblématique à cet égard est le manifeste de l'« éco-modernisme » qui appelle à élargir et à intensifier la domination technique, dans le but de corriger le changement écologique en cours et d'offrir à l'homme les conditions d'un « bon Anthropocène »[112]. La stratégie envisagée ne se limite pas à la promotion de la croissance verte et au verdissement des technologies existantes ; il s'agit de soumettre la Terre à une gestion technicienne d'envergure planétaire et de contrôler activement l'évolution de ses processus, à l'aide d'un ensemble de technologies de géo-ingénierie innovante : captation et stockage du CO_2 atmosphérique, modification de l'acidité des océans, action sur l'albédo[113], ou encore création d'organismes biologiques aux caractères nouveaux ou améliorés. Aux yeux de ses détracteurs, cette régulation programmée ferait de la Terre « la proie consentante d'une conquête intégrale » (Neyrat, 2016 : 10).

Le projet de maîtrise démiurgique ne vise pas le seul environnement naturel. Par-delà la mise au pas de la nature en vue de la production, la technique moderne reconfigure également les liens des hommes entre eux, ainsi que ses propres rapports avec les individus et la société. Elle convertit le milieu humain en univers technicien, réorganise le cadre social, et transforme dans son procès les individus et leur mode d'existence. Comme l'a souligné Lewis Mumford (1973), de toutes les techniques, la plus importante n'est pas une machine matérielle quelconque, mais la « machine invisible » de l'organisation sociale, la « méga-machine » qui rassemble d'immenses masses d'hommes sous une division minutieuse et rigide du travail.

Cette rationalisation technicienne est perçue négativement par un grand nombre de penseurs. Theodor Adorno (1964) estime qu'elle produit l'uniformisation des modes de vie et cause une perte inestimable d'identité et de sens. Herbert Marcuse ajoute qu'elle subordonne toutes les activités, les ambitions et les énergies des individus, en les réduisant à leur fonction essentielle de producteur-consommateur (1968 : 21-29). Selon Bernard Stiegler (2006), elle accélère la « crétinisation des esprits » et produit des sujets humains dépersonnalisés et uniformisés. Pour Ernst Jünger, la domination de la technique trouve sa forme la plus accomplie dans le régime productiviste, les structures coercitives de l'État totalitaire et les récurrences de la guerre mécanisée (Costea & Amiridis, 2017). Ces critiques dénoncent le pouvoir oppressif de la technique, soulignent sa connivence avec les aspects les plus sombres de la modernité, et concluent à la faillite de sa prétention émancipatrice.

La technologie : pont entre productivisme et militarisme

S'il y a un domaine où la technique produit des mutations décisives et éminemment dangereuses, c'est bien celui de l'armement et des guerres. Le renouvellement continu des matériels, des pratiques et des paradigmes militaires entraîne une brutalisation croissante des conflits. Il est vrai que la cruauté et l'hyperviolence sont de toutes les époques. Mais les conflits qui se sont succédé depuis la révolution industrielle dessinent une effrayante surenchère dans la mise en œuvre de la violence mécanisée. L'escalade est allée plus loin que la destruction de masse, jusqu'à l'aberrante solution finale, véritable système d'extermination industriel et total.

Les guerres industrielles génèrent un coût écologique « exorbitant » (Legros, 2022)[114]. Ce coût est d'autant plus élevé que les destructions colossales causées à l'environnement ne sont pas le seul fait de dommages collatéraux : la pollution, la terreur, la terre brûlée sont des armes parmi d'autres, minutieusement intégrées à des stratégies de belligérance globales et féroces (Cramer, 2014).

Toutefois, pour effrayantes qu'elles soient, les dégradations environnementales ne sont que « l'arbre qui cache la forêt ». Il faut y ajouter « des conséquences indirectes, peu intuitives et de long terme, mais nettement plus importantes »

(Fressoz et Locher, 2020). Le rôle joué par l'industrie de l'armement dans l'orientation du domaine technologique est particulièrement significatif à cet égard. Les innovations toujours plus puissantes et énergivores produites pour les guerres sont systématiquement adaptées et introduites dans le monde civil en temps de paix[115]. Ce faisant, des logiques préjudiciables à l'environnement pénètrent dans la société civile et façonnent les modes de production et de consommation. « L'appareil militaire, la guerre et la logique de puissance, avec leurs choix technologiques insoutenables qui s'imposent ensuite au monde civil, portent une lourde responsabilité dans le dérèglement des environnements locaux et de l'ensemble du système Terre » (Bonneuil et Fressoz, 2013). Au vu de ses effets directs et indirects, il n'est pas exagéré de dire que « la guerre industrielle est la matrice de toutes les pollutions » (Jarrige et Le Roux, 2017).

Le lien entre ambition militariste et logique productiviste fonctionne également en sens inverse. Les sociétés hyper-productivistes ne peuvent maintenir leur mode de vie et de développement sans produire de l'armement et en faire commerce, sans innover dans le domaine militaire et déployer leurs armées dans le monde pour accaparer les ressources et défendre leurs intérêts. Plus une société est attachée au paradigme de la croissance à tout prix, plus elle se trouve acculée à la militarisation intensive.

Cette relation de renforcement réciproque, par laquelle la fièvre productiviste et la passion militariste s'alimentent l'une l'autre en donnant naissance à des technologies énergivores, est l'un des ressorts les plus déterminants du drame écologique, et l'un des plus difficiles à défaire. Sous-jacente à cette relation, et au type de déploiement technique qu'elle produit, se tient une volonté de puissance et de domination incon-ditionnée – celle-là même qui veut mettre à sa portée la totalité des ressources naturelles et acquérir sur elle la plus grande force possible.

Ces remarques sont lourdes de conséquences. Sur le plan éthique, elles soulignent la nocivité de l'idéologie de la croissance à tout prix. Nous avions précédemment dénoncé l'hypocrisie des élites privilégiées qui se prétendent humanistes alors que leur avidité économique est incompatible avec toute perspective de développement durable. On pourrait ajouter que la soif de croissance et de richesses qui les tenaille a aussi quelque chose de criminel : « Le simple fait de désirer politiquement le maintien de notre mode de vie est un acte de violence au même titre que la course aux armements » (Jurdan, 1984 : 280).

Sur le plan politique, il est clair qu'aucune transition cohérente et juste ne peut être réalisée sans mettre au pas le complexe militaro-industriel, tout comme, à l'inverse, aucun processus de désescalade militaire ou de désarmement ne peut être soutenu sans choix de sobriété économique.

Remodelage de la condition humaine et volonté de puissance

L'emprise de la technique ne se limite pas à l'environnement naturel et social ; il s'étend à des domaines plus essentiels et intimes. C'est la vie biologique et psychologique de l'homme qui se trouve, à son tour, soumise à la volonté de maîtrise. Manipulations génétiques, augmentations prothétiques, interventions d'ordre biotechnologique, pharmacologique ou psychophysique, menées sur l'ensemble du cycle vital, sur les voies de l'apprentissage et les divers domaines de l'expérience… c'est l'être humain, dans toutes ses dimensions, qui est offert à la puissance opératoire de la technique. Celle-ci n'est plus l'outil neutre, ou ambivalent quant à la valeur, qui prolonge la main maîtresse de l'homme dans la transformation du monde ; elle devient « l'organe d'une reconfiguration de la nature en tant que telle et de la condition humaine » (Grassin, 2011)[116]. Ayant servi à construire des machines qui miment au plus près le vivant, la technique concourt désormais à une entreprise d'« ultra-mécanisation » des corps humains, avec à l'horizon une possible « reconstruction du vivant » (Tibon-Cornillot, 1992).

Les mouvements du transhumanisme accueillent ces développements avec enthousiasme. Professant un activisme empreint d'idéal de progrès, ils militent pour la transformation de la condition humaine et son perfectionnement au moyen d'anthropotechniques amélior021ves[117]. Ne craignant pas de s'affranchir de la nature, ou de forcer les limites imposées par l'évolution, ils ambitionnent de dépasser la condition humaine et d'offrir à l'homme une surnature à la mesure de ses désirs et de sa volonté de puissance. Les transhumanismes portent le rêve démiurgique de la modernité à son paroxysme et projettent la possibilité de reconfigurer le fondement biologique de l'être humain : ils considèrent que « les entités ou l'entité, issue(s) de notre humanité via un nombre indéfini de ponts imprévisibles, pourront être ou pourra être aussi différente(s) de nous que nous sommes différents des premières formes de la vie terrestre » (Hottois, 2009 : 178). Mais cette entreprise ne risque-t-elle pas de reléguer l'humain au rang d'objet de laboratoire, après que l'économisme ultralibéral l'a transformé en fonds de commerce ? De nombreux observateurs redoutent qu'elle ne provoque « une sorte de dévastation anthropologique », voire qu'elle ne conduise à l'« effacement définitif de l'humain » (Rodrigues, 2019).

Ce qui pose ici question, et suscite l'inquiétude, n'est pas tant l'idée que l'homme puisse évoluer de façon radicale ou qu'on lui suppose une grande plasticité ; ce sont les capacités extraordinaires de transformation que figure la technique moderne, sa logique de domination, sa dynamique de croissance auto-entretenue, et l'étendue sans cesse plus profonde des domaines de réalité qu'elle reconfigure. Jürgen Habermas (1973) avait précisément caractérisé le projet moderne de technologisation du monde par le rôle prépondérant qu'il donne aux fonctions de manipulation, d'instrumentalisation et de contrôle. Theodor Adorno et Max Horkheimer (1974) l'avaient assimilé à une domination ou à une dictature[118].

Toutes ces analyses font le lien entre les déploiements de la technique moderne et l'ordre du désir, de l'imaginaire et du fantasme qui les sous-tend. Derrière les visées de la domination technique se trouvent le goût très profondément enraciné en l'homme pour la puissance, la domination et la maîtrise. L'ambition de s'établir sur le monde, la volonté d'acquérir sur le vivant la plus grande force possible, le projet de réguler les cycles de la Terre et ses processus, enfin, la perspective de modifier son propre être biologique pour l'affranchir des limites et éventuellement de la mort, ne relèvent-ils pas d'une même passion de la démesure, d'un même fantasme d'illimitation, d'un même désir aveugle de puissance ? Ces dispositions ne sont-elles pas précisément à la source du drame écologique en cours ? C'est la conclusion à laquelle parvient Jürgen Moltmann dans la lecture historico-théologique qu'il fait du monde contemporain. À ses yeux, la crise écologique mondiale procède de « l'aspiration des hommes à la puissance et à la surpuissance » (1988 : 35).

Si ces analyses sont justes, alors il ne suffira pas de défaire les structures d'aliénation créées par le capitalisme néolibéral, et de corriger les excès de ses activités techno-industrielles et militaires, pour rouvrir à l'homme et à la nature des perspectives salutaires. Le problème est plus fondamental : il a trait à la passion impure de la toute-puissance que chaque être humain nourrit en son sein et aux logiques de la domination à travers lesquelles elle s'exprime. Cette passion peut-elle être détournée des entreprises dans lesquelles elle est investie ? Peut-elle être dominée, fécondée et mise au service d'une affirmation humainement et écologiquement fructueuse ? Tout cela peut-il se faire si l'homme devait rester seul avec lui-même et sourd à l'appel de toute Transcendance ?

Le projet du transhumanisme est éclairant à cet égard, car il se construit dans l'autoréférence, sans renvoi à une origine :

il revendique « une autonomie absolue et une liberté créatrice sans limites », et se présente alors « comme une transgression des limites rappelant la transgression génésiaque d'être dieu sans Dieu » (Rodrigues, 2019). Ce qui distingue donc le transhumanisme, c'est son caractère inconditionnel, autoréférentiel et transgressif. C'est son refus de la Transcendance. Mais n'est-ce pas ce refus, précisément, qui le rend pour ainsi dire mortel ?

Pour conjurer les dérives du déploiement inconditionné de la technique, nous croyons à l'importance d'une référence à Dieu. Mais comme nous le verrons, les figures traditionnelles du divin ne sont pas satisfaisantes de ce point de vue. C'est une tout autre conception de Dieu qui pourrait contrecarrer l'imaginaire prométhéen de la modernité, offrir un contrefort éthique au développement des activités techniciennes, et servir de mesure adéquate au développement intégral de l'humain.

Autonomisation de la technique et marchandisation du monde

Ce qui achève de rendre la technique moderne aliénante et dangereuse est le degré sans cesse accru d'autonomie qu'elle acquiert. Comme l'a noté Jacques Ellul (2012), le déploiement technoscientifique procède à travers une prolifération largement aveugle d'innovations qui exploitent des possibilités latentes et entrecroisent des solutions existantes. Les technologies font système. Elles s'attachent les unes aux autres, forcent des choix déterminants et s'accroissent sans souci apparent de finalité externe[119]. La technique se développe principalement en référence à ses propres critères, et sans limite extérieure à son savoir, en fonction de sa seule capacité à reconfigurer le réel, « comme un système autonome capable de s'assigner des fins » et qui croît de façon illimitée « sous l'impulsion de son propre dynamisme interne » (Rodrigues, 2019)[120].

Ce déploiement fait appel à une intelligence collective, humaine et machinique complexe. Mais il paraît d'autant plus autonome et moteur que les fonctions de gouvernance et les choix de sélection qu'il implique sont laissés aux mains des experts et à la discrétion des grandes firmes sans supervision démocratique. Les transformations techniques peuvent donner l'impression d'être inéluctables, mais c'est uniquement parce qu'elles sont amenées par des processus technocratiques déliés de tout contrôle, parce qu'elles sont promues à l'aide de campagnes commerciales puissantes et imposées par le jeu tout-puissant du marché.

Dans ces conditions, le déferlement de la technique, l'accélération de ses rythmes et l'extension de son champ d'intervention ne manqueront pas d'apparaître comme une poussée incontrôlée de rationalisation qui asservit l'être humain, transforme le vivant en marchandise et détruit la nature. Cette perspective, Heidegger l'avait esquissée, il y a près d'un siècle, en posant un diagnostic que les faits aujourd'hui ne démentent pas : « la mainmise irrésistible et totale de la technique sur le monde » n'a-t-elle pas conduit à « l'asservissement technologique et consumériste de l'homme dans une écologie dévastée » (Courtin, 2012) ?

Tout le monde ne voit pas les choses de la sorte. Les élites dirigeantes, ainsi qu'une grande partie de la population, continuent de parier sur le renforcement de la technique. De la même façon qu'elles misent sur l'approfondissement du régime de croissance pour pallier les défaillances qu'il produit, ainsi, elles persistent à croire aux préjugés du solutionnisme technologique, espérant que la technoscience saura relever les défis posés par ses productions existantes et corriger les déséquilibres qu'elle-même engendre.

Dans un récent ouvrage que l'on a déjà cité, Hélène Tordjman fustige l'aberration de ce parti pris : « Envoyer des nanoparticules de soufre dans l'atmosphère pour atténuer le rayonnement solaire ; "fertiliser" les océans avec du fer ou de l'urée pour favoriser la croissance du phytoplancton, grand consommateur de dioxyde de carbone ; fabriquer de toutes pièces des micro-organismes n'ayant jamais existé pour leur faire produire de l'essence, du plastique, ou les rendre capables d'absorber des marées noires ; donner un prix à la pollinisation, à la valeur sacrée d'une montagne, à la fonction de séquestration du carbone des forêts ou aux récifs coralliens en espérant que le mécanisme de marché permettra de les protéger ; transformer l'information génétique de tous les êtres vivants en ressources productives et marchandes… Cette liste à la Prévert est celle de quelques-unes des "solutions" envisagées aujourd'hui pour répondre à la crise écologique » (Tordjman, 2021). Cette liste montre à quel point nos sociétés restent conditionnées dans leur rapport au monde, par cela même qui a contribué au désastre écologique : l'anthropo-centrisme, l'utilitarisme, le technicisme, et une foi aveugle dans l'économie néolibérale de marché.

La dimension créatrice de la technique

Andrew Feenberg (2014) note que le débat contemporain portant sur la technique, sur les opportunités qu'elle offre et sur les menaces qu'elle produit, même s'il ne se présente pas toujours ainsi, prend très vite la forme d'une opposition entre technophobie et technophilie. D'un côté, il y a ceux qui font le procès de la technique moderne et du modèle civilisationnel qui lui correspond. De l'autre, il y a ceux qui défendent la modernité technicienne dans son ensemble. Les premiers partagent le pessimisme des partisans de la collapsologie : ils tiennent la technique moderne pour une source essentielle d'aliénation dont il faut se déprendre. Les seconds arborent le même optimisme que les tenants du solutionnisme techno-logique et voient dans la technique moderne un levier d'éman-cipation sur lequel il faut s'appuyer, malgré les inconvénients qu'il présente.

Les parties opposées partagent néanmoins une idée commune de la technique. Elles reconnaissent que l'activité technicienne est inhérente à l'être de l'homme, mais toutes deux oublient la dimension anthropologiquement constitutive de cette activité. Elles assimilent la technicisation du monde à un processus de développement et d'intensification technique, qui révélerait et mettrait en œuvre au cours des âges des possibilités latentes, des outils, des machines et des systèmes sans cesse plus élaborés, selon une trajectoire qui n'aurait pu être radicalement différente de celle effectivement accomplie. La technique est alors comme plongée « dans une ontologie qui la soustrait au moment décisif du monde humain — au faire » (Castoriadis, 1973 : 805). Elle devient un destin, libérateur pour les uns, funeste pour les autres, qu'il faut approfondir ou réfréner, embrasser ou rejeter.

Or, le développement technique n'est jamais étranger au faire-œuvre déterminant de l'homme et à sa capacité à configurer et à reconfigurer la réalité de façon inédite. Les études sociologiques le rappellent à propos : l'objet technique est le résultat socialement construit d'un processus d'innovation qui met en jeu des représentations symboliques, des rapports de pouvoir, et un réseau complexe d'association entre acteurs humains et non-humains (Akrich, 2006 ; Feenberg, 2016). La technique n'est pas une imitation, ni une reprise, ni l'actualisation d'un modèle. Elle est plutôt, comme la conçoit Cornélius Castoriadis (1973), une dimension essentielle de l'institution de la société par elle-même, une activité créatrice par laquelle la société crée son monde externe et interne.

Procéder à la technicisation du monde ne signifie pas se soumettre à un destin bon ou mauvais ; c'est constituer un monde d'une certaine façon. Marc Grassin le dit d'une belle formule : « Techniciser le monde, c'est jouer le chemin d'une liberté ». Et il ajoute : « C'est sans doute cela qui génère l'inquiétude contemporaine. L'homme qui jouit de son pouvoir technique rencontre l'angoissante situation d'avoir tout à décider, même sa nature, d'avoir à assumer sa liberté jusqu'au bout de lui-même » (2011). À travers la puissance et les possibilités que lui confère la technique, l'homme sent peser sur ses épaules une responsabilité essentielle dans l'ordre du créé, mais une responsabilité qu'il ne parvient pas aujourd'hui à assumer de façon effective.

En tout cas, le déploiement de la technique, tel qu'il s'est concrétisé dans le contexte de la modernité et de ses réincarnations néolibérales, n'était ni nécessaire ni inévitable. D'autres possibilités technologiques que celles sélectionnées par notre civilisation étaient envisageables. Des trajectoires moins voraces en combustibles fossiles, moins liées à la satisfaction égocentrique des besoins matériels, moins dépendantes des enjeux de la puissance et de la guerre, et partant moins nuisibles à l'homme et à l'environnement, auraient pu être possibles et pourraient l'être dans l'avenir[121]. La technologie existante présente elle-même suffisamment de plasticité pour permettre des usages très différents de ceux auxquels elle est actuellement destinée[122].

De plus, certains analystes estiment que le désastre civilisationnel actuel n'est pas dû à un excès de techniques et d'inventions, mais plutôt à une technicisation uniforme et délétère du monde. Susanna Lindberg déplore en ce sens que le néolibéralisme marchand ait étouffé l'inventivité humaine et naturelle, en imposant une technologie homogénéisée et désastreuse : « La tristesse nous envahit en pensant à la disparition massive des espèces vivantes aujourd'hui – qui n'est pas compensée par l'apparition d'autant de nouvelles espèces, mais seulement par l'imposition de quelques rares variétés jugées rentables par quelque multinationale de l'agroalimentaire (…). La même tristesse accompagne les limitations imposées sur l'inventivité humaine. En effet, comment se fait-il que dans un monde habité par sept milliards d'êtres humains, il n'y ait qu'une poignée de systèmes d'exploitation des ordinateurs ou de marques d'ordinateur ? (…) N'est-il pas étonnant que la quête contemporaine d'"innovations" soit couramment accompagnée par la fermeture des horizons de l'inventivité naturelle et technique ? » (2016b). Lindberg considère que c'est en renouant avec l'inventivité inhérente aux activités de la nature et de l'homme – une inventivité fructueuse, que la standardisation du consumérisme industriel lamine – qu'un autre avenir pourrait se dessiner pour nous-mêmes et notre planète.

Ainsi, la question n'est pas de prendre parti pour ou contre la technique en soi, mais de libérer les forces d'inventivité réprimées par l'appareil technocratique et marchand, en redonnant aux sociétés les moyens de décider quelles technologies développer, sélectionner et mettre en œuvre. Si la force tellurique de l'homme a perturbé l'écosystème de la planète au point de justifier l'introduction d'une nouvelle ère géologique, cette même puissance ne pourrait-elle pas être mise au service d'une Terre pérenne et d'un avenir salutaire[123] ?

Faire entrer la technique en démocratie

Comme l'ont souligné Dominique Pestre (2008) et bien d'autres, la séparation entre le développement technologique et la gouvernance démocratique constitue un dysfonctionnement fondamental des sociétés modernes. D'un côté, le processus de technologisation, piloté par une technocratie d'experts, et financé par l'économie de marché, produit des innovations orientées vers le profit. De l'autre, le processus démocratique, impliquant la participation des populations et de leurs représentants, traite les questions de liberté individuelle et de choix collectifs pour l'avenir. Ces deux processus se développent séparément, alors qu'ils devraient être étroitement articulés. Les technologies civiles et militaires ne pourront être rendues cohérentes avec l'intérêt général et la préservation des biens communs que si leur sélection, leur développement et leur mise en œuvre font l'objet d'une gouvernance informée et collective.

Faire entrer les sciences et techniques en démocratie, pour en contrôler les apports et les impacts, suppose de réarticuler les liens entre instances scientifiques et autorités politiques, d'institutionnaliser le débat entre experts et décideurs, et d'impliquer les citoyens dans les processus de gouvernance et de contrôle. Pour ce faire, diverses propositions ont été avancées[124]. Mais, en la matière, les ajustements institutionnels ne suffisent pas. L'essentiel, et le plus grand défi, est de changer la façon dont la science et les techniques sont perçues. Tant que celles-ci sont réputées apporter des connaissances objectives, extérieures au langage et neutres eu égard à la réalité biologique ou physique, leurs procédures, leurs choix et leurs productions n'auront aucune raison d'être soumis à la discussion démocratique, et le seraient-ils, que cela n'aurait pas de grandes conséquences. Pour que les activités techno-scientifiques fassent l'objet d'une délibération collective, et qu'il y ait un véritable débat sur les questions qu'elles soulèvent, il est impératif de reconnaître leur nature politique et de bousculer le rang épistémologique qui leur est usuellement accordé. Contrairement à une croyance répandue, les sciences et les techniques ne mettent pas à jour la réalité du monde tel qu'il est indépendamment de l'homme ; elles donnent accès et configuration à un monde parmi d'autres possibles, moyennant un laborieux travail d'interprétation, de manipulation et de construction d'une réalité qui n'est jamais indépendante de ce que l'homme peut bien en penser. C'est pourquoi leurs activités doivent faire l'objet d'un authentique contrôle démocratique.

La régulation démocratique de la technoscience permettrait d'atteindre plusieurs objectifs. Elle contribuerait à libérer le potentiel d'inventivité et de différenciation actuellement étouffé par les logiques d'uniformisation du marché. Elle donnerait ensuite à la société la liberté de choisir parmi des options technologiques différentes, de bloquer éventuellement la technologisation dans certains domaines, ou de susciter de nouveaux chemins de développement technique, afin de soutenir des préférences sociétales, de favoriser les dynamiques de paix et de préserver les équilibres écologiques. Enfin, elle permettrait de penser les développements techniques dans leur diversité, leur lien à la Terre et leur mise en relation dynamique avec d'autres exigences d'ordre esthétique, social ou moral. Idéalement, il s'agirait de promouvoir l'émergence de solutions localement appropriées, différenciées selon les contextes, respectueuses des spécificités culturelles et adaptées à chaque milieu (Yuk Hui, 2020a)[125].

Bien entendu, tout changement significatif de trajectoire technologique nécessite de remplacer les systèmes d'offre et les objets mis en place, de renouveler les savoir-faire et les compétences acquises, mais aussi de réformer les habitudes établies et les modes de vie auxquels les dispositifs techniques sont proportionnés. Par conséquent, la réorientation de la technique dans le sens de l'intérêt général, et la migration de la société vers l'idéal d'abondance frugale et solidaire, sont deux processus liés, qui s'impliquent et se conditionnent mutuellement. Ces deux processus supposent la réappropriation démocratique d'activités aujourd'hui autonomisées.

L'essor d'une authentique dynamique de transition passe donc par le renouvellement de la vie démocratique et son renforcement. Cet aspect, nous allons l'explorer plus précisément à présent. Mais nous savons déjà que l'activisme démocratique ne garantit pas en lui-même un développement salutaire. Pour esquisser des trajectoires de progrès qui poursuivent d'autres finalités que la croissance, le consumérisme et le néo-impérialisme économique et militaire, pour rendre possible la transformation des systèmes en place dans un sens socialement progressiste et écologiquement rationnel, il faut davantage qu'une démocratie saine, vivante et inclusive. Il faut d'autres ambitions, représentations et valeurs que celles qui prévalent dans les économies néolibérales et les sociétés modernes de masse.

La voie obstruée de la transition démocratique et pacifique

Nos sociétés industrialisées sont tenues de redéfinir au plus vite les paradigmes socio-techno-économiques sur lesquels elles fondent leurs activités. Cette transformation nécessite un cadre démocratique dynamique, efficace et inclusif. Parce que les questions écologiques sont essentiellement politiques, y compris dans le traitement scientifique qu'elles impliquent ; parce qu'il n'existe pas de modèle parfaitement prédéfini d'organisation et de fonctionnement pour la société d'abondance frugale et solidaire vers laquelle nous devons tendre ; enfin, parce qu'à chaque étape du processus de transformation, et sur chaque problématique, se posent des dilemmes éthiques qui ne peuvent être résolus sans perte ; pour toutes ces raisons, la seule manière réellement efficace d'avancer dans la transition est d'impliquer l'ensemble du corps social dans les choix, les arbitrages et les décisions à prendre. C'est au creuset de pratiques démocratiques renouvelées, enracinées dans leur contexte et plurielles, que les questions essentielles de la soutenabilité écologique et sociale peuvent être problématisées de façon concrète, et qu'un nouveau paradigme sociétal peut être négocié et traduit dans la réalité : « L'insertion de la composante écologique dans un projet politique démocratique radical est indispensable. Et elle est d'autant plus impérative que la remise en cause des valeurs et des orientations de la société actuelle, impliquée par un tel projet est indissociable de la critique de l'imaginaire du "développement" sur lequel nous vivons » (Castoriadis, 2005 : 246)[126].

Délitement démocratique et impasse écologique

Or, la démocratie libérale traverse une crise[127]. Elle, qui passait il y a une vingtaine d'années pour le dernier mot de l'histoire moderne (Fukuyama, 1992), connaît aujourd'hui toutes sortes de maux : perte de crédibilité des élites diri-geantes, abstention massive, montée des populismes, replis identitaires, arrivée au pouvoir de régimes autoritaires… On parle communément de fatigue, de délitement, d'évidement ou de déconsolidation démocratique[128].

Marcel Gauchet estime que ce n'est pas le principe de la démocratie qui est en crise, mais son fonctionnement. C'est au niveau des modalités par lesquelles le peuple cherche à se gouverner lui-même que se trouve le problème. Nos sociétés, explique Gauchet (2008), connaissent « un divorce entre la liberté et le pouvoir » : « Nous sommes de plus en plus libres à titre individuel, mais cette liberté compte de moins en moins dans le façonnement du destin collectif. C'est ce en quoi la démocratie perd son sens, car elle est proprement la conver-sion de la liberté de chacun en pouvoir de tous ». Nous sommes donc confrontés à un problème de « déliaison », de « désarticulation plus ou moins chaotique des collectifs » : les citoyens, bien que libres à titre individuel, sont dépossédés de leur prérogative dans la détermination de leur destin collectif.

Gauchet entreprend de replacer les dysfonctionnements de la démocratie contemporaine dans une perspective historique plus large, en relation avec le « processus de sortie de la religion ». Il considère que l'entreprise démocratique – c'est-à-dire la mise en forme politique de l'autonomie que les sociétés modernes acquièrent à mesure qu'elles s'arrachent au mode de structuration religieuse du monde – n'est pas encore achevée. Ce processus est entré, au cours des dernières décennies, dans une nouvelle phase de son développement. Aussi, les sociétés modernes sont en train de franchir une nouvelle étape dans leur quête d'autonomie. « Voilà ce qui est derrière la crise dans la démocratie qui nous travaille ». « Nous avons affaire à une crise de croissance de la démo-cratie. C'est son approfondissement même qui rend problé-matique son exercice et son fonctionnement. L'extension de ses composantes rend difficile de les tenir ensemble, de

maîtriser les différentes dimensions par lesquelles elle passe »
(Gauchet, 2008).

Michel Wieviorka (2021) rattache, lui aussi, les convulsions de la démocratie à une phase de recomposition. Il estime que l'idée démocratique, tout en étant en crise, n'a cessé de gagner du terrain : elle a trouvé « des espaces nouveaux pour s'étendre, par le haut et par le bas, en se globalisant elle aussi, pour fonctionner à différents niveaux allant de celui de la planète à celui de la famille ». Au niveau supranational, « on constate qu'il existe des institutions nouvelles, ou récentes, des acteurs nouveaux aussi qui élargissent l'espace de l'esprit démocratique et de ses transcriptions concrètes (…), même si [ces institutions et ces acteurs] ne sont évidemment pas exempts de défauts ». Au niveau infra-étatique, la démocratie a également progressé à certains égards : « des institutions [telles que la famille ou l'école], jusque-là fermées à toute discussion, à toute mise en cause, interne comme externe, sont désormais amenées à s'ouvrir au débat ». Enfin, ne pourrait-on pas assimiler les nouvelles préoccupations éthiques à l'égard des générations à venir et envers les animaux à des avancées démocratiques ? Wieviorka en conclut que l'idée de démocratie n'est pas seulement « en crise », elle est « en mutation ».

Sans nécessairement contredire les interprétations avancées par Gauchet et Wieviorka, d'autres chercheurs insistent sur le rôle moteur du néolibéralisme, et voient dans l'affirmation agressive des intérêts économiques la cause première de la défaillance du politique. Ainsi, Wendy Brown estime que l'ultralibéralisme n'a pas simplement prospéré sur le vide laissé par l'anémie de l'agir collectif, il s'est attaqué à la signification et au contenu même de la démocratie : « il s'est attaqué aux principes, pratiques, cultures, sujets et institutions de la démocratie comprise comme gouvernement par le peuple », en cherchant à soumettre l'ensemble des mécanismes de la vie politique aux valeurs et aux modes de fonctionnement de l'économie. Libre expression, délibération, droit, souveraineté populaire, participation, éducation, biens publics, partage du pouvoir… ont été subordonnés aux exigences du marché et soumis au principe de la mise en concurrence généralisée (2018 : 9-11). Les individus et les sociétés ont été dépossédés des rênes de l'action collective. Gagnés par des sentiments d'impuissance, ils n'ont plus l'esprit d'initiative ni la confiance nécessaires aux changements fondamentaux.

Michel Magny partage ce point de vue. Il lie l'apathie démocratique actuelle à la suprématie oppressante du marché, qui aurait soumis à sa logique l'ensemble des souverainetés sociales, écologiques, politiques et internationales : « L'économie sous sa forme productiviste et consumériste a imposé une nouvelle hétéronomie, avec pour seule référence le primat de la loi d'un grand marché globalisé, qui a étendu son emprise sur toutes les sociétés et tous les écosystèmes terrestres. Dans ce mouvement général, les États se trouvent eux-mêmes absorbés dans une compétition économique généralisée en même temps que le pouvoir politique se réduit à la portion congrue devant les avancées d'une économie globalisée dominée par les réseaux parallèles mis en place par les multinationales et les grands groupes financiers. Les États ont perdu la main quand ils ne sont pas limités eux-mêmes par la connivence entre élites politiques et économiques. Désormais, la contradiction apparaît crûment entre d'un côté l'action commune et concertée que réclament la crise écologique et celle des sociétés, et de l'autre l'impuissance où s'enfoncent les États face aux diktats de l'économie néolibérale et aux lois du marché généralisé » (2021 : 339). Pour Brown et Magny, la crise de la démocratie n'est pas essentiellement liée, comme le soutiennent Gauchet ou Wieviorka, à une phase de restructuration et d'approfondissement ; elle découle plutôt de la dissolution du politique dans l'économique, et traduit la chute de la modernité dans une nouvelle forme d'hétéronomie.

Bruno Latour se démarque quelque peu de ces analyses. Il ne met pas l'accent sur les disfonctionnements institutionnels de l'agir collectif, ni sur l'ingérence pernicieuse des intérêts économiques, mais sur la démission des citoyens : « En fait, les procédures démocratiques actuelles ne sont pas si mauvaises. Le problème est qu'elles ne sont pas utilisées, faute de citoyen·nes ! Le système actuel est construit avec l'idée qu'il y a des citoyen·nes qui se lèvent dans des assemblées pour exprimer leur opinion. Mais ces citoyen·nes là n'existent plus. Ils et elles ont été défait·es, littéralement défait·es. Les refaire demande un travail particulier » (Latour & Schultz, 2022b).

Les explications avancées par Gauchet, Brown, Magny ou Latour éclairent chacune une dimension essentielle de la crise démocratique. Mais elles en restent toutes, selon nous, à une lecture partielle du problème et ne percent pas le véritable point de blocage. Toutefois, nous n'allons pas approfondir la question à ce stade. Nous allons nous contenter d'un constat sur lequel tous les analystes s'accordent. La vie démocratique, régressant vers toujours plus de gestion bureaucratique et de spectacle, laisse le champ libre à la prévalence de la logique mercantile, au règne des marchés et au déploiement incontrôlé d'un système techno-économique incapable de prendre en compte ses limites naturelles et sociales. Le fonctionnement de nos sociétés est désormais si étroitement lié à l'accroissement de la production matérielle, à la consommation à outrance et aux intérêts de la finance et des élites mondialisées – et le décrochage citoyen est si grand et si profond – que l'on ne voit pas comment la pratique démocratique nécessaire à une véritable transition écologique – une pratique qui doit être empreinte « d'intelligence, de solidarité, de concertation et d'éthique de la responsabilité » (Guattari, 1992b) – pourrait prendre forme.

Dans ces conditions, il devient difficile de ne pas céder au catastrophisme. Magny, reprenant le constat désabusé de Dominique Bourg, écrit : « On ne voit pas comment une civilisation boulimique, en voie d'extension universelle, aux élites cyniques, pourrait perdurer » (2021 : 269). Gauchet se montre lui-même pessimiste sur la possibilité de voir émerger une « démocratie plus digne de sa définition », et conclut : « J'espère qu'il ne nous faudra pas l'équivalent de 1914, de 1917 et de 1933 pour atteindre ce but » (2008).

La crise de la démocratie nous condamnerait-elle à subir le fléau des catastrophes ? Les processus de la technique moderne et de l'économie mondialisée, ayant échappé au contrôle du politique, se seraient-ils emballés dans une course folle que rien ne peut arrêter, en menant les sociétés humaines et les écosystèmes terrestres à la ruine ? Pour autant, peut-on dire que les hommes sont condamnés à être les serviteurs impuissants ou les acteurs complices de processus qui s'imposent à eux sur le mode d'une quasi-nécessité ? Une chose, en tout cas, paraît acquise : le renouveau démocratique et la transition écologique ne peuvent plus être pensés séparément. Ils ont vocation à se définir mutuellement, et ils réussiront ou échoueront ensemble.

Une révolution moléculaire qui peine à prendre forme

Opérer une refonte démocratique des modes de vie et d'organisation, en vue d'un monde différencié et solidaire, écologiquement pérenne et socialement assaini, peut paraître utopique et lointain. L'enracinement de l'ordre néolibéral et de ses méthodes de gouvernement, ainsi que l'ampleur révolutionnaire des changements à réaliser, semblent constituer des obstacles en apparence insurmontables. Néanmoins, de nombreux analystes considèrent que la transformation attendue pourrait être accomplie de façon progressive, par étapes, au moyen d'un grand nombre de petites avancées dans la direction souhaitée. En cela, le mot d'ordre d'Arne Naess resterait d'actualité : « La direction est révolutionnaire, mais la voie est celle de la réforme » (2008 : 231).

La « révolution moléculaire » prônée par Félix Guattari exprime bien cette logique. Elle mise sur la multiplication de pratiques micropolitiques innovantes, à partir desquelles de nouvelles manières d'être et de faire société en rupture avec le système dominant pourraient émerger. Guattari appelle donc à multiplier les initiatives à tous les niveaux, en vue de créer des liens et de promouvoir des valeurs : « Au fond, ce qu'on attend des militants d'aujourd'hui, ce n'est pas qu'ils apportent la bonne parole, qu'ils récitent le juste programme, mais qu'ils travaillent à la mise en place de nouveaux services communs : services de démocratie sociale, tels que les "collectifs" de démocratie directe, services de solidarité, de proximité, de culture. Il n'est pas question d'attendre des sociétés capitalistes qu'elles travaillent à la recomposition du tissu social. Il n'y a rien à revendiquer dans ce domaine, mais tout à faire par soi-même » (Guattari, 1992a).

Mighel Abensour conçoit de façon analogue la transformation utopique de la société. Il recommande d'« ouvrir un nouvel espace horizontal d'expérimentation », au creuset duquel la contestation radicale et la projection d'un autre monde trouveraient à s'exprimer : « C'est de la société que [la stratégie utopique pertinente] part, des multiples foyers de socialisation qu'elle porte en son sein pour inviter à recréer, à partir de la différence des pratiques, une nouvelle société » (2000 : 49).

La démarche préconisée ne suit pas des objectifs fixés à l'avance par un pouvoir central, bien que ce dernier puisse jouer un rôle directif[129]. Elle suppose des initiatives plurielles impliquant toutes les composantes de la société civile : citoyens, associations, entreprises. Elle a vocation à se faire « de proche en proche par des expérimentations qui s'appuient sur le lien social et souvent sur des formes d'économie plus collaborative, de pair en pair, poursuivant des finalités écologiques. Ces expérimentations émanent de valeurs et d'alternatives concrètes qui se nourrissent les unes les autres pour donner sens à l'action » (Laigle et Racineux, 2017 : 6).

Cette transformation graduelle et moléculaire de la société que Guattari, Abensour et d'autres appellent de leurs vœux, n'est-elle pas déjà en train d'advenir à travers la prolifération des projets écologiques qui surgissent un peu partout de nos jours ? Du côté des propositions, on ne compte plus les programmes, les déclarations, les manifestes ou les simples études qui cherchent à orienter la voie de la transition et à la traduire en termes plus ou moins directifs. Du côté des réalisations, citons l'essor de l'économie solidaire et des coopératives de production, l'établissement de monnaies locales et les projets de villes en transition, les actions de désobéissance civile et les réseaux de résistance pacifique pour l'environnement, et tous les mouvements liés aux territoires, aux forêts, à l'agriculture biologique ou aux énergies renouvelables décentralisées…

En lien plus ou moins étroits avec ces initiatives, de nouvelles expériences citoyennes, relativement inédites, mettent à l'épreuve, ici ou là, des pratiques démocratiques innovantes, inclusives et égalitaires (Lewis et Slitine, 2016 ; Humbert et Caillé, 2006). Particulièrement intéressantes en la matière sont les tentatives de réinvention de la démocratie par les communs[130]. Ces expérimentations participent d'« une écologie politique qui renouvelle les théories et pratiques de la démocratie » ; elles ambitionnent de faire émerger une citoyenneté pleinement active, en mettant en pratique des formes politiques fondées sur « l'autogouvernement, l'auto-gestion, la coopération et le partage » (Jourdain, 2022)[131]. En ce domaine, Pierre Dardot et Christian Laval avancent des propositions particulièrement audacieuses. Faisant référence aux conceptions castoriadiennes de l'autonomie, ils font du commun un « principe de transformation du social », l'élé-ment différentiel d'une nouvelle institution de la société par elle-même (2015 : 463, 451). D'autres idées et propositions mériteraient également d'être mentionnées ; toutes s'inscrivent dans le souci de transformation économique, culturelle et sociale dont nos sociétés ont besoin.

Ces initiatives foisonnantes ne relèvent pas d'une même vision des choses, mais toutes ont en commun de se démarquer des modes de fonctionnement de l'économie néolibérale et de concourir à l'émergence de paradigmes plus solidaires et responsables. Ces initiatives ne constitueraient-elles pas les prémisses d'une « révolution moléculaire » plus ample, plurielle, ouverte et créative, susceptible de faire émerger un monde écologiquement et humainement viable ? L'histoire n'avance-t-elle pas toujours de la sorte, grâce à l'engagement pionnier de minorités, d'abord sporadiques, mais qui finissent par rallier à leur cause les majorités[132] ?

Hélas, ce foisonnement d'expériences et de projets n'a que peu d'impact sur le système en place. Les initiatives qui fleurissent de toutes part ne parviennent pas à engendrer une mobilisation politique de masse et peinent à mobiliser au-delà d'un cercle étroit de convaincus. Elles ont aussi du mal à se développer à l'extérieur du giron du système établi[133]. Enfin, le camp écologique reste fragmenté : dépourvu de vision cohérente, et incapable de s'organiser en une force politique conquérante, il n'est pas en mesure de jouer le rôle de catalyseur qu'on aimerait lui prêter. Toutefois, la vitalité du mouvement de renouveau, et la pertinence de ses initiatives, sont porteuses d'espoir et témoignent de la possibilité d'une alternative.

Le problème de fond reste la toute-puissance de l'ordre dominant, et l'adhésion résignée ou enthousiaste qu'il suscite chez l'écrasante majorité des citoyens. Nos sociétés restent arc-boutées aux illusions et aux dogmes les plus plats : la croissance économique est encore considérée comme la principale source de développement ; le déploiement technique s'apparente toujours à un projet autonome de domination instrumentale ; le profit reste la visée essentielle des individus et des entreprises ; la compétition continue d'être le mode privilégié de régulation sociale ; et le marché est l'ultime juge de paix.

Le projet de gestion durable du désastre

Tout à l'opposé du mouvement impulsé par les initiatives citoyennes, le système dominant met progressivement en place une administration plus autoritaire de la société. Pour mieux se maintenir, il développe une gestion de crise permanente sous couvert de quête d'éco-compatibilité et de lutte contre le désastre annoncé. D'un côté, il prétend s'être converti aux urgences de la transition écologique : il flatte les espoirs des populations anxieuses de voir une solution émerger, et déploie à leur intention les vrais-faux remèdes de la croissance verte et toutes les ingéniosités de l'écoblanchiment[134]. De l'autre côté, il reprend à son compte les représentations du désastre et joue sur les peurs des masses qui s'inquiètent de leur avenir, pour justifier l'instauration d'une administration plus appuyée, la demande d'efforts supplémentaires et la soumission générale. Verdissement et catastrophisme sont les stratagèmes qu'utilise le régime néolibéral en place pour se maintenir et relancer les processus désastreux d'extraction, de production et d'accumulation sur lesquels il prospère[135].

La perpétuation du système en place et son durcissement ne soulèvent pas l'indignation de la population. Au contraire, les masses soumises semblent appeler la protection souveraine de l'État et sont prêtes à consentir aux restrictions, aux états d'exception et aux disciplines à venir, pour autant que cela garantisse leur survie collective et assure la pérennité de leur mode de vie[136]. Dès 1973, Ivan Illich avait mis en garde contre le terrible scénario dont on voit désormais se dessiner les prémices : « Il se peut que, terrorisés par l'évidence croissante de la surpopulation, de l'amenuisement des ressources et de l'organisation insensée de la vie quotidienne, les gens remettent de leur plein gré leurs destinées entre les mains d'un Grand Frère et de ses agents anonymes. Il se peut que les technocrates soient chargés de conduire le troupeau au bord de l'abîme, c'est-à-dire de fixer des limites multidimensionnelles à la croissance, juste en deçà du seuil de l'autodestruction. Une telle fantaisie suicidaire maintiendrait le système industriel au plus haut degré de productivité qui soit endurable. L'homme vivrait dans une bulle de plastique qui l'obligerait à survivre comme le condamné à mort avant l'exécution » (Illich, 2003 : 144).

Mais somme toute, on pourrait considérer que deux tendances rivales coexistent au sein de nos sociétés confrontées aux menaces écologiques et sociales. D'un côté, l'esquisse d'une sortie de l'ordre techno-économique en place, à travers la multiplication des initiatives et des expérimentations citoyennes. De l'autre, la consolidation de ce même système en une administration autoritaire du désastre. Ainsi, nos sociétés donnent l'impression d'hésiter entre les deux termes d'une alternative que les penseurs écologistes n'ont eu de cesse de poser : l'éco-démocratie ou l'éco-fascisme, la transformation urgente et radicale de l'ordre sociétal dans son ensemble, ou l'enfoncement général sous le joug du techno-totalitarisme[137]. Compte tenu des maigres avancées accomplies au cours des dernières décennies sur le front de la transition écologique, et au vu de la capacité du système dominant à se relancer à travers les résistances mêmes qui le contrarient, il est difficile de ne pas penser que l'alternative posée est biaisée dans le sens du pire : « C'est assurément faire preuve d'un certain réalisme que d'attendre de l'état d'urgence écologique, plutôt que d'une révolution, l'instauration d'un collectivisme bureaucratique cette fois performant » (Riesel et Semprun, 2008 : 8)[138].

On se souvient que Hans Jonas avait abordé la difficulté de façon différente. Se montrant pessimiste sur la capacité de nos sociétés à réaliser politiquement l'impératif éthique de responsabilité, il avait envisagé, en guise d'ultime solution, la mise en place d'une dictature éclairée, « le recours à la tyrannie bienveillante » d'un pouvoir politique autoritaire, capable d'imposer les mesures « qu'exige l'avenir menaçant » (1990 : 262). L'autoritarisme et la soumission du plus grand nombre ne sont pas décriés par Jonas, mais plutôt contemplés comme l'ultime ressource à même de nous sortir d'une situation désespérée. Mais Jonas précisait aussitôt : « Si, comme nous le pensons, seule une élite peut éthiquement et intellectuellement assumer la responsabilité pour l'avenir, (…) comment une telle élite est-elle produite et comment est-elle dotée du pouvoir de l'exercer ? » (1990 : 280). Plus tard, dans un entretien accordé à *Der Spiegel*, il ajoute : « On peut esquisser dans l'abstrait un projet de dictature en vue de sauver l'humanité. Mais comment se représenter qu'une élite effectivement altruiste parvienne au pouvoir, qu'elle demeure altruiste et que son désintéressement soit également reconnu ? (…) Il s'agit là d'une sorte d'utopie qui ne peut pas se traduire dans la réalité »[139]. Tout en laissant ouverte la perspective de la dictature écologique, Jonas ne croit pas à sa réussite pratique, faute d'une élite vertueuse capable d'incarner l'intérêt collectif.

Toutefois, les considérations de Jonas montrent que notre problème ne se pose pas simplement dans les termes d'une alternative entre éco-démocratie et écofascisme. D'un côté, et comme nous l'avons noté à plusieurs reprises, il ne suffit pas de redynamiser les pratiques démocratiques, et de replacer les activités privatisées de la technique, de l'économique et du militaire sous le contrôle de la délibération collective, pour assurer la montée en puissance de la transition écologique. Nos sociétés pourraient tout à fait renouer avec une vie démocratique plus authentique et intense, sans abandonner leur mode de vie actuel, ni vouloir assurer l'équité planétaire et l'avenir des générations futures. De l'autre côté, et comme le donne implicitement à entendre Jonas, une gestion autoritaire du désastre pourrait être salutaire sous certaines conditions. Si, en lieu et place des élites hypocrites et irresponsables qui gouvernent nos sociétés décadentes, nous pouvions disposer d'une classe dirigeante intellectuellement et moralement puissante, le recours à un régime autocratique éclairé deviendrait une option susceptible d'ouvrir à notre monde des perspectives autres que celle du chaos mortifère qui s'annonce actuellement.

Ce que tout cela signifie, c'est que derrière l'alternative entre autogestion démocratique et autoritarisme techno-cratique se tient un enjeu plus fondamental, qui a trait aux mentalités. Comment inspirer aux masses gouvernées un esprit d'engagement avide de sobriété économique, de solidarité sociale et de pérennité écologique, qui ferait d'elles les acteurs de la transition ? Comment inscrire dans le cœur des élites gouvernantes la vertu du désintéressement, le sens de la justice et l'amour de la Terre, qui les rendraient à même d'assumer une charge pour l'avenir commun ? Ces questions restent aujourd'hui sans réponse convaincante. Mais nous pensons qu'une édification morale de l'individu dans le sens d'une authentique responsabilité ne peut se faire qu'en intervenant au niveau plus profond des croyances, et en réévaluant sa relation avec Dieu. C'est en opérant des changements à ce niveau que pourraient émerger d'autres perspectives que l'impasse civilisationnelle dans laquelle nous sommes engagés.

La paix comme valeur cardinale

Puisque la militarisation du monde, la gabegie produc-tiviste et la recherche effrénée de croissance, en se renforçant mutuellement, contribuent à ruiner la planète, puisque les entreprises de domination et d'accaparement sont précisément celles qui sous-tendent les dynamiques techno-économiques destructrices de l'environnement, alors le mouvement écologique devrait prendre le contre-pied de toute pratique agressive et expansionniste. Il devrait adopter la paix comme culture, et la non-violence comme stratégie d'action et de lutte : « Nous devrons décider de la paix entre nous pour sauvegarder le monde, et de la paix avec le monde pour nous sauvegarder » (Serres, 1990).

Embrasser le parti-pris de la paix refléterait en même temps le souci essentiel que l'écologie doit avoir de la démocratie, en tant que celle-ci représente la seule forme politique à même de susciter les débats, de nourrir la créativité et de forger les consensus indispensables aux transformations sociétales dont notre monde a besoin. La non-violence est le meilleur moyen de promouvoir la démocratie, tout comme, à l'inverse, la démocratie reste le régime le plus apte à favoriser la non-violence dans les relations internes et externes.

Le choix stratégique de la paix commande de faire la promotion de valeurs telles que la tolérance, la solidarité, la convivialité et le respect d'autrui. Mais ce qui distinguerait la démarche écologique des autres démarches pacifiques serait l'utilisation de la non-violence comme méthode de transformation sociale ; ce serait d'employer des moyens pacifiques dans le but d'éveiller les consciences, de fédérer les énergies et d'encourager l'émergence d'une nouvelle culture écologique et sociale.

Différentes modalités d'action peuvent légitimement se réclamer d'un tel idéal. Il y a bien entendu les méthodes classiques de lutte, menées au travers d'organisations collectives, de syndicats ou de partis politiques, qui visent à faire évoluer les règles et les institutions existantes. Il y a aussi les expérimentations citoyennes, qui proposent ici et maintenant des pratiques alternatives aux modes de fonctionnement nuisibles à la paix environnementale et sociale.

Mais dans le contexte actuel de blocage, l'approche qui répondrait le mieux aux aspirations du mouvement écologique serait celle de la non-violence transformative (*transformative nonviolence*). Cette approche repose sur la conviction que le pouvoir dépend essentiellement du consentement des gouvernés et que, par conséquent, le système établi peut être bousculé par une mobilisation populaire pacifique. Les choses changeraient, si suffisamment de citoyens retirent leur consentement aux élites dirigeantes, cessent leur collaboration avec certaines instances de pouvoir ou s'en prennent à des structures bien déterminées de l'ordre dominant. Ce type de pratique contribuerait à libérer « le potentiel d'action collective et coopérative inhérent au pouvoir populaire », en « éliminant la violence comme mécanisme de contrôle et d'organisation sociale ». Ce faisant, deux finalités se rejoindraient dans l'action politique non-violente : « l'émancipation collective et populaire » et « la réduction ou l'élimination de la violence comme élément propre au changement social et politique » (Atack, 2013).

En tout cas, la non-violence n'interdit pas de confronter le pouvoir établi avec fermeté, ou d'engager contre lui un combat dur sur les questions considérées comme cruciales. Simplement, elle commande de rester fidèle aux principes de paix, et de recourir aux seuls moyens non-violents, tels que le refus de la collaboration, les boycottages, les grèves, les blocages, les occupations, etc. Ces modes d'action ne relèvent pas d'un simple activisme de résistance et de protestation. Intégrés aux stratégies plus larges de la lutte politique classique et aux initiatives citoyennes novatrices, ils permettent de donner corps à des batailles déterminantes, de nouer des solidarités plus profondes entre militants, et de faire accoucher des expériences qui ne porteraient pas autrement leurs fruits. Vandana Shiva (2014) qualifie ces formes d'action de « désobéissance créatrice », parce qu'elles contribuent à recréer – fût-ce sur un espace-temps limité – les conditions d'une habitabilité durable. Parce qu'elles résistent aussi à la tentation de la violence, elles sont une façon d'appeler à l'engagement démocratique et à la prise d'initiatives.

L'indispensable option de la violence

Cependant, l'expérience des dernières décennies prouve – tout comme l'histoire moderne l'a montré à maintes reprises – que l'engagement non-violent ne suffit pas à vaincre l'inertie de la société de masse, à contrecarrer ses habitudes et à défaire ses assemblages établis. Il serait illusoire de penser que la non-violence transformative soit une panacée capable de faire basculer les majorités et de changer le cours de l'histoire catastrophique qui se dessine. C'est pourquoi le mot d'ordre de la révolution écologique, et les slogans antisystèmes et leur rhétorique de grand soir, bien qu'ils soient réducteurs et trompeurs à bien des égards, gardent une part de pertinence.

En effet, n'est-il pas nécessaire, face à un système qui s'obstine dans la fuite en avant, et qui reste indifférent aux conséquences qu'il produit, de recourir à des actions symboliques plus offensives ? La mise hors d'usage d'un outil énergivore, la dégradation d'une infrastructure polluante ou le sabotage d'une installation militaire, menés dans le respect de l'intégrité des personnes, ne peuvent-ils pas servir à marquer les esprits, à réveiller les consciences ou à forcer des prises de décision qui s'imposent ? De telles opérations viseraient à toucher l'appareil techno-économique en des points précis et, à défaut de le mettre hors d'usage, à détruire le mythe de son invulnérabilité. Ces actions n'appartiendraient pas encore tout à fait à l'ordre de la violence, dès lors qu'elles ne violent pas l'intégrité des personnes et ambitionnent de rouvrir un espace de dialogue et de coexistence entravé. Elles relèveraient plutôt d'une forme extrême de démocratie agonistique, dans la mesure où elles cherchent à exprimer une opinion qui ne fait pas partie du consensus délibératif, tout en voulant retarder le plus possible des événements qui seraient de l'ordre de l'affrontement violent. Paul Watson, le co-fondateur de l'ONG *Sea Shepherd*, préconise leur emploi, en les qualifiant de « non-violence agressive » (Darbouret, 2019).

Cela dit, la non-violence agressive, et ses coups de poing symboliques, paraîtront bien dérisoires face à un système qui utilise la brutalité et la menace comme source essentielle de pouvoir, et face à des élites corrompues qui, pour défendre leurs privilèges, mènent une guerre sans merci ni trêve « à la jeunesse et [aux] femmes », « aux salarié·es, aux paysan·es, aux racisé·es, aux peuples indigènes, aux personnes différentes, et au vivant en général » (Tanuro, 2020 : 301). Pour ceux qui doivent survivre au quotidien, et pour tous ceux qui endurent la violence inouïe de l'ordre établi, quel sens peuvent avoir les discours conciliants qui parlent de sobriété, de solidarité et de nécessaire transformation de la société ? Quels secours ces discours et les modes d'action qui leur correspondent peuvent-ils leur apporter[140] ?

Devant l'urgence écologique, au nom des victimes de l'ordre socioéconomique dominant, et au vu de l'inertie funeste des sociétés contemporaines, ne serait-il pas légitime de recourir à un militantisme plus radical, résolu, voire violent, qui franchirait les limites de la légalité ? Serge Latouche, dont on ne peut pas dire qu'il soit un révolutionnaire violent, soulève la même question : « La transition [écologique] est-elle possible sans révolution violente ou, plus exactement, la révolution mentale nécessaire peut-elle se faire sans violence sociale » (2003) ?

Au bout de ces interrogations se trouve la logique des « écoguerriers », des « éco-révolutionnaires » ou des « éco-terroristes ». Les premiers acceptent le principe d'un usage ponctuel et partiel de l'art militaire. Les seconds plaident pour une violence progressive, qui viserait à subvertir l'ordre en vigueur en vue de son dépassement. Les troisièmes assument pleinement l'idée d'opposer à la brutalité extrême du système une contre-violence radicale, seule capable à leurs yeux d'endiguer l'oppression des pouvoirs en place et d'enrayer la course suicidaire de la civilisation industrielle[141]. Tous pourfendent le moralisme abstrait des pacifistes, dénoncent l'emprise idéologique paralysante de la non-violence sur les mouvements de lutte, et partagent l'avis de Herbert Marcuse selon lequel « la prédication inconditionnelle de la non-violence perpétue la violence institutionnalisée de l'ordre existant » (1968 : 50). Tous inclinent à se voir comme des minorités militantes, dont la vocation est de porter les exigences inconscientes des masses silencieuses et de réveiller par les moyens de la violence l'esprit de contestation des populations abusées.

Mais la violence, quelle qu'en soit la forme et l'ampleur, peut-elle réussir à opérer ce que ni les mises en garde scientifiques, ni les négociations diplomatiques, ni les innovations citoyennes, ni les luttes du militantisme institutionnel, ne réussissent à faire ? La voie courte qui fait sauter les garde-fous et va droit aux confrontations essentielles peut-elle prétendre œuvrer à un monde durable et inclusif ? Des actions qui s'accompagnent de brutalité, des manifestations qui provoquent des destructions, peuvent-elles porter le sceau de la justice ou conspirer à éliminer l'injustice ? Élisabeth de Fontenay en doute : elle voit dans le militantisme écologique violent une forme de « robespierrisme », « l'emballement maniaque d'une idée juste », dont « les excès desservent la cause » (Fontenay, 2009).

Sur ces questions, il est instructif de revenir sur les précédents historiques de l'activisme révolutionnaire et les prises de position qu'il a suscitées. L'expérience des mouvements qui ont tenté de changer radicalement la société, qu'ils soient socialistes, anarchistes ou anticoloniaux, démontre que la contestation violente, lorsqu'elle est déployée à contretemps des transformations sociales, n'est pas en mesure d'ébranler le fonctionnement du système établi. Au contraire, elle fournit au pouvoir en place l'occasion de renforcer ses tendances répressives et de discréditer la revendication qui lui est opposée. L'action violente est aussi contreproductive quand elle divise le mouvement de lutte au lieu de l'unifier, et quand elle s'aliène les populations par les effets de sa propre radicalité, au lieu de susciter en leur sein une prise de conscience politique active.

Sur la base de ces considérations, on pourrait estimer que l'activisme écologique violent serait contreproductif dans le contexte actuel. Étant donné que la société demeure, dans sa grande majorité, captive des idéologies et des modes de vie qu'il s'agit de combattre, le recours à la violence attirerait la réprobation de l'opinion publique, fragmenterait le mouvement contestataire et consoliderait l'emprise du système sur les mentalités et le quotidien du plus grand nombre. La violence serait tactiquement préjudiciable aux combats à mener et stratégiquement contradictoire avec la conduite de la société vers la transition.

Cependant, la nécessité de faire preuve d'intelligence tactique et de cohérence stratégique n'enlève rien à l'impératif de la lutte radicale, qui doit être de force à faire advenir une société en rupture qualitative avec le système existant. Cette lutte ne devra-t-elle pas, malgré tout, se compromettre dans des formes de négociation avec la violence, non par choix, mais en raison de la nature même du système à combattre, de ses modes de reproduction, de son autoritarisme, de sa surdité, de l'usage illimité qu'il fait de la force répressive, en un mot, de son mépris pour la démocratie ? Reconnaître que les pouvoirs en place, même ceux qui se disent démocratiques, perdent toute légitimité dès lors qu'ils n'agissent pas contre la destruction des conditions d'habitabilité sur Terre, constituerait un élément décisif à même de justifier un certain usage de la violence.

À ce stade, néanmoins, l'examen des arguments contraires ne permet pas de trancher la question de l'activisme violent. Il conduit plutôt à reconnaître l'égale justesse – et l'égale insuffisance – des positions opposées. Parce qu'il est illusoire de penser que la transition écologique et sociale peut s'opérer sans combats décisifs, et qu'il est utopique de croire que les pouvoirs établis peuvent être vaincus par l'action symbolique, le passage par la violence semble inévitable. Mais parce que la transition ne peut pas se faire contre la société, et que celle-ci fait corps avec le système qu'il s'agit de transformer, il faut s'en tenir à l'activisme pacifique et s'interdire les excès antipolitiques de la violence.

Après avoir analysé les prises de position d'Herbert Marcuse sur le thème de la violence politique, Emmanuel Barot (2010) parvient à des considérations comparables. Il dégage des œuvres du philosophe une « double leçon », qui recoupe le bilan contradictoire auquel nous sommes parvenus. D'une part, Marcuse condamne tout usage anti-démocratique de la force. Mais d'autre part, il affirme l'impossibilité de faire l'économie de la prise d'armes en tant que moyen politique d'exception. La double appréciation laisse ouverte la possibilité d'une certaine utilisation de la violence. Aussi, Marcuse définit deux formes bien distinctes de recours aux armes, l'une qu'il qualifie de « pathologique », et l'autre de « démocratique ». La violence « pathologique » est propre à l'oppression ; elle peut être légale, mais elle est toujours illégitime, brutale et cruelle. La violence « démocratique » est relative à la libération : par nature illégale, elle est néanmoins légitime dès lors qu'elle est tactiquement rationnelle (au sens où elle contribue à unifier le mouvement de lutte et à modifier le rapport de force) et stratégiquement conséquente (c'est-à-dire qu'elle ne se coupe pas de la société existante, mais accompagne l'émergence d'un nouveau système de besoins et de valeurs). En reprenant cette distinction, ne pourrait-on pas estimer que la violence, utilisée dans son acception « démocratique », puisse être envisagée comme un moyen d'exception dans la lutte écologique et sociale ?

Distinguer entre différentes formes de violence ne résout pas pour autant le problème. En effet, si l'on considère que la méthode de lutte détermine le type de société qu'elle contribue à engendrer, alors les modes opératoires non-violents devraient être les moyens exclusifs de la transition écologique. La prise d'armes serait non seulement contradictoire avec la visée d'une société pacifiée, mais elle marquerait aussi l'entrée dans une dynamique de haine et de conquête qui risquerait à tout moment de sombrer dans « l'excès pathologique » contre lequel elle s'élève. Comme le montre communément l'histoire, les luttes armées de libération tendent à s'enliser dans la violence : elles perdent le sens politique et social de ce moyen d'exception auquel elles recourent et recréent, sous une nouvelle défroque, le système d'aliénation qu'elles entendaient combattre. Marcuse lui-même reconnaît que l'usage de la violence mobilise des pulsions de vengeance et de haine qui risquent de dévoyer la lutte révolutionnaire dans la cruauté, la brutalité ou la terreur, la rendant indiscernable de l'emballement répressif. La limite entre la violence légitime et motrice du combat de libération, et les dérives pathologiques en lesquelles elle peut dégénérer est, de l'aveu même de Marcuse, « terriblement mobile » (1968 : 33).

Nous voilà donc rendus à une opacité indépassable, que Barot perçoit clairement au terme de son analyse de la pensée du philosophe. D'un côté, en effet, Marcuse rejette la prédication inconditionnelle de la non-violence, et refuse de priver le combat pour la libération de la possibilité d'utiliser les armes comme moyen politique d'exception. Il se défend de confondre la violence « démocratique » avec la violence « pathologique », ou d'affirmer que la première mènerait par nature à la seconde, ce qui équivaudrait à la délégitimer. De l'autre côté, cependant, Marcuse reconnaît que la frontière entre l'usage légitime ou démocratique de la violence et son utilisation brutale et répressive est terriblement flottante. Le combat de libération n'a pas besoin de terreur ou de cruauté, et doit s'en prémunir avec la plus grande vigilance. Mais dès lors qu'il engage, contre l'aliénation, des moyens eux-mêmes aliénés, il n'est plus à l'abri d'une pente qui le changerait en pure et simple répression. En soulignant les ambiguïtés du combat armé, Marcuse incline implicitement à le disqualifier, redonnant valeur et légitimité aux théories de la non-violence. Barot en conclut qu'il y a là une « contradiction aussi insupportable qu'inévitable », le « lieu d'une indétermination avec laquelle Marcuse se bat sans pouvoir en sortir » (2010).

Ainsi, la question de la violence reste prise dans l'entrelacs de considérations opposées et également pertinentes. D'une part, le mouvement écologiste, s'il veut œuvrer à l'avènement d'une société sobre, solidaire et réconciliée, doit placer les valeurs de paix au cœur de ses priorités, promouvoir les pratiques délibératives, et s'en tenir à l'action politique non-violente pour transformer la société. D'autre part, cependant, parce qu'il est tenu de répondre de l'utopie concrète et proprement révolutionnaire de la transition vers un autre monde, il ne doit pas s'interdire la possibilité d'assumer, comme moyen d'exception, une violence de résistance, voir même de conquête. L'éventuelle prise d'armes doit être tactiquement intelligente et stratégiquement cohérente avec la cause défendue. Elle doit aussi être assortie de moyens nécessaires pour ne pas dégénérer en actes de cruauté, de brutalité ou de terreur.

Ces deux lignes d'exigence sont chacune insuffisante en elle-même. En rester à l'impératif inconditionnel de la non-violence, c'est risquer de faire le jeu du pouvoir institu-tionalisé et de devoir cautionner ses dérives antisociales et antiécologiques. Mais mitiger l'impératif pacifique, et se compromettre dans des formes de violence, c'est oublier que l'arme première et ultime de la transition est la réforme, c'est se mettre en rupture de la société existante et risquer même se perdre dans les postures antipolitiques de la révolte.

Sans doute faudrait-il maintenir la tension vive entre les impératifs opposés, pour qu'un engagement d'envergure, œuvrant à l'instauration d'une société durable en rupture qualitative avec l'ordre établi, puisse se déployer sans refluer devant les nécessaires confrontations, ni s'enliser dans des conflits improductifs et sclérosants. Un tel engagement donnerait aux politiques de la non-violence le premier et le dernier mot. Mais il ne perdrait jamais de vue la logique de puissance, ni l'éventualité du conflit auquel il se préparerait. S'il devait se compromettre dans la violence, il n'en resterait pas moins discipliné par des valeurs édifiantes, par l'exigence de paix, et par une ambition plus large d'exhaussement et de réconciliation.

Resterait à savoir comment des impératifs contradictoires peuvent s'imposer à la pensée commune et rester prégnants sur les esprits au cœur même de l'épreuve, en se combinant en un investissement productif et émancipateur. Nous pensons, là encore, qu'une telle dialectique ne peut prendre forme que si l'homme militant se tient devant un Autre transcendant et construit son engagement à partir de cette position. Sans cela, il ne serait pas en mesure de vaincre les tentations de la fuite, ni de conjurer les risques de dérive dans la violence vindicative ou nihiliste. Toutefois, pour qu'une telle configuration puisse fonctionner, il faudrait que cet Autre auquel nous faisons appel cautionne en même temps les deux lignes d'exigence que nous avons repérées, qu'il appuie à la fois le parti pris de la paix et la nécessité de la contestation radicale, qu'il légitime concurremment la voie spirituelle de l'action non-violente et la voie matérielle d'une fabrique de l'histoire par le travail, la lutte et le conflit. Il faudrait que ce Dieu auquel nous faisons référence donne sa pleine force à l'aspiration généreuse de la révolte, en la soumettant au préalable du consentement et à des exigences éthiques et matérielles intransigeantes.

L'immensité du problème

Notre monde est mis au défi de faire émerger simultanément, comme les deux faces d'une même réalité, des sociétés plus conformes à l'idéal d'abondance frugale et solidaire, et des technologies plus en phase avec l'intérêt général social et écologique. De telles mutations seraient difficilement réalisables sans la diffusion d'une civilité non-violente et la consolidation d'une vie démocratique intense, saine et inclusive. Mais en même temps, tout changement radical semble exiger une redéfinition de l'action politique et l'assomption d'une certaine pratique de la conflictualité violente. Pour le reste, plus on tardera à opérer les transformations nécessaires, plus la catastrophe en cours sera irrépressible et dévastatrice.

Tout doit radicalement changer, et rien ne change

À ce jour, les évolutions tant attendues ne se produisent pas – du moins pas à un rythme, ni à une échelle, suffisants pour infléchir les dynamiques de la Grande Accélération qui nous entraîne vers l'abîme. Les transformations qu'il faut absolument opérer sont à peine amorcées, et la société nouvelle qu'il est essentiel de faire advenir reste de l'ordre de l'aspiration et du désir : « Force est de constater aujourd'hui le paradoxe apparent qu'il y a entre d'une part l'urgence de l'action que réclament la crise écologique et celle des sociétés, et de l'autre l'incapacité des responsables politiques, nationaux et internationaux, à engager cette action de façon claire et résolue, à bifurquer, alors même qu'au sein des sociétés de nombreuses voix s'élèvent et de multiples initiatives s'engagent pour dire et montrer qu'un autre monde est possible » (Magny : 2021, 339)[142].

Pourtant, des occasions de bifurcation se sont présentées. Il a y eu l'épidémie de la Covid-19, puis la guerre en Ukraine. Dans son essai *La naissance de l'écologie de guerre*, Pierre

Charbonnier a estimé que le conflit ukrainien était susceptible de servir de catalyseur à une transition socio-écologique d'importance. La décision d'interrompre les importations russes d'énergie fossile pour ne pas financer l'effort de guerre du Kremlin, et la nécessité de faire des économies d'énergie pour conjurer les risques de pénurie, offraient l'occasion d'accélérer la transition bas-carbone et de réguler les schémas de consommation industriels et domestiques dans un sens écologiquement favorable : « Alors que le sacrifice demandé par les écologistes à l'industrie et aux consommateurs pour atténuer le choc climatique était habituellement codé comme une contrainte lourde, incertaine, encombrante, ce même effort désormais requalifié en question de sécurité internationale, de subversion de la tyrannie, et d'une certaine manière de patriotisme, devient subitement non seulement acceptable, mais activement recherché » (2022, 79-80). Avec la guerre en Ukraine, les intérêts écologiques et sécuritaires semblaient converger, offrant l'opportunité de mettre les politiques publiques et les comportements individuels en phase avec l'impératif écologique.

Mais force est de constater que cette opportunité n'a pas été saisie. À mesure que le conflit s'est installé, l'écologie s'est trouvée reléguée au second plan, et on a vu resurgir les anciens dogmatismes avec force (Schmid, 2022) : nouvelle ruée vers l'or noir et le gaz liquéfié pour substituer les approvisionnements russes, atténuation des normes environnementales pour permettre aux activités extractives et à l'agriculture intensive de croître, explosion des profits des géants miniers et pétroliers… Ceux qui avaient cru diagnostiquer des transformations structurelles ont vite été détrompés : la machine techno-industrielle n'a pas changé de logiciel[143].

L'incorrigible inertie de nos sociétés prouve-t-elle, comme le pensent les collapsologues, que la catastrophe qui s'abat sur notre monde est irrépressible et que notre civilisation est promise à l'effondrement ? Nous y voyons plutôt la preuve que les leviers déterminants pouvant conduire à un changement radical de société n'ont pas encore été actionnés.

Démissions individuelles et défaillances collectives

Pour circonscrire les causes profondes de l'impasse actuelle, et rechercher les conditions d'une éventuelle issue, nous nous sommes lancés dans un examen approfondi du problème, en nous plaçant d'abord au niveau individuel, puis sur le plan collectif. Dans une première étape, nous avons mis l'accent sur la responsabilité individuelle : nous avons relié l'impasse environnementale à l'incapacité des individus centrés sur eux-mêmes et dominés par des préoccupations étroites à s'ouvrir aux dimensions hors norme du bouleversement écologique. Dans un second temps, nous avons porté notre attention sur les dimensions collectives de notre irresponsabilité et analysé les facteurs démographiques, économiques et techniques qui surdéterminent la trajectoire désastreuse des sociétés industrialisées.

Ces deux explorations n'ont pas vocation à être résorbées au profit d'une explication univoque. Elles captent chacune un aspect essentiel et irréductible d'une même réalité systémique. Entre les dynamiques structurelles et les conduites des individus, il existe une relation de conditionnement réciproque, sans préséance causale simple, ni dépassement possible du rapport dual[144].

D'un côté, il n'est pas infondé de donner l'avantage au système et, comme le font par exemple Magny, Brown et d'autres analystes, d'expliquer l'impasse écologique actuelle par l'autonomisation des processus techno-économiques. Laissée à son libre mouvement, la machine technocratique et marchande étouffe la démocratie, tout comme, à l'inverse, l'anémie de la vie démocratique favorise la domination des logiques productivistes et mercantiles. En raison de ce cercle vicieux – qui voit le phénomène de désengagement politique et la domination de l'ordre néolibéral se renforcer l'un l'autre –, les citoyens se trouvent maintenus à l'écart des décisions importantes, obligés de se conformer à un paradigme socio-économique qu'ils n'approuvent pas nécessairement, et contraints de vivre dans un système qui, tout en ayant été invalidé par l'expérience et dénoncé comme inadéquat d'un point de vue écologique, subsiste malgré tout[145]. Autrement dit, c'est parce que les individus sont soumis à l'hétéronomie de multiples déterminations et dépossédés de leur souveraineté décisionnelle qu'ils faillissent à leur responsabilité, deviennent indifférents aux causes qui ne les touchent pas directement, se replient sur des idéaux et des bonheurs privés, oublient leur devoir de solidarité… et conspirent à perpétuer la crise écologique.

Cependant, on pourrait estimer que le poids des facteurs d'aliénation n'annule pas la liberté de l'individu, mais la met au contraire en demeure de s'affirmer. De même, l'expérience de la dépossession n'atténue pas la responsabilité de l'homme, mais la requiert et rend son exercice nécessaire. Plus les conditions sont défavorables, et les enjeux pressants, plus il est impératif que des hommes se dressent avec volonté, détermination et conscience, en refusant la fuite en avant destructrice dans laquelle ils sont collectivement entraînés.

Du coup, il devient légitime d'inverser l'ordre des causalités et de réaffirmer le principe de l'autonomie de la personne et le primat de sa volonté dans les actes qu'elle assume. Si la transition écologique ne s'effectue pas au rythme souhaité, ce n'est pas uniquement parce que la toute-puissance de la société technocratique désarme ses citoyens, et que les grands acteurs de l'économie mondialisée abusent de leur pouvoir en neutralisant les initiatives qui nuisent à leurs intérêts ; c'est aussi, et peut-être avant tout, parce que dans leur grande majorité, les hommes font corps avec le système dominant et se rendent complices de l'aliénation qui les perd. C'est la démission des citoyens – leur repli égoïste, leur indifférence à l'autre, leur affaissement dans la grégarité, etc. – qui accélère le dépérissement de la vie démocratique et conforte le déferlement incontrôlé de l'activité techno-économique. De ce point de vue, l'impasse n'est pas due à l'emprise irrésistible d'un système corrompu, mais à la vilenie complice des individus qui le composent : « Si nous sommes tous pris dans des modes de travail, de consommation ou de déplacement qui font de nos actes individuels les agents involontaires de la pollution, du gâchis et des trous dans la couche d'ozone (…), cela s'explique en partie par le fait qu'un grand nombre d'individus continue à soutenir un mode de production qui cherche avant tout le profit et qui ne se préoccupe qu'à la marge de compenser ses effets pervers pour la nature et le bien-être des hommes » (Soper, 2001).

En somme, le plus juste serait de dire que l'abdication des individus est aussi originelle et décisive que les servitudes dans lesquelles ils s'enferment. D'une part, c'est bien la démission des individus et l'étroitesse de leurs horizons éthiques qui renforcent le dysfonctionnement des hyper-structures, désamorcent les mises en garde des scientifiques et réduisent la pression politique en faveur de mesures environ-nementales fortes. D'autre part, ce sont les diktats de l'éco-nomie ultralibérale et les processus d'autonomisation des marchés et de la technique qui enrayent la machine démo-cratique, scellent l'impuissance des individus et empêchent de mettre un terme à l'exploitation effrénée des ressources naturelles.

L'impasse écologique est donc systémique. Elle découle de l'interaction de dynamiques individuelles et collectives, de constructions mentales et institutionnelles, de valeurs et de facteurs matériels. C'est en prenant en considération l'en-semble de ces dimensions, et en intervenant à des niveaux qui les embrassent toutes, qu'une réponse appropriée pourrait être formulée aux crises que traverse l'anthropocène. Félix Guattari l'avait déjà bien compris, il y a près de trente ans, lorsqu'il théorisait la notion d'écosophie[146] : « On ne peut espérer, écrivait-il, remédier aux atteintes à l'environnement sans modifier l'économie, les structures sociales, l'espace urbain, les habitudes de consommation, les mentalités (...). C'est ce qui me conduit à parler d'une écosophie qui aurait pour perspective de ne jamais tenir séparées les dimensions matérielles et axiologiques des problèmes considérés » (1992) ; « Il n'y aura de réponse véritable à la crise écologique, ajoute-t-il, qu'à la condition que s'opère une authentique révolution politique, sociale et culturelle réorientant les objectifs de la production des biens matériels et immatériels. Cette révolution ne devra donc pas concerner uniquement les rapports de forces visibles à grande échelle mais également des domaines moléculaires de sensibilité, d'intelligence et de désir » (2016).

Ainsi, comme cela a déjà été souligné, les transformations matérielles, structurelles et institutionnelles de nos sociétés ne pourront se faire sans une évolution sensible des mentalités, sans un changement profond d'aspirations, de représentations et de valeurs. La transition vers un monde plus sobre et plus solidaire, où les inégalités seraient atténuées, et les processus technico-économiques soumis à une gouvernance effective, ne se fera qu'au prix d'une véritable *métanoïa*[147].

Un changement nécessaire de mentalités

De nombreux analystes, d'opinions et d'obédiences diverses, s'accordent sur la nécessité impérieuse d'un changement de mentalités. Dennis Meadows, co-auteur du célèbre Rapport du Club de Rome, *Les Limites à la croissance*, estime qu'il est devenu aujourd'hui impératif de changer « de valeurs et d'objectifs » : « Actuellement, tous les systèmes politiques – démocraties, dictatures, anarchies – échouent à résoudre les problèmes de long terme, comme le changement climatique, la hausse de la pollution ou des inégalités. Ils ne le peuvent pas, à moins qu'il y ait un changement dans les perceptions et valeurs personnelles, se soucier vraiment les uns des autres, des impacts sur le long terme et dans des endroits éloignés d'eux-mêmes » (Propos rapportés par Garric, 2022).

Le pape François porte une appréciation similaire. Dans son encyclique consacrée à l'écologie (2015), il dénonce l'ascendant pris par les logiques de l'intérêt personnel sur les considérations de solidarité, regrette « la soumission de la politique à la technologie et aux finances », et estime que « la protection de l'environnement ne peut pas être assurée uniquement en fonction du calcul financier des coûts et des bénéfices » (*LS* 54). L'humanité, poursuit le pape, ne pourra s'élever à la hauteur de l'enjeu écologique sans un changement significatif de valeurs et de style de vie (*LS* 23). « Le problème », reconnaît toutefois François, « est que nous n'avons pas encore la culture nécessaire pour faire face à cette crise » (*LS* 53).

On pourrait également citer le biologiste Jacques Blondel (2003) : « L'enjeu est d'asseoir les fondements d'une politique de développement qui implique, outre la durabilité des ressources, leur partage équitable à l'échelle des individus, des sociétés et des États. Le défi est à la fois immense et exaltant, mais il ne faut pas se bercer d'illusions : les aspects techniques et réglementaires nécessaires à l'instauration d'une telle politique ne suffiront pas s'ils ne sont nourris et conduits par la volonté d'adhérer à une nouvelle manière de voir et de vivre notre relation à nous-mêmes, à l'autre, au monde et à l'environnement »[148].

Les multiples analyses que nous avons menées nous permettent de préciser la nature des changements de mentalités qu'il convient d'amorcer. Il s'agit avant tout de redonner aux valeurs morales de solidarité, de sobriété et de justice une importance équivalente aux principes actuellement dominants de l'individualisme et de l'utilitarisme, de manière à permettre la migration de nos sociétés vers un idéal de fonctionnement plus frugal et solidaire. En même temps, il est indispensable de restructurer les appétits de puissance, les instincts de domination et les désirs de maîtrise qui sous-tendent le déploiement techno-scientifique et marchand, pour mettre ces forces au service de visées plus hautes et de trajectoires sociétales plus saines, plus intégrales et émancipatrices. Ces réorientations fondamentales requièrent une vie démocratique intense, et la participation de citoyens ayant retrouvé le sens de l'engagement et le désir d'une existence plus authentique et responsable. Il importe également de renforcer les valeurs de paix et de non-violence dans toutes les dimensions de la vie collective, sans pour autant brider les élans de la contestation radicale, ni exclure la possibilité d'un recours aux armes. Ajoutons – et c'est un point que nous n'avons fait qu'entrevoir et que nous approfondirons dans nos prochains chapitres – qu'il est aussi crucial de défaire les schèmes de la pensée dualiste et les préjugés de nature sexiste ou raciste qui structurent encore nos mentalités actuelles, afin de rétablir des liens plus harmonieux au sein de l'humanité et avec les autres vivants. L'ensemble de ces restructurations doit favoriser l'émergence, à une échelle de masse suffisante, de formes individuelles et collectives de citoyenneté engagées dans la construction d'une destinée nouvelle.

L'enracinement systémique des valeurs

Mais comment opérer ou susciter le changement de paradigme et de valeurs que nous venons de spécifier ? L'obstacle, comme nous l'avons rappelé, est systémique. Félix Guattari le souligne, là encore, avec force. Pour lui, le problème socio-écologique relève bien, en dernière analyse, des mentalités, c'est-à-dire de préjugés, de représentations et de valeurs fortement enracinés : « Pour ma part, je crois que l'accumulation massive de menaces contre l'homme et ses systèmes écologiques découle directement d'erreurs dans nos habitudes de pensée, erreurs situées à des niveaux très profonds et partiellement inconscients » (Guattari, 2013 : 494). Mais l'inconscient pour Guattari ne relève pas des seuls territoires du Moi ; c'est une réalité machinique, déterritorialisée et ouverte sur l'extériorité du rapport de l'individu au corps, aux objets techniques, aux conditions historiques et socio-économiques : « L'inconscient, j'y insiste, n'est pas quelque chose que l'on rencontre uniquement en soi, une sorte d'univers secret. C'est un nœud d'interactions machiniques, à travers lequel nous sommes articulés à tous les systèmes de puissance et à toutes les formations de pouvoir qui nous entourent » (Guattari, 2013 : 195). Pour Guattari, les « erreurs dans [les] habitudes de pensée » qu'il convient de corriger sont enracinées dans des territoires existentiels qui excèdent les sujets constitués : elles sont prises dans des rapports de force impliquant des instances à la fois intégrées et réellement externes à l'espace du psychisme individuel ; elles sont, au sens le plus fort du terme, systémiques.

Serge Latouche a également perçu la difficulté : « On voit tout de suite », écrit-il, « quelles sont les valeurs qu'il faut mettre en avant et qui devraient prendre le dessus par rapport aux valeurs dominantes actuelles (…). Mais la difficulté provient très largement du fait que l'imaginaire dominant avec les valeurs actuelles est systémique. Cela signifie qu'elles sont suscitées et stimulées par le système (en particulier économique) et qu'en retour, elles contribuent à le renforcer » (2008, 143)[149].

Le changement de valeurs et de mentalités ne se décrète donc pas, et ne s'impose pas. Il ne saurait être amené simplement par des injonctions morales, des arguments rationnels ou des incitations punitives. Pour reprendre les termes employés par Latouche, changer de mentalités, c'est procéder à une « décolonisation de l'imaginaire », c'est désaliéner nos esprits « intoxiqués » par les préjugés de la vulgate néolibérale, c'est nous délivrer d'une « drogue à laquelle, accoutumés, nous sommes incapables de renoncer volontairement ».

Pourtant, Latouche fait le « pari » que « l'attrait de l'utopie conviviale, combiné au poids des contraintes au changement est susceptible de favoriser une "décolonisation de l'ima-ginaire" et de susciter suffisamment de comportements "vertueux" en faveur d'une solution raisonnable : la démo-cratie écologique » (2005). L'auteur pense que le prix de l'immobilisme et l'attrait du changement pourraient faire pencher la balance en faveur d'une révolution moléculaire et démocratique. Dans cette optique, il mise sur l'enseignement, l'influence et l'exemplarité. Il appelle à amplifier les efforts dans le domaine de l'éducation pour éveiller les esprits, à recourir aux armes de la contre-propagande pour déjouer les influences du système dominant, et à multiplier les initiatives exemplaires de dissidence à l'égard du régime de croissance, dans l'espoir qu'avec le temps et l'effet de cumul, de nouvelles mentalités et des façons de vivre plus conformes aux exigences de la durabilité puissent émerger[150]. Mais il reconnaît aussitôt les limites de ses exhortations – comme nous avons pu nous-mêmes constater les limites des initiatives citoyennes d'aujourd'hui ou d'hier –, tant il est vrai que « par fort vent de mondialisation financière », « les conditions historiques [ne semblent pas] réunies pour qu'une [société solidaire] puisse triompher (…) » (2003, 147).

Alors, ne sachant plus à quel saint se vouer, Latouche s'en remet à la catastrophe et compte sur l'effet de choc que ne manquerait pas de produire la décomposition de l'ordre néolibéral : « Toutefois, il y toutes les chances pour que nous soyons incités [au changement] par le choc salutaire de la nécessité. Le progrès, la croissance, la consommation, n'étant plus un choix de la conscience, mais une drogue à laquelle on est tous accoutumés, et à laquelle il est impossible de renoncer volontairement, une catastrophe "pratique" peut aider à dessiller les yeux des adeptes fascinés. Seul un échec historique de la civilisation fondée sur l'utilité et le progrès, peut probablement faire redécouvrir que le bonheur de l'homme n'est pas de vivre beaucoup, mais de vivre bien » (2008, 150).

De nouveau, nous voilà rendus à l'idée d'un effondrement civilisationnel inéluctable, et face à une consternation désarmée qui met sa dernière espérance dans le naufrage du monde actuel. Mais supposer qu'une crise dure, injuste et dissolvante, soit nécessaire pour que le peuple comprenne qu'il doive se soucier d'environnement, n'est-ce pas contresigner l'échec de l'idéal démocratique que Latouche considère pourtant essentiel à la réussite de son projet de décroissance heureuse, et sur lequel il continue de miser par ailleurs ? N'est-ce pas donner implicitement raison aux apôtres de la collapsologie, aux partisans de l'écologie autoritaire ou aux trublions de la terreur révolutionnaire – à tous ceux qui ne croient pas à la possibilité d'une transition volontariste et quelque peu ordonnée ? Pour le reste, peut-on être sûr qu'une « catastrophe "pratique" » ait un effet « salutaire », et non pas aggravant, sur les mentalités et les comportements ?

Au fond, aucun des penseurs dont on a discuté les vues n'apporte de solutions convaincantes sur la façon d'amener le changement de mentalités nécessaire à l'émergence d'une société écologiquement responsable. La question de savoir comment sortir du modèle dominant, et instituer l'économie et la technique en les soumettant à des exigences démocratiques dans le domaine social et environnemental, reste posée.

Cependant, certains ont bien compris que les obstacles à la transformation radicale de notre être-au-monde ne peuvent être surmontés que si nous portons la critique sur un plan plus fondamental que celui généralement exploré par les analystes et les politiques. Latouche admet ainsi que le caractère systémique de la culture dominante suppose des remises en question plus essentielles que ce qui est communément envisagé : « La difficulté provient très largement du fait que l'imaginaire dominant avec les valeurs actuelles est systémique (…). Il faut donc aller au-delà et remettre en cause ce qui se tient derrière ce système porteur des valeurs comme la

conception du temps, de l'espace, de la vie, de la mort, etc. »
(2008, 143). Remettre en cause les conceptions communes
que l'on se fait du monde, de l'histoire, de la vie et de la mort,
n'est-ce pas inévitablement reposer la question de Dieu ?

Au fond du problème écologique, la question de Dieu

La conception que l'homme a de lui-même et de la nature,
l'idée qu'il se fait de sa destinée et de sa place dans le monde,
le sens qu'il donne à ses relations avec ses semblables et les
autres êtres vivants, la façon dont il se rapporte à l'espace, aux
ressources et au savoir, toutes ces dimensions qui déterminent
sa conscience écologique et son mode d'existence ont à faire
avec la croyance, la religion et la question de Dieu : « Ce que
les gens font de leur écologie dépend de ce qu'ils pensent
d'eux-mêmes en relation aux choses qui les entourent.
L'écologie humaine est profondément conditionnée par les
croyances concernant notre nature et notre destinée – c'est-à-
dire par la religion » (White, 1967 : 300).

Les idées que nous nous faisons de Dieu sont donc
déterminantes. Ces idées peuvent être conscientes ou informulées, relever de convictions personnelles ou correspondre à
des doctrines collectives, refléter le credo d'une religion ou
ressortir de l'athéisme, voire se confondre avec l'indifférentisme du quotidien, des affaires, de l'argent ou de la
carrière. Dans tous les cas, l'idée que chacun de nous se fait
de Dieu influence et reflète sa vision des choses, sa manière
d'être, ses rapports d'altérité et sa conscience écologique.

Par conséquent, changer nos mentalités communes et notre
façon de nous poser dans l'existence impliquerait de réévaluer
nos références à Dieu et les rapports que nous entretenons
avec lui : « Notre crise écologique est la conséquence d'une
mauvaise compréhension et d'une mauvaise représentation de
notre relation à la nature et au monde naturel, c'est-à-dire de
notre relation à la création elle-même (…). En termes chrétiens, il s'agit d'un appel à réexaminer notre relation avec la

création et le Créateur » (Baker et Morrison, 2008 : 36). Cette appréciation vaut évidemment au-delà du cadre chrétien. Elle concerne tous les systèmes de croyance ou d'incroyance, y compris le scepticisme, le matérialisme et l'athéisme[151].

Il n'est pas indifférent de relever à ce propos les quelques lignes de Benoît Malon que André Caillé et Philippe Chanial citent dans leur présentation introductive au volume de la *Revue du Mauss* consacré à Marx : « B. Malon, pionnier de l'Internationale en France, communard exilé et partisan d'un "socialisme intégral", (…) nous lègue une question redoutable en écrivant : "Jusqu'ici les révolutions les plus généralement victorieuses et les plus profondément modificatrices ont été les révolutions religieuses" ». Les auteurs estiment que cette affirmation résume « très bien les objections principales qu'on doit adresser à une certaine tradition marxiste », avant d'ajouter : « Pouvons-nous en effet envisager une sortie du régime de l'accumulation capitaliste illimitée en dehors d'une révolution religieuse ou quasi-religieuse ? Et d'où pourrait-elle bien venir ? En quels termes se formuler ? » (2009 : 15).

Ces prises de position, provenant d'horizons idéologiques très divers, nous confirment que l'on ne peut s'attaquer aux racines systémiques de la crise écologique, susciter des innovations sociales fondamentales et promouvoir de nouveaux types d'individus, sans aller en-deçà des plans de l'économique, de la technique et de la politique, et agir au niveau des imaginaires, des représentations et des valeurs, et que l'on ne peut influer sur ce dernier niveau, et y opérer des reconfigurations significatives, sans reconsidérer la question de Dieu et les idées qui sont communément faites à son sujet[152].

- IV -

L'anthropocène : une crise
de la modernité

Comprendre l'impasse actuelle de notre civilisation, et rechercher des solutions pour en sortir, exige d'explorer la dimension des mentalités et leur lien implicite avec la question de Dieu. À ce sujet, il importe d'interroger de façon plus spécifique la modernité occidentale, son prométhéisme, ses préjugés et son imaginaire propre, car c'est au sein de l'expérience du monde telle qu'elle s'est constituée en Europe à partir de la Renaissance, dans l'opposition à l'ordre traditionnel de la religion, que s'est mis en place le schéma de pensée dualiste, anthropocentrique et prédateur qui sous-tend les comportements écologiquement aberrants de notre civilisation techno-industrielle[153].

Ce qui est en cause, c'est le « Grand Partage » que la modernité européenne a introduit entre nature et culture (Descola, 2005) ; c'est la séparation fondamentale marquée entre l'homme et la nature, entre le sujet humain élevé au statut de fin, et le reste du vivant assimilé à un milieu hostile ou à une réserve de moyens.

Ce paradigme de pensée doit énormément à la tradition judéo-chrétienne. Mais il ne reçoit sa formulation radicale qu'à l'ombre de la modernité. Il est alors conforté par les révolutions industrielles, et imprègne aussi bien le capitalisme que le socialisme. Il ne sera pas remis en cause par le mouvement de sécularisation qui traverse les sociétés occidentales, ni par la montée en puissance de l'athéisme commun. Au contraire, il va se banaliser avec l'éclipse de la religion, irradier avec la mondialisation économique, et s'imposer dans les autres régions du globe à mesure de la généralisation du mode de fonctionnement néolibéral. Les présupposés normatifs et les lieux communs de ce paradigme infusent aujourd'hui les mentalités ordinaires et déterminent l'arrangement entre humains et non-humains qui prédomine dans le monde.

Sur le plan des idées, le séparatisme humain issu du Grand Partage découle d'une série de ruptures survenues entre Dieu, l'Humain et la Nature. Il a fallu que Dieu soit séparé de la Nature, que l'Humain se positionne en dehors et au-dessus du reste du vivant, et qu'il se coupe de la Transcendance, pour que le drame figuré par l'ère de l'anthropocène se déploie : « L'anthropocène, écrit Thierry Hoquet, serait le signe le plus obscène, le rejeton monstrueux d'une certaine configuration du tripode en trois temps : la Nature coupée du Dieu, la mort du Dieu, la solitude de l'Humain condamné au triste stade du miroir (narcissisme) » ; « L'anthropocène serait une histoire de "huis-clos" oppressant : la conviction faussée qu'en l'absence de Dieu, l'Humain seul importe, accompagnée du refus de céder aux appels de la sirène Nature » (2022).

Dans les analyses qui suivent, nous n'entendons pas retracer la généalogie de cette histoire qui conduit à l'exclusivisme humain caractéristique de l'anthropocène[154], mais nous chercherons, dans un premier temps, à préciser les traits distinctifs de cet exclusivisme et les travers qu'il induit dans la relation de l'homme à ses semblables et à son milieu naturel. Puis nous questionnerons, dans un second temps, les liens que l'exclusivisme humain entretient avec les doctrines fondamentales du théisme et de l'athéisme. Ces explorations s'inscrivent dans l'entreprise qui nous occupe : appréhender les causes profondes de l'impasse écologique actuelle et préciser les conditions qui permettraient d'en sortir.

Il est important de signaler que, dans la mesure où les déséquilibres du contexte géo-écologique dans lequel nous vivons sont liés à des préjugés fondamentaux hérités de la modernité, il ne peut y avoir d'issue favorable à la page d'histoire qui s'est ouverte avec l'anthropocène sans le dépassement de ces préjugés et l'esquisse d'une ère nouvelle. Bien sûr, cela ne signifie pas qu'il faille renier l'humanisme fondateur de notre civilisation, ou renoncer aux aspirations d'émancipation habituellement associées à la modernité. Il s'agit simplement de mettre fin à l'exclusivisme anthropo-centrique, et d'inaugurer une société qui n'externaliserait plus ses échecs écologiques et ne penserait plus son progrès au détriment de ceux – humains et non-humains – qui se trouvent relégués de l'autre côté du Grand Partage[155].

La vision dualiste et anthropocentrique de la nature

La vision dualiste et anthropocentrique du monde, qui s'impose avec la modernité occidentale, trouve son expression la plus aboutie dans la thèse de l'exceptionnalisme humain. Cette thèse affirme que l'homme, dans son essence propre, est étranger à l'ordre de la nature, et que son statut le distingue radicalement des autres entités qui composent l'Univers.

L'exception humaine

Jean-Michel Schaeffer (2005) a fort bien exposé les postulats fondamentaux qui sous-tendent la thèse de l'excep-tion humaine. Cette thèse introduit d'abord une « rupture ontique », c'est-à-dire une discontinuité dans l'ordre du vivant, marquant une différence de nature ou d'essence entre l'homme et toutes les autres formes de vie. Elle instaure, ensuite, un « dualisme ontologique », l'idée qu'il existerait deux plans, ou deux modes d'être, internes au sujet humain, dont l'un est dit « matériel », et l'autre « spirituel ». Cette dualité se décline en de multiples dichotomies qui structurent l'être-au-monde moderne : corps / âme, nature / culture, rationaité / affectivité, nécessité / liberté, instinct / moralité, etc. En troisième lieu, la thèse de l'exception humaine avance une « conception gnoséocentrique » qui valorise l'homme en tant que sujet pensant et en fait le lieu à partir duquel la connaissance et l'objectivité se trouvent instituées[156]. Cette intronisation alimente la fiction essentialiste d'un être humain auto-suffisant et souverain, se tenant face à un monde composé d'objets et d'entités isolables de leur milieu, connaissables et manipulables.

La vision du monde fondée sur le postulat de l'exception humaine est étroitement occidentale et n'a rien de correspondant dans les autres aires de civilisation. Toutefois, le dualisme ontologique qu'elle promeut n'est pas propre à la modernité européenne. De nombreuses civilisations dites « animistes » allèguent, elles aussi, l'existence d'une dualité (voire d'une pluralité) de modes d'être. Mais à la différence de l'Occident moderne, elles étendent la duplicité ontologique à d'autres existants, généralement à l'animal, parfois aussi au végétal et à certains aspects du monde inanimé[157]. Seule la société moderne occidentale réserve l'ordre spirituel à l'humain, dont elle prive les autres classes d'êtres, marquant ainsi une rupture dans l'ordre du vivant.

Schaeffer fait alors observer que s'il est possible d'adhérer, comme le fait l'animisme, à une forme ou une autre de dualisme ontologique sans marquer de discontinuité ontique (c'est-à-dire s'il est possible de dissocier le matériel du spirituel sans établir une différence de nature entre l'homme et les autres formes de vie), l'inverse n'est pas envisageable.

Pour distinguer l'homme du reste des vivants, il faut avoir défini au préalable deux ordres ontologiques distincts, susceptibles de marquer la différence : « Tout défenseur de la thèse de l'exception humaine est en même temps un dualiste ».

On notera également que l'affirmation de l'exception humaine va de pair avec une radicalisation du dualisme ontologique : l'essence proprement humaine de l'homme est rattachée au pôle réputé supérieur de l'esprit, de la raison ou de l'âme, tandis que l'autre pôle est référé à une détermination inférieure et inessentielle, figurée par le substrat matériel, la corporéité animale ou l'apparence empirique. Ainsi, la discontinuité ontique, les clivages à l'intérieur de l'humain et le biais substantialiste de la vision moderne du monde se trouvent renforcés.

Dans ces conditions, on comprend aisément que la thèse de l'exception humaine ait pu induire un rapport aliéné à l'environnement et inspirer un prométhéisme particulièrement nocif pour la nature et les autres vivants. L'écologisme radical ne manquera pas d'ailleurs de contester cette thèse et l'ensemble des philosophèmes qui la composent.

Un état d'aliénation par rapport à la nature

La thèse de l'exception humaine, et l'esprit de clivage qu'elle conforte, ont contribué à l'appauvrissement du rapport de l'homme au reste du vivant. Dès lors que l'être humain se pense étranger à son environnement naturel, et qu'il entreprend de le dominer pour en devenir comme maître et possesseur, il tend à le réduire à un lieu sans signifiance, et à ne voir en lui qu'un donné disponible et manipulable. L'attention qu'il porte au reste du vivant, l'expérience sensible qu'il en retire, et les relations qu'il noue avec lui, s'appauvrissent dramatiquement.

Le changement qui se produit à l'époque moderne dans la démarche de la connaissance est significatif à cet égard : l'homme ne cherche plus alors à appréhender la nature et ses qualités par des voies poétiques, analogiques ou symboliques ; il s'emploie à la décrire en langage mathématique, à l'expliquer par des savoirs mécanistes, et à la dominer par la raison instrumentale[158].

Il y a un demi-siècle déjà, l'écologue américain Robert Pyle (2016) déplorait la perte d'intimité de l'homme occidentalisé avec la nature et l'« extinction de l'expérience » qu'il pouvait en retirer[159]. Plus récemment, David Abram a évoqué la « crise perceptive » qui affecte l'expérience sensible immémoriale par laquelle l'homme se sent appartenir à la nature (Gens, 2018). Baptiste Morizot parle, quant à lui, d'une « crise de la sensibilité », pour signifier l'indigence de notre rapport à la Terre, « l'appauvrissement de ce que nous pouvons sentir, percevoir, comprendre et tisser comme relations à l'égard du vivant » (2020)[160].

De fait, un nombre croissant d'hommes et de femmes vivent aujourd'hui loin de la nature, dans des environnements urbanisés et artificiels où ils ont peu de relations quotidiennes avec la Terre, peu d'expériences vécues avec les autres entités qui la peuplent, et de rares occasions de s'ouvrir à la beauté et aux mystères des formes du vivant[161]. « L'extinction de notre expérience [de la nature], souligne Pyle, ne se résume pas à la perte des bienfaits personnels d'une stimulation naturelle. Elle se traduit également par un cycle de désaffection dont les conséquences peuvent être désastreuses. Tandis que les villes et les banlieues en expansion renoncent à leur diversité naturelle et que leurs habitants vivent dans un éloignement grandissant de la nature, la sensibilité et le goût reculent. Il en découle une apathie à l'égard des problèmes écologiques et, inévitablement, une dégradation accrue de l'habitat commun ».

En soulignant ces évolutions, nous n'entendons évidemment pas verser dans une posture antimoderne ou technophobe, ni décréditer l'approche scientifique moderne – dont la pertinence et la puissance ne sont plus à démontrer –, ni même stigmatiser l'exploitation instrumentale de la nature – qui reste nécessaire à la survie de l'homme et à ses activités. Il s'agit de souligner la grave altération du rapport que l'homme contemporain entretient avec le reste du monde vivant, de dénoncer l'exclusivité acquise par les modes utilitaires de relation à la nature, et d'insister sur la pauvreté de l'expérience qui en découle[162]. Aussi, pour changer notre regard sur le reste du vivant, enrichir notre sensibilité à son égard et rétablir des liens plus féconds avec lui, il importe de redonner validité et pertinence à d'autres formes d'attention et à d'autres modes d'interrelation que celles et ceux privilégiés par la modernité technicienne. Une référence renouvelée à Dieu ne pourrait-elle pas y contribuer de façon essentielle ?

La violence faite à la nature et aux animaux

La thèse de l'exception humaine, et les significations d'ordre normatif qui en découlent, produisent une autre conséquence particulièrement déplorable, qui est de disqualifier les animaux, de les exclure du cercle de nos considérations éthiques et de légitimer des comportements de prédation à leur égard.

Jacques Derrida rappelle à ce sujet que la différence instaurée entre l'homme et l'animal par la métaphysique occidentale est entièrement construite sur le principe de la privation. Le propre de l'homme – ou plutôt sa présomption, son avantage, son pouvoir – est défini par un ensemble de qualités dont l'animal est réputé exempt, « parole, raison, expérience de la mort, deuil, culture, institution, technique, vêtement, mensonge, feinte de feinte, effacement de la trace, don, rire, pleur, respect, etc. » (2006 : 185)[163]. En dépouillant l'animal de toutes sortes de qualités qu'il se réserve en propre, l'homme se croit autorisé à le dominer, et trouve moralement acceptable de l'exploiter, de s'approprier ses productions et de le mettre à mort. Actes de maltraitance, expérimentations abusives, abattages sans fin, rien n'est épargné à cette

« chose »[164] qu'on aura privée de tous les attributs qui pouvaient la rapprocher de nous.

La condition des animaux s'est considérablement dégradée depuis que les sociétés industrielles ont rompu les liens anciens qu'elles avaient tissés avec eux à travers la domestication millénaire et l'élevage traditionnel. L'industrialisation de la filière animale a transformé les animaux en biens marchands, les a assujettis aux critères de la productivité, et a rendu leur souffrance invisible : le consommateur qui mange des produits carnés soigneusement conditionnés et emballés ne voit rien de la cruauté infligée aux bêtes ni des sévices qu'elles endurent avant d'arriver dans son assiette.

L'exploitation brutale de l'animal, et la généralisation de la consommation de viande, posent des problèmes à la fois éthiques et environnementaux. Rappelons que l'élevage est responsable à lui seul de 15 % des émissions de gaz à effets de serre (dont les deux-tiers sont dus à la production de viande et de lait), qu'il utilise près de 70 % des surfaces agricoles mondiales (quoique l'essentiel soit constitué d'espaces noncultivables), et qu'il consomme des ressources d'eau importantes et un tiers de la production des céréales (Rapport FAO, Gerber et al., 2013). Sans une baisse notable de la consommation de produits animaux, notamment dans les pays riches, il sera impossible d'atteindre la soutenabilité écologique et alimentaire sur le long terme (Rapport WRI, Searchinger et al., 2019)[165].

Remettre en question l'élevage industriel et les régimes alimentaires à base de viande s'avère difficile, car une grande diversité d'acteurs, de structures et d'intérêts s'y opposent. Certains analystes n'hésitent pas à parler de « complexe industriel-animal », par analogie au complexe militaroindustriel[166]. Cependant, les obstacles au changement ne sont pas uniquement de nature économique, ils relèvent plus profondément de pratiques sociales et de représentations symboliques fondamentales auxquelles l'exploitation animale est liée.

Sur ce sujet, Florence Burgat (1993) est allée à l'essentiel. Dans son article intitulé *Réduire le sauvage*, elle soutient que la violence faite à la nature et celle infligée aux animaux constituent deux modalités d'une même fonction, qui est de rendre possible l'affirmation de la différence anthropologique. C'est pour affirmer sa supériorité, et marquer son essence distinctive, que l'homme entreprend de « réduire le sauvage », c'est-à-dire d'évacuer, de réprimer ou de détruire cette part de naturalité qui résiste à la mainmise de son œuvre civilisatrice, aussi bien à l'extérieur de lui-même (dans la nature, au sens large) qu'à l'intérieur de son être (au regard de sa propre part d'animalité et de spontanéité naturelle). C'est aussi pour revendiquer son ascendance qu'il asservit l'animal et le sacrifie parfois de façon cruelle[167].

L'opération de « réduction du sauvage » est donc consubstantielle à la thèse de l'exception humaine[168]. La haine de l'animal en découle. Mais cette haine est aussi une forme de cruauté envers soi, puisqu'en réprimant « le sauvage », l'homme oublie et réprime sa propre animalité.

Ces considérations nous montrent que l'insensibilité de l'homme ordinaire face aux souffrances de l'animal, et sa réticence à modifier ses habitudes alimentaires, trouvent leurs racines dans des facteurs plus profonds que de simples pratiques, préférences gustatives ou intérêts établis ; elles sont ancrées dans des mécanismes qui participent de l'affirmation du sujet humain dans sa forme dominante. Aussi, tant que l'homme ne changera pas sa manière commune de se penser et de se poser dans le monde, il sera difficile de réinscrire l'animal dans une chaîne symbolique qui ne le lui soit pas cruelle, et tout aussi difficile de contrarier les mœurs alimentaires carnées.

Si l'on veut sortir du régime de la séparation, et ouvrir un autre type de relation à l'animal, il faudrait remédier à deux types de défaillances. D'une part, l'homme contemporain devrait reconnaître sa parenté avec l'animal. D'autre part, il devrait apprendre à valoriser, autrement que comme une privation, l'étrangeté de ce dernier ou son caractère sauvage – étant entendu que l'animal ou le sauvage qu'il s'agit d'accueillir dans sa différence est également intérieur à soi, et que c'est la haine de l'autre en soi qui alimente la cruauté humaine.

Sur tous ces aspects, la relation à Dieu – à l'Autre de l'être humain – pourrait jouer un rôle déterminant. Paramétrée de façon appropriée, elle pourrait inciter l'homme à sortir de son nombrilisme, à se confronter à ses zones d'ombre, à s'ouvrir à l'altérité des autres existants, et à s'évertuer dans le sens de son développement intégral.

Les discriminations intra-humaines, racistes ou sexistes

Le Grand Partage que la modernité occidentale a forcé entre nature et culture n'a pas pour seul effet d'exclure les autres vivants de l'éthique humaine et fraternelle. Une fois instaurée, la séparation autorise de renvoyer, de l'autre côté de la frontière, des catégories ou des groupes de populations humaines que l'on estime indignes des privilèges de l'humanité, ou encore de stigmatiser certains comportements jugés non-conformes à l'essence de la nature de l'homme.

Ainsi, toutes sortes de discriminations internes à l'espèce humaine ont pu être justifiées au nom d'un soi-disant déterminisme naturel. Les femmes ont été mises en minorité et soumises aux schémas phallocrates de la société patriarcale en étant reléguées du côté de la nature. Les inclinations sexuelles minoritaires ont été réprimées à cause de leur caractère jugé contre-nature. Enfin, les peuples indigènes ont été spoliés et détruits, au mépris de toute moralité, sous prétexte de leur naturalité par rapport à l'humanité dite civilisée de l'Occident (Soper, 2001, Hess, 2017). Ces formes de discrimination prouvent que la cruauté envers la nature et l'animal est un aspect de la méchanceté en général, et qu'elle participe secrètement des injustices commises par l'homme à l'endroit de son prochain[169]. C'est pourquoi la lutte contre la maltraitance des animaux, et pour une meilleure cohabitation avec eux, peut légitimement être rapprochée des luttes libératrices des hommes et y contribuer. Aurélien Barrau le signifie d'une formule frappante : « Le combat animalier est frère des combats d'émancipation et de libération »[170].

Dans ces conditions, la question sociale qui se tient au cœur de la problématique écologique ne peut plus être restreinte à la seule dimension économique que l'on a privilégiée précédemment. L'exploitation de classe va de pair avec une oppression de genre et une ségrégation de race ; et c'est dans l'interaction de ces différentes formes de domination que se nouent et s'exacerbent les processus d'exploitation de la Terre. Comme l'ont souligné les penseurs féministes et anticoloniaux, la relation que les êtres humains entretiennent avec la nature – et qui les place en position de maîtres ou d'intendants vis-à-vis d'elle – est en tout point analogue à celle qui, dans la société patriarcale, élève l'homme au-dessus de la femme, et à celle qui, dans le contexte colonial, érige l'homme blanc au-dessus du sujet colonisé. C'est le même « cadre conceptuel d'oppression » – pour reprendre le terme de Karen Warren (2009) – qui rend pensables et légitimes l'exploitation de la nature, la subordination de la femme, la domination des classes laborieuses et l'assujettissement des populations colonisées. Ces différentes formes d'oppression se renforcent aussi mutuellement. Si les iniquités envers la femme et envers le colonisé contribuent, avec les inégalités économiques, à aggraver les désordres environnementaux, en sens inverse, l'exploitation de la nature tend à renforcer, ou sert à justifier, la domination masculine et l'agression coloniale[171].

Le lien entre discriminations sexistes et dégradations environnementales a été largement étudié par l'écologie politique et les mouvements écoféministes[172]. Le lien entre ces questions et le legs raciste l'a été beaucoup moins. Pourtant, « l'habiter colonial », « cette manière violente d'habiter la Terre, asservissant des terres, des humains et des non-humains aux désirs du colonisateur », illustre fort bien cette façon anthropo-narcissique et prédatrice de se poser dans le monde, qui est à la racine du drame écologique (Ferdinand, 2019) : « Pour un colon occidental, lorsqu'il arrive dans les jungles d'Afrique ou les rizières à mousson de l'Asie, civiliser un espace dans lequel il s'installe, c'est traditionnellement faire qu'on puisse y vivre en toute ignorance des cohabitants non-humains. C'est supprimer, contrôler, canaliser les fauves, les insectes, les pluies, les crues. Être chez soi, c'est pouvoir vivre sans faire attention. Or pour les autochtones, c'est l'inverse, le chez-soi implique cette vigilance vibratile, cette attention au tissage des autres formes de vie, qui enrichissent l'existence, même s'il faut composer avec elles et que c'est souvent exigeant, parfois compliqué » (Morizot, 2020 : 30).

L'exploitation instrumentale et abusive de la Terre est historiquement liée à la domination coloniale qu'une minorité d'hommes poursuit depuis au moins cinq siècles. Il ne serait d'ailleurs pas faux de considérer que le saccage environnemental continue de procéder aujourd'hui selon une indifférence toute coloniale. Les pollueurs du Nord dont le mode de vie provoque des bouleversements environnementaux qui rendent une partie des terres du Sud inhospitalières, ne sont-ils pas coupables d'une forme d'agression que l'on pourrait qualifier de coloniale ? « Actuellement, les Indiens et les Pakistanais, qui supportent des températures de près de 50°, sont situés tragiquement sur un sol qu'ils risquent de devoir abandonner à cause de ces températures invivables pour les corps humains que nous sommes, en tout cas les corps des pauvres (…) En ce moment, au Pakistan comme en Inde, cette température de 50° est associée à un envahissement par les peuples européens, en particulier anglophones, qui ont depuis deux siècles modifié la température de la planète, ce qui revient à un envahissement du territoire de l'Inde aussi sûrement qu'à l'époque des conquêtes coloniales et de la création du Raj [du régime colonial britannique] (…). Si l'on a bien raison de caractériser le conflit en Ukraine comme une guerre coloniale, alors c'est aussi le cas bien plus encore des guerres climatiques » (Latour, 2022a). Le rapprochement entre les guerres climatiques et coloniales n'a pas pour but de remettre à l'avant-plan de vieilles querelles idéologiques, ni de raviver, sous couvert de lutte écologique, des rancœurs vindicatives persistantes. Il vise plutôt à montrer que l'indifférence des élites privilégiées et des sociétés technologiquement avancées est liée à des cadres conceptuels oppressifs qui n'ont pas encore été entièrement déconstruits ni vaincus.

Sortir de l'impasse écologique implique donc de défaire des dispositifs conceptuels producteurs d'oppression, et de vaincre en particulier les préjugés culturels de nature spéciste, sexiste, raciste et ethnocentriste, qui font corps avec l'anthropomorphisme prédateur. Nous allons voir maintenant que cela nécessite aussi d'excéder les cadres convenus du théisme traditionnel et de l'athéisme moderne.

Les racines judéo-chrétiennes de la crise écologique

Le paradigme dualiste et anthropocentré, qui sous-tend le prométhéisme contemporain et encourage des attitudes de prédation envers la nature, ainsi que différentes formes de discrimination contre les minoritaires, n'est pas une invention tardive de l'humanisme moderne. Bien qu'il ait trouvé son expression radicale avec la modernité, ce paradigme plonge ses racines dans la tradition judéo-chrétienne qui l'a favorisé et promu[173].

Le médiéviste Lynn White a fortement insisté sur les arcanes de cette généalogie. Dans son célèbre article *Les racines historiques de notre crise écologique* (1967), il accuse la religion chrétienne – ou plus exactement l'interprétation du christianisme qui s'est imposée dans la partie occidentale de l'Europe – d'avoir fourni la matrice et les différents schèmes constitutifs de l'anthropocentrisme destructeur de la nature. White établit un lien de filiation directe entre l'idée tirée des premières pages de la Bible dans lesquelles l'humain, créé à l'image de Dieu, reçoit liberté et mission d'exploiter la Terre[174], et l'ambition cartésienne emblématique de la modernité occidentale, qui appelle les hommes à se rendre « comme maîtres et possesseurs de la nature » (*Discours de la méthode*. VI). Il estime « que, premièrement, d'un point de vue historique, la science moderne [peut être vue comme] une extrapolation de la théologie naturelle, et, deuxièmement, que la technique moderne peut, au moins en partie, s'expliquer comme une réalisation volontariste occidentale du dogme chrétien de la transcendance de l'homme et de sa légitime domination sur la nature ». Par suite, White considère que le christianisme latin est la « religion la plus anthropocentrique que le monde ait connue » et qu'elle porte « une lourde part de responsabilité » dans l'aventure technocratique et la crise écologique qui en découle.

Le réquisitoire dressé par White a été repris et étayé, autant que contré et critiqué[175]. Bien que situé sur le plan de l'analyse historique, il a le mérite de mettre en lumière ce qui, dans les principes du théisme traditionnel – c'est-à-dire dans ce qui constitue la position philosophique commune aux grandes religions monothéistes – pose problème d'un point de vue écologique. En reprenant à notre compte les critiques les plus saillantes en la matière, nous n'entendons pas réduire le théisme à un ensemble de propositions théologiques défavorables à l'environnement. Il s'agit simplement de reconnaître que le drame écologique actuel a partie liée avec des orientations fondamentales communes aux grands monothéismes, et avec une certaine interprétation des Écritures que l'Église catholique a longtemps fait sienne, et qui influence encore grandement les mentalités croyantes et non-croyantes contemporaines.

Nous allons passer en revue cinq lieux communs du théisme qui ont contribué à façonner l'anthropocentrisme moderne et les préjugés qui le sous-tendent : la ressemblance de l'homme avec Dieu, le primat donné à la transcendance du divin, la souveraineté de l'homme sur la femme, une conception dénaturalisée du temps, et une compréhension uniformisante du divin.

- *La création de l'homme à l'image de Dieu*

Le christianisme considère l'être humain comme la seule créature formée à l'image de Dieu (*imago Dei*) et la seule capable de Dieu (*capax Dei*). L'être idéal de l'humain est projeté sur le modèle de la réalité ontologique transcendante, et sa grandeur réside dans sa participation à la vie de l'Esprit. Ainsi, l'homme se trouve placé en position de supériorité par rapport au reste du créé. Il peut se prévaloir d'une activité spirituelle souveraine qui le distingue des autres créatures, et du privilège exclusif d'être au cœur du dessein de Dieu. « Il y a donc un lien intime entre la thèse de l'unicité de Dieu et celle de l'exception humaine » (Schaeffer, 2005).

- *L'insistance mise sur la transcendance du divin*

En voulant défendre l'unicité et l'éminence de Dieu, les monothéismes n'ont eu de cesse de lutter contre les divinités païennes, les visions animistes du monde, les cultes qui idolâtrent la nature et toutes les formes de panthéisme. Ce faisant, ils ont creusé un abîme infranchissable entre le Créateur et le monde, et détruit toutes les formes de participation magique ou mystique que le sujet prémoderne entretenait avec son environnement naturel[176]. Ils ont laissé l'homme face à une nature vidée de tout mystère, désacralisée et entièrement mise à sa disposition.

Toutefois, dans le cadre traditionnel de la religion, le rapport de l'homme à la nature reste subordonné à l'autorité du surnaturel : Dieu demeure seul maître du monde et garant de la véracité de la posture existentielle du croyant. Mais, avec l'affaiblissement du lien à la transcendance qui se produit avec les temps modernes, c'est l'homme, doté du monopole de l'esprit, qui se pose lui-même comme origine et fondement de son exceptionnalité. Désormais, la voie est tout ouverte à la domination rationnelle et utilitariste de la nature et du vivant.

- *Une interprétation phallocratique de la souveraineté*

Dans la société façonnée par la religion, les structures de pouvoir qui organisent la vie publique et privée reposent sur des oppositions duales fondamentales qui se complètent et se renforcent (telles que Dieu et le monde, l'esprit et la matière, la culture et la nature, le masculin et le féminin…). De même que le divin gouverne le monde, et que l'esprit domine la matière, la culture doit prévaloir sur la nature, et l'homme primer sur la femme (Ruether, 1993). Ainsi, le masculin se trouve associé au pôle de l'esprit, de la raison et de l'autorité, alors que le féminin est assimilé à la matière, à la passion et à la sujétion. Cet agencement trouve son ultime justification dans la masculinité des figures du Dieu souverain, roi, arbitre, père et maître : « La masculinité présumée de Dieu fonctionne comme l'ultime légitimation religieuse des structures sociales injustes qui victimisent les femmes » (Schneiders, 1986 : 5). Toutes ces représentations, qui sont inhérentes au pouvoir patriarcal, influencent encore l'imaginaire contemporain[177]. Les doctrines religieuses leur confèrent une légitimité de droit divin ; certains cadres de pensée sécularisée les considèrent comme naturelles ; et le système socio-économique dominant les entretient tacitement.

- *Une conception dénaturalisée de la temporalité*

Le judéo-christianisme a inauguré une nouvelle façon de concevoir le temps. Il a introduit une histoire affranchie des rythmes cycliques de la nature, orientée vers une fin glorieuse, et qui progresse de façon linéaire dans la tension entre dérive humaine et dessein transcendant. Cette conception du temps et la dynamique du salut qu'elle retrace ont été adoptées par la modernité, sous une forme séculière, à mesure que se développaient les philosophies de l'Histoire, et que grandissait la foi dans le pouvoir de la raison humaine. L'économie du salut et le cheminement vers le royaume de Dieu ont cédé la place à la culture du progrès techno-scientifique et au mythe de la croissance illimitée : « Dans notre civilisation matérialiste, la vision du monde régénérée par la science a remplacé la Terre promise. La marche du progrès des techniques a retrouvé les trois étapes de la mystique juive retraçant dans le temps la marche vers la Terre promise » (Servier, 1991 : 378).

- *Une compréhension uniformisante du divin*

Le monothéisme, dès lors qu'il entreprend de tout replacer sous la chape homogénéisante d'un Dieu unique étranger au monde et à son infinie diversité, opère à l'encontre de la multiplicité des perspectives et des richesses de la vie. Il renforce les visées abstraites de la maîtrise et contribue à l'appauvrissement des sens de l'homme. C'est précisément en ces termes que Pierre Giesel (2005) récapitule le procès intenté au judéo-christianisme : « Le monothéisme serait sous-tendu d'une sourde propension de réduction à l'un, homogénéisant ; un "monotono-théisme" écrit Nietzsche (…). Le monothéisme serait lié à une posture humaine et spirituelle selon laquelle la richesse du monde doit être sursumée, dépassée, voire épurée. Tout est rapporté au même – un –, hors monde, hors corps, hors l'infini des multiplicités de la vie. Le monothéisme aurait partie liée avec une visée de maîtrise, politique et technique, où tout se ramène finalement, subrepticement, à une projection de soi et à un programme idéal ».

Ainsi, par différents biais, et sur différents niveaux, la tradition monothéiste a contribué à la consolidation d'une vision homogénéisatrice, anthropocentrique et dualiste du monde. En marquant des oppositions entre le Créateur transcendant et le cosmos, entre l'humanité et le reste de la création, entre l'esprit et la matière, entre l'homme et la femme, entre le temps de la rédemption et les cycles de la Terre, ou encore entre le monde à venir et le monde présent, le monothéisme a produit les schèmes élémentaires d'une coupure fondamentale entre l'homme et le reste du vivant. Cette séparation se radicalise, et devient prédatrice, à partir du moment où l'éclipse de Dieu, qui intervient avec les temps modernes, laisse l'homme au centre du monde et à l'origine de son action. La thèse de l'exception humaine peut alors s'imposer dans sa version profane : l'homme souverain, armé d'une raison virile et tourné vers la colonisation du monde fait face à une nature féminisée, évidée de ses qualités occultes et offerte à la manipulation. Cette représentation est encore de mise aujourd'hui : bien que décriés, l'anthropocentrisme prédateur, le dualisme manichéen, le progressisme aveugle et la domination phallocrate imprègnent les mentalités communes et continuent d'opérer au cœur du système techno-économique dominant.

Or, le monothéisme n'a pas seulement favorisé l'instauration de schèmes de pensée préjudiciables à l'écologie, il est aussi suspecté d'exercer une influence négative sur le développement de la conscience écologique de ceux qui y souscrivent. Deux articles de foi en particulier sont mis en cause : la croyance littérale en la toute-puissance de Dieu, et l'attente d'un au-delà qui n'est pas de ce monde.

- *La foi littérale en la toute-puissance de Dieu*

L'idée de la toute-puissance créatrice et salvatrice de Dieu est commune à tous les théismes. Mais dès que cette idée sert à illimiter la liberté de la transcendance, et à asseoir sa domination sur l'ensemble du créé, elle devient un obstacle à la responsabilisation de l'individu. En effet, les croyants ont alors tendance à rapporter tout ce qui relève de la gestion des infrastructures du créé – et notamment les questions climatiques et environnementales – au Créateur et à son œuvre. Ils estiment qu'il n'est pas moralement fondé d'intervenir dans des domaines qui ressortent des prérogatives de Dieu, et ils voient les politiques environnementales actives avec suspicion[178]. Tout à l'opposé, cependant, l'idée de la toute-puissance de Dieu induit aussi des comportements désinhibés. L'individu croyant qui se comprend à l'image de Dieu, et pense avoir été placé au faîte de la création, peut être tenté de faire de l'exercice de la puissance le principe de son action, et de la souveraineté sur ses domaines un idéal. Ainsi, la foi littérale en la toute-puissance de Dieu tend, d'un côté, à conforter les attitudes de retrait en matière environnementale et, de l'autre, à renforcer la domination sur la nature et l'utilisation assumée de la technologie pour la réguler[179]. Dans les deux cas, l'incitation religieuse ne s'accorde pas avec une juste responsabilisation écologique. Soit elle commande de ne pas intervenir là où l'action humaine est nécessaire, soit elle incite à agir sans état d'âme ni recul critique suffisant.

- *La croyance en un au-delà qui n'est pas de ce monde*

En prônant l'espérance d'une rédemption surnaturelle qui viendrait racheter la vie déchue d'ici-bas, le théisme traditionnel dévalorise le présent, la nature et l'histoire. Il insinue que le règne de Dieu adviendra sur les ruines du monde actuel, et incite les fidèles à interpréter les bouleversements qui frappent la Terre, par référence à des passages bibliques, comme des présages de grand cataclysme et de purification.

Ainsi, plus les croyants mettent leur espérance en la promesse de l'autre vie, plus ils ont tendance à relativiser les maux du siècle présent, ou à les endurer avec patience, dans l'attente de la rédemption prochaine. L'horizon du salut tend alors à absorber tous les degrés intermédiaires de perspective, et par là-même la préoccupation écologique et la nécessité d'une action décisive en faveur de l'environnement[180].

Certes, les religions monothéistes se sont efforcées de clarifier leurs positions au regard des critiques qui leur ont été adressées. Elles s'accordent désormais pour faire de la préservation de la Terre un impératif religieux. Toutes promeuvent l'idée de création intégrale, et instruisent des pratiques enracinées dans l'amour, la paix et la justice. Toutes incitent leurs fidèles à s'engager à travers le monde dans des actions visant à recréer des conditions économiques résilientes, justes et soucieuses de l'environnement. Mais certains points fondamentaux de leur enseignement, que nous venons de recenser, opèrent malgré tout contre l'essor d'une authentique responsabilité écologique.

Les études sociologiques confirment ce verdict. De nombreux travaux empiriques montrent que l'adhésion aux croyances communes du monothéisme opère comme un facteur de scepticisme et de réserve quant à la nécessité d'entreprendre des changements significatifs en faveur de l'environnement[181].

En fin de compte, les traditions théistes et l'idée de Dieu qu'elles honorent s'avèrent peu favorables à l'essor d'une véritable ambition écologique. Elles restent de connivence avec l'imaginaire anthropocentrique dualiste et contrarient le sens de la responsabilité écologique au-delà d'un certain seuil d'engagement. Dès lors, ne devrait-on pas miser sur les principes opposés de l'athéisme et sur ses outillages, en présumant qu'ils pourraient aplanir les préjugés idéologiques de la religion et être mieux adaptés aux défis de l'anthropocène ?

L'impasse de l'athéisme moderne

Au cours de son développement heurté, l'athéisme moderne a pris des formes variées et parfois contradictoires[182]. Sa réalité demeure aujourd'hui complexe et mouvante[183]. Mais les différents mouvements intellectuels et les pratiques qu'il a inspirés, et au travers desquels il s'est exprimé – empirisme, positivisme, matérialisme athée, pragmatisme technoscientifique, etc. – sont aujourd'hui en crise[184]. Philippe Nemo estime que « ces idéologies se sont toutes successivement épuisées et vidées » : « bien qu'[elles] aient été systématiquement explorées, qu'[elles] aient joui d'une grande confiance et d'une vogue prolongée », elles n'ont pas su mener à terme le programme qui faisait leur attrait : reconquérir contre Dieu le sens de l'histoire et le sens de la personne humaine (2013, 11-27).

La faillite du marxisme et des divers courants qui s'en réclament est emblématique à cet égard. Non moins significatif est l'échec de la fiction néo-scientiste, qui érige la rationalité en référence suprême et professe une foi absolue dans les principes de la science. Bien que cette fiction continue de dominer de vastes secteurs de la pensée scientifique et populaire, son ascendant s'est affaibli avec la prise de conscience des risques liés au développement technologique incontrôlé, et avec les préoccupations croissantes suscitées par les désastres écologiques.

La crise que traversent les différents courants de l'athéisme moderne doit-elle être attribuée, comme l'affirme Nemo, aux limites enfin dévoilées de la position athée en tant que telle ? Ou faut-il y voir, au contraire, un manque de fidélité aux principes de l'athéisme, et la conséquence de l'attachement à des idoles idéologiques en lieu et place du Dieu dont il s'agissait de se libérer ? Les mouvements de l'athéisme moderne n'ont-ils pas remplacé Dieu par des idées, des croyances ou des points de vue érigés en vérités absolues et incontestables ? Le néo-positivisme et le scientisme, par exemple, sont accusés d'avoir sacralisé la raison technocratique. Quant au marxisme en général, on lui reproche souvent, comme Hans Jonas a pu le faire, son messianisme, son « eschatologie sécularisée » et son « millénarisme » (1990, 313-15). L'orthodoxie marxiste est aussi fustigée pour la dévotion qu'elle voue à la technique et son attachement quasi-religieux au productivisme. Mais, malgré l'évidente perte d'assurance que connaissent les idéologies athées, on pourrait encore prétendre que c'est par l'approfondissement de l'athéisme que passerait la relance du projet de transformation sociale dont notre monde a besoin. De même, nous avons considéré plus haut que si le processus de sortie de la religion, qui constitue la révolution démocratique, est aujourd'hui en panne, c'est par la relance et l'affermissement de ce projet, et non par un retour aux modes d'organisation autoritaires ou religieux, qu'un avenir durable pourrait être négocié.

Le processus d'autonomisation inachevé de la modernité

On s'en souvient, pour Marcel Gauchet (2008), « devenir moderne signifie sortir de la religion » : « La sortie moderne de la religion, depuis le XVIe siècle, est l'arrachement très lent – sur cinq siècles – à la manière religieuse d'être. Une manière religieuse d'être que l'on peut ramasser dans la notion d'hétéronomie – la loi de l'autre – à savoir la constitution de la société humaine, sous l'ensemble de ses aspects, par une loi extérieure d'origine transcendante qui la domine. La sortie moderne de la religion est l'extraction de cette structuration religieuse et le passage dans un autre mode de structuration : la structuration autonome. Ce processus, à l'œuvre depuis cinq siècles, mérite le nom de révolution moderne ».

Cependant, Gauchet (2017) estime que, jusqu'à récemment, la société moderne, tout en se construisant de manière autonome, c'est-à-dire indépendamment de l'autorité religieuse et des traditions anciennes, a conservé des éléments du cadre de l'hétéronomie : influences religieuses, structures politiques ou sociales héritées du passé, ou autres formes d'autorité externe qui imposent des contraintes ou des limites sur l'autonomie sociale. « Loin des distinctions claires, c'est à des hybridations et à des formations de compromis [entre autonomie et hétéronomie] que l'on a eu durablement affaire ». Mais depuis quelques décennies, depuis que la démocratie s'est imposée comme « mode autonome d'organisation sociale », et comme « seul régime concevable dans le principe », « ce processus de décantation est parvenu à son terme » : « l'empreinte hétéronome s'est effacée pour de bon ». Désormais, le modèle de l'autonomie se présente comme un nouveau monde, né de lui-même et qui, sans plus rien devoir à l'hétéronomie, s'auto-construit[185].

Sans récuser les grandes lignes de cette analyse, on pourrait considérer à son encontre que la rupture avec le mode religieux d'organisation du monde, qui constitue la révolution moderne, n'a pas été entièrement consommée. La prévalence au sein des sociétés modernes de schémas de représentation et d'organisation hérités du monothéisme n'est-il pas le signe de l'état encore inachevé du processus d'autonomisation que ces sociétés poursuivent et appellent de leurs vœux ? L'affirmation de la transcendance ontologique de l'homme par rapport au reste du vivant, la séparation entre nature et société, mais aussi d'autres préjugés, tels que le bien-fondé de l'organisation selon la raison technocratique, la supériorité de la maîtrise virile, ou encore la nécessité de la croissance continue comme moyen de développement, ne sont-ils pas des vestiges de structures hétéronomes non encore démantelées ? Plus exactement, ne sont-ils pas des résidus de schémas hérités de l'ordre ancien, qui ont été remodelés dans un cadre de structuration séculier, mais dont il importe désormais de s'affranchir ?

François Gauthier (2011) voit les choses un peu de cette façon. Il considère que « la modernité n'a pu se dégager des fondements théologiques de l'hétéronomie chrétienne qu'au prix de nouvelles sacralisations : l'Individu, la Nation, le Progrès, la Raison, la Croissance économique, l'Humanité, c'est-à-dire autant de nouvelles formes d'hétéronomie ». Serge Latouche (2006) ne dit pas autre chose : « [Les Lumières et l'avènement de la modernité] prétendaient démystifier les idoles. Et effectivement, elles ont détruit la tradition, les préjugés anciens et les anciens dieux. Toutefois, elles l'ont fait au nom de nouvelles divinités encore plus puissantes et plus tyranniques : la Rationalité, le Progrès, , la Technique la Science, le Développement économique ». « Ces idoles, poursuit Latouche, sont l'objet d'une dévotion, d'une sacralisation et d'un culte inouïs », qui empêchent les sociétés contemporaines de sortir du cercle infernal de la croissance dévorante.

Pour Gauthier et Latouche, mais aussi pour Magny ou Brown que l'on a cités plus haut, le culte que les sociétés contemporaines rendent aux altérités sacralisées de la modernité technocratique et marchande (la Raison, le Progrès, la Science, la Croissance…) conforte l'hétéronomie imposée par le système économique dominant, et assure le triomphe de cette énième « religion de substitution » qu'est l'économie néolibérale[186]. C'est la prévalence de ce culte qui expliquerait la crise démocratique de nos sociétés et la faillite écologique qui les menace.

Ce qu'il conviendrait alors d'entreprendre, ce n'est pas ce que préconisent certains courants de l'écologisme radical que nous examinerons plus loin, à savoir imposer une nouvelle hétéronomie morale fondée sur la Nature, comme contrepoids à l'influence néolibérale et à ses aberrations. Un tel projet ramènerait la société aux schémas de structuration et de pensée caractéristiques de la religion. Il s'agirait plutôt de démystifier l'imaginaire qui sous-tend la modernité techno-économique, de désintoxiquer nos esprits « intoxiqués » par les préjugés de la vulgate néolibérale. C'est sur cette conviction – qui est pour le coup, d'inspiration athée – que Latouche achève son *Essai sur la religion de l'économie* (2006). Appelant à « la déconstruction de l'universalisme économique et [à] la démystification du développement et de la croissance », il reprend à son compte l'opinion de Derek Rasmussen qu'il cite : « Ce dont nous avons vraiment besoin, c'est d'un mouvement pour un athéisme économique, d'une lame de fond d'incroyants ». Il nous faut, conclut-il, « devenir des athées de la croissance et de l'économie ».

Par-delà la formule métaphorique de Latouche, ne peut-on pas considérer qu'un athéisme conséquent, qui aurait pris la mesure des erreurs du passé, puisse mener à son terme la destruction des idoles de la modernité : briser l'état d'exception ontologique de l'espèce humaine, déconstruire les préjugés naturalistes, désabsolutiser la raison, déloger la technoscience de son piédestal, désacraliser le progrès, et mettre fin au culte de la croissance ? L'homme contemporain endosserait-il une posture écologiquement plus responsable, en se faisant plus radicalement athée qu'il ne l'est ?

L'ambition et l'échec de l'humanisme athée

Déconstruire les illusions à caractère métaphysique ou religieux, de manière à permettre l'émergence d'une autonomie individuelle et collective responsable, créative et solidaire, n'est pas étranger aux ambitions et aux visées de l'athéisme. Au contraire : « l'homme élimine Dieu pour rentrer lui-même en possession de la grandeur humaine qui lui semble indûment détenue par un autre. En Dieu, il renverse un obstacle pour conquérir sa liberté » (Lubac, 1996 : 21). L'athéisme brise le socle de la religion, et renverse l'axe spirituel du monde, pour redonner à l'homme sa grandeur et sa dignité.

Cette aspiration est au centre des préoccupations de l'humanisme athée[187]. Ainsi, Jean-Paul Sartre oppose la liberté de l'homme à la transcendance de Dieu, et rejette ce dernier pour mieux exalter le pouvoir autocréateur du premier. Il voit dans la négation de Dieu le prélude à l'ouverture d'une zone séculière au sein de laquelle l'homme affranchi aurait à assumer seul la tâche de la raison scientifique et morale : « Si Dieu n'existe pas, nous ne trouvons pas en face de nous des valeurs ou des ordres qui légitimeront notre conduite. Ainsi, nous n'avons ni derrière nous, ni devant nous, dans le domaine numineux des valeurs, des justifications ou des excuses. Nous sommes seuls, sans excuses. C'est ce que j'exprimerai en disant que l'homme est condamné à être libre » (1946 : 39).

Sartre conçoit l'homme – en tant que subjectivité ou collectivité – comme un noyau d'autonomie et de radicale liberté, comme un sujet capable de responsabilité qui se produit lui-même en produisant un monde. Mais, pour Sartre, l'homme ne devient réellement responsable, et capable de s'affirmer sans aliénation, que s'il est livré à lui-même et rendu métaphysiquement seul : « Si j'ai supprimé Dieu le père, il faut bien quelqu'un pour inventer les valeurs. Il faut prendre les choses comme elles sont. Et, par ailleurs, dire que nous inventons les valeurs ne signifie pas autre chose que ceci : la vie n'a pas de sens, a priori. Avant que vous ne viviez, la vie, elle, n'est rien, mais c'est à vous de lui donner un sens, et la valeur n'est pas autre chose que ce sens que vous choisissez » (1946 : 73-4). C'est parce que l'homme est renvoyé à sa solitude et reconnaît l'absurdité du monde qu'il comprend la nécessité de créer par lui-même les significations et les valeurs.

Les conceptions sartriennes soulèvent une objection immédiate. En mettant l'accent sur l'esseulement de l'homme, ne risquent-elles pas de le conforter dans son étroitesse de vue et l'empêcher de se concevoir comme faisant partie du même monde que les autres entités naturelles ? Pour Sartre, la nature est absurde parce qu'elle ne présente aucun rapport avec ce que l'être humain peut se représenter comme désir ou comme finalité. C'est là, estime Baptiste Morizot, un point de vue anthropocentrique qui nie la dimension morale des autres formes de vie et leur dénie le « statut de cohabitants ». Si le sujet existentialiste, ajoute Morizot, est seul dans un monde absurde, c'est parce qu'il postule implicitement que les autres vivants « n'ont pas de capacités de communication, de "sens autochtones", de point de vue créatif, d'aptitudes au modus vivendi, d'invites politiques ». En maintenant la séparation entre culture et nature, ainsi que tous les préjugés de la modernité anthropocentrique, l'humanisme athée se découvre antiécologique. Et Morizot conclut : « Les grands penseurs de l'émancipation qu'ont pu être Sartre ou Camus, et qui ont probablement infusé leurs idées en profondeur dans la tradition française, sont des alliés objectifs de l'extractivisme et de la crise écologique. Il est intriguant de réinterpréter ces discours d'émancipation comme étant des vecteurs de grande violence. Pourtant, ce sont eux qui ont transformé en croyance fondatrice de l'humanisme tardif, le mythe suivant lequel nous étions les seuls sujets, libres, dans un monde d'objets inertes et absurdes ; voués à donner du sens par notre conscience à un monde vivant qui en serait dépourvu » (2020 : 34).

La critique de Morizot montre clairement que l'athéisme moderne, n'ayant pas remis en cause la thèse de l'exception humaine, est resté en grande partie aveugle aux enjeux écologiques. Mais ne pourrait-on, une fois de plus, interpréter ce défaut comme un manque de radicalité athée, et y voir la nécessité de pousser plus loin la déconstruction des préjugés de la modernité et de ses idées élevées au rang de dogmes ?

En tout cas, la question fondamentale demeure : l'athéisme, malgré les limites de ses formes historiques, peut-il être le catalyseur de comportements orientés vers la responsabilité écologique ? Pour répondre à cette question, il faut statuer sur la direction que pourrait prendre la liberté effrontément acquise par le sujet athée, dont Sartre mieux que d'autres s'est fait le héros. L'individu, débarrassé de Dieu, et laissé face au monde et à sa propre facticité, s'engagera-t-il, comme l'escompte l'humanisme athée, dans la voie de l'affirmation responsable, créatrice et efficace ? Ou bien s'égarera-t-il à mesure de son désarroi et de sa mauvaise foi, dans les travers du matérialisme vulgaire et dans les impasses de l'égoïsme étroit ?

La pente de l'athéisme vulgaire et indigent

La liberté existentielle désaliénée, batailleuse et constructive, à laquelle aspire l'humanisme athée, n'est pas une illusion. Y parvenir demanderait toutefois que l'homme, livré à lui-même par la négation athée, parvienne à surmonter les conditions de relativisme, de clôture et de solitude auxquelles l'absence de Dieu le reconduit.

André Comte-Sponville nous apprend ce qu'un tel défi implique. Dans son ouvrage *Le mythe d'Icare*, il entreprend de tracer la voie d'une sagesse matérialiste dont le point de départ serait, comme l'exige le parti pris athée, la désillusion et le scepticisme. Au fil des pages, il énumère ce qu'un athéisme constructif, éthique et rénovateur impliquerait : « monter à l'assaut du ciel, même si ce ciel n'existe pas » ; « se battre réellement pour la justice », bien que « la justice n'est pas » ; « aimer effectivement le beau », quand bien même « la beauté n'est pas » ; « désirer vraiment connaître la vérité », alors même que « la vérité n'a pas de valeur ». En somme, pour que l'athéisme soit fructueux, il faudrait que l'homme affranchi de Dieu parvienne à accomplir un « mouvement ascendant du désir », un mouvement qui le porterait du primat objectif de la matière (de la nature, de l'économie, de la force, de l'inconscient, du monde…) à la primauté subjective et axiologique de l'esprit (de la pensée, de la culture, de la politique, du droit, de l'art, du sens...) (1994 : 304).

Un tel développement placerait les valeurs matérielles et spirituelles au même niveau de pertinence, comme cela nous a paru nécessaire de le faire. Il laisserait entrevoir la possibilité d'un engagement athée qui, étant débarrassé des idoles morales et métaphysiques, œuvrerait de façon responsable à l'avènement d'un monde durable. Mais un tel développement peut-il réellement prendre forme, dans le contexte avili et grégaire de nos sociétés individualistes de masse ?

L'expérience montre que le commun des athées suit une tout autre voie que celle ascendante projetée par Comte-Sponville. L'individu, délivré de toute instance qui le surplombe, et laissé sans hiérarchie déterminante entre les idées, les valeurs et les acteurs, a plutôt tendance à suivre l'inclination de son intérêt égoïste : il incline à donner l'avantage à sa volonté de puissance, à son désir de bien-être et à ses instincts de conservation, au détriment de tout engagement excédentaire de justice, de solidarité ou de sobriété. Il est d'autant plus enclin à épouser les modes et les logiques du désenchantement qu'il n'y a pas, à ses yeux, d'autres mondes possibles que le présent, et que tout en celui-ci – la pression économique, la culture de masse, la fragmentation sociale et les conditionnements de la technique moderne – le prédispose au conformisme et au repli sur soi. N'étant plus contrarié par une Altérité radicale, qui le force à se comprendre au-dessus de lui-même – n'ayant plus d'exigence inconditionnée qui le commande, d'absolu qui le fonde, d'infini qui l'inspire, de présence qui le décentre –, il ne pourrait plus se sauver d'une perte fondamentale de sens. Sans transcendance, l'homme inclinerait à se laisser vivre tel quel, dans l'exaltation de soi et le repli sur sa propre finitude. A fortiori, il resterait sourd à l'idée de s'investir à contre-courant des choix dominants dans la perspective d'un monde différent.

Dans ces conditions, le goût très profondément enraciné en l'être humain pour la puissance, la maîtrise et la domination – cette *libido dominandi* que l'on a vu s'exprimer dans l'exploitation de l'animal, l'appropriation de la nature, le déploiement incontrôlé de la technologie, l'obsession de la croissance, le productivisme et le militarisme outrancier – continuera de s'exprimer, jusqu'à l'hybris, dans des activités avilissantes pour la personne humaine et destructrices pour l'environnement.

Pour le dire en d'autres termes, le mouvement d'exhaussement du sujet athée s'instituant lui-même ne se ferait pas dans un sens favorable à l'instauration d'une société d'abondance frugale et solidaire ; il se ferait plutôt dans le sillage du déferlement technologique et du tourbillon dévastateur de la surconsommation. Comme le pensait précisément Hans Jonas, l'athéisme condamnerait l'humanité à « frissonner dans le dénuement d'un nihilisme, dans lequel le plus grand des pouvoirs s'accouple avec le plus grand vide » (1990 : 60).

La pente dissolvante de l'athéisme commun – que Ernst Bloch qualifiait pour sa part de « vulgaire et indigent » (1977 : 294) – n'est peut-être pas le fin mot de l'athéisme. Mais cette tendance est suffisamment puissante pour jeter la suspicion sur la position athée en tant que telle. Le repliement de l'homme contemporain sur lui-même, son souci étroit du bien-être matériel, son avidité pour les plaisirs éphémères, son indifférence à tout ce qui excède sa finitude ou ne le touche pas directement… bref ses inclinations égocentriques, que le système techno-économique met à profit et flatte, et qui entravent l'émergence de politiques écologiquement responsables, ne sont-elles pas souterrainement nourries et confortées par l'irréligion et la désaffection de Dieu ? Si tel est le cas, alors l'état de défaillance de nos sociétés ne serait pas dû à une simple crise de croissance de la démocratie, comme l'entend Gauchet, ni à la seule sacralisation des idoles néolibérales, comme le pense Latouche, mais à un dysfonctionnement plus essentiel, lié à la prévalence d'un athéisme commun.

La critique théiste de l'athéisme

Si le rejet de Dieu conduit communément à l'athéisme nivelant que les sociétés sécularisées de notre époque nous donnent à voir, alors les critiques formulées par les philosophes croyants et les théologiens à l'encontre de la revendication athée ne seraient pas totalement infondées.

À l'instar du christianisme officiel, toute théologie qui confère à l'homme une vocation surnaturelle, et le comprend dans un lien originel et essentiel à Dieu, voit dans l'athéisme une source d'avilissement dramatique. À ses yeux, la négation de Dieu – qu'elle soit le résultat d'un refus délibéré, de l'oubli ou de l'indifférence – ne peut en aucun cas libérer l'homme. Au contraire, elle l'expose à une misère encore plus grande, car elle le prive de sa dimension spirituelle et le réduit à l'horizon du monde. Ainsi, le cardinal de Lubac affirme dans un essai devenu célèbre que les doctrines de l'athéisme qui « poussent avec force notre humanité loin de Dieu l'engagent du même coup dans les voies d'un double esclavage, social et spirituel ». Et l'auteur de conclure : « l'humanisme qui exclut Dieu est un humanisme inhumain » (1998) – affirmation que les papes des dernières décennies reprendront invariablement à leur compte[188].

L'objection que nous avons adressée à l'athéisme présente des similitudes avec la condamnation émanant du monothéisme officiel. Mais, à la différence des accusations de ce dernier, nos critiques ne reposent pas sur des présupposés théologiques ou ontologiques. Elles s'en tiennent à une simple appréciation existentielle. Tant que le sujet contemporain reste en manque de Transcendance, sans connexion à une Altérité radicale, capable de le tirer des rets de la mauvaise foi, de le délivrer de son huis-clos narcissique et de le réengager au cœur du monde, les transformations fondamentales que réclame l'urgence écologique seront sans cesse ajournées. L'athéisme, quoiqu'il soit démystificateur dans ses intentions, et libérateur par ses critiques, ne peut porter l'homme à la hauteur de la responsabilité qui lui incombe à l'ère de l'anthropocène : l'athéisme ne peut être le ressort du décentrement radical, du dépassement hors du matériel, du renoncement à la toute-puissance du désir, de l'attention au lointain, et de l'amour de la soutenabilité, que suppose l'engagement écologiquement responsable.

A contrario, nous avons ressenti tout au long de nos analyses qu'une référence vivante à un Tiers-transcendant était nécessaire pour soutenir une dynamique salutaire de transformation. Ceux qui se laissent interpeller par Dieu, et lui font place dans leur existence, ne s'ouvrent-ils pas aussitôt à une dimension de verticalité qui leur resterait inaccessible autrement ? Ne sont-ils pas incités à sortir de l'étroitesse de leurs calculs égoïstes, à dominer leur volonté de puissance, à se projeter sur des horizons larges, à se préoccuper des générations futures et des plus vulnérables, et par là-même à prendre des dispositions plus conformes à leur responsabilité écologique et sociale ?

Cependant, il ne faut pas perdre de vue que les doctrines du monothéisme traditionnel sont à la source de la crise actuelle de notre civilisation et qu'elles induisent des effets inhibiteurs sur l'engagement souhaité. Le Dieu tutélaire qui décharge l'être humain de sa responsabilité cosmique, le Dieu souverain qui justifie la domination de l'homme sur la nature, le Dieu maître de l'au-delà qui détourne ses adorateurs du monde présent, le Dieu immuable qui homogénéise ce qui se trouve en dessous de lui, ne peut en aucun cas convenir aux défis de l'anthropocène.

En reconnaissant que les positions opposées de la croyance et de la non-croyance, du théisme et de l'athéisme, sont pareillement déficientes au regard des enjeux de notre époque, serions-nous parvenus à un insurmontable point de blocage ?

Par-delà le théisme et l'athéisme

Dans le présent chapitre, nous avons rappelé que le drame écologique actuel a partie liée avec une conception dualiste et anthropocentrique du monde que la modernité occidentale a radicalisée et diffusée. Cette conception gratifie l'homme d'une place distincte et supérieure par rapport au reste du monde vivant. Elle consacre un mode de relation appauvrie à la nature, justifie l'appropriation cruelle de l'animal, appuie diverses formes de discrimination envers les minoritaires, et encourage la prédation techno-économique qui met à mal les équilibres de la planète. Pour contrer ces tendances, il est impératif de déconstruire la vision exclusiviste dont la modernité est porteuse, et d'articuler ensemble les combats pour la préservation de l'environnement, pour l'émancipation sociale et pour une meilleure cohabitation avec les non-humains.

Il serait impossible de poursuivre une telle ambition de façon cohérente et déterminée, tant que l'on se limite aux références du théisme et de l'athéisme. Le théisme tradition-nel se révèle inapproprié parce qu'il cautionne une vision anthropocentrée et androcentrique du monde, tout en alimen-tant divers mécanismes de déresponsabilisation et de fuite. Plus l'homme se place résolument dans l'orbite du Dieu moral et se croit immortel, plus il conçoit sa destinée en rupture avec le monde, la nature et le reste des vivants. Au regard de ces dangers, l'athéisme pourrait faire valoir sa vertu démys-tificatrice, sa force de déconstruction et sa capacité à replacer l'homme dans son contexte historique, naturel et terrestre. Cependant, l'athéisme moderne se découvre à son tour inadapté, non seulement en raison de ses propres préjugés anthropocentriques, mais aussi parce qu'il tend à renforcer l'individualisme égocentrique, le technicisme utilitariste et l'enfermement des consciences dans l'horizon de la finitude. Plus l'homme demeure fermement plongé dans l'éclipse de

Dieu, plus il se désintéresse de ce qui excède son cercle d'existence finie, et plus il incline à se résigner aux processus de l'ordre dominant qui ruinent la Terre. En regard, le théisme aurait le mérite d'entretenir un rapport édifiant à la transcendance et des valeurs significatives d'un point de vue écologique et social.

Prises isolément, les doctrines opposées du théisme et de l'athéisme s'avèrent inadaptées aux défis de l'anthropocène. Ni la présence de Dieu, ni l'absence de Dieu, ne semblent à même de susciter la réponse existentielle requise face à l'urgence environnementale. Cependant, une approche qui mettrait en présence les postulations contraires pourrait se révéler pertinente. De même que nous avons préconisé au cours de notre discussion de conjoindre la crainte et l'espérance, les valeurs matérielles et les valeurs spirituelles, le réalisme économique et l'utopisme social-écologique, ne conviendrait-il pas de mettre en tension le théisme et l'athéisme, afin de les assainir l'un au moyen de l'autre, et de tirer avantage des potentialités positives que chacun d'eux recèle en propre ?

D'une part, il peut être utile d'utiliser le pouvoir purificateur de l'athéisme pour déconstruire les dualismes et les reliquats dogmatiques qui encombrent les mentalités contemporaines. La référence à l'athéisme serait également nécessaire pour appuyer le point de vue matériel et les valeurs qui lui correspondent. D'autre part, il pourrait être avantageux de puiser dans les affirmations mobilisatrices du théisme pour s'extirper de la négation désenchantée. La référence au théisme serait aussi précieuse pour promouvoir le point de vue spirituel et les valeurs qui lui sont associées. Ainsi, une juste position de principe consisterait à excéder l'antinomie entre le théisme et l'athéisme par une autre façon de concevoir le divin et le rapport à Dieu.

Dans le second volume de notre travail, nous montrerons que cette conception de Dieu, que nous pressentons comme seule possible, et que nous nous efforçons de circonscrire par des considérations critiques, n'est ni abstraite, ni étrangère à notre histoire, mais qu'elle peut être retrouvée et devenir opérante par un retour radical aux Écritures révélées. Nous comprendrons alors que le théisme et l'athéisme commettent une même erreur, celle de confondre le vrai Dieu avec sa figure idolâtrique. Le premier tend à sacraliser l'accessoire (l'idole) au détriment de l'essentiel (Dieu), tandis que le second élimine l'essentiel (Dieu) avec l'accessoire (l'idole). L'un et l'autre privent les hommes de la possibilité de nouer une relation avec l'Unique qui peut les libérer et les sauver.

Toutefois, ne sommes-nous pas en train d'aller trop vite en besogne ? N'y aurait-il pas d'autre principe que la Transcendance, d'autre secours que Dieu, qui puisse servir à contrecarrer l'exclusivisme de l'Homme et à vaincre le paradigme anthropocentrique et techniciste dominant ? Au cours des dernières décennies, deux nouvelles approches ont été proposées. D'un côté, certains estiment que les sociétés contemporaines, ayant besoin d'un allié pour s'extraire du joug techno-économique et retrouver un équilibre plus viable, devraient se tourner vers la Nature et nouer un nouveau partenariat avec elle. De l'autre côté, certains considèrent que, puisque l'impasse actuelle est liée à l'enlisement du projet d'autonomie et à la prévalence de visions essentialistes du monde, nos sociétés devraient renoncer à toute forme d'hétéronomie, s'abstenir de toute référence à la Nature, et opter pour des approches relationnelles en phase avec les logiques du milieu bio-socio-technique dans lequel l'homme évolue. Ainsi, deux nouvelles propositions ont émergé en opposition à l'exclusivisme humain de la modernité et à ses soubassements théistes et athéistes. L'une envisage un partenariat avec le monde naturel, l'autre, le basculement dans l'ère du post-naturel. Écologie de la Nature et néo-panthéisme, d'un côté, écologie du milieu et nouveau matérialisme, de l'autre.

- V -

L'anthropocène : une crise
de la nature

L'appropriation de l'animal, l'exploitation coloniale, la gestion productiviste de la nature, l'illimitation technicienne, le prométhéisme prédateur… toutes ces pratiques et ces excès, qui contribuent au drame écologique en cours, puisent dans un même imaginaire, celui du séparatisme humain, et jouent sur un même ensemble de disjonctions entre nature et culture, humain et non-humain, individu et société, sujet et objet. Sans la révocation de ce système de pensée et des dualismes qui le structurent, aucune solution sérieuse aux crises de l'anthropocène ne peut être envisagée.

Mais comment en finir avec le dualisme ? Gilles Deleuze et Félix Guattari estiment que « les dualismes […] sont l'ennemi, mais l'ennemi tout à fait nécessaire, le meuble que nous ne cessons pas de déplacer » (1980 : 31). En d'autres termes, ajoute Victor Petit, « le dualisme est indépassable, il est seulement déplaçable ». Or, « il n'y a fondamentalement que deux manières de déplacer le dualisme : soit par l'Un, soit par le Trois ou plus exactement le Tiers » (2017).

La première façon de bousculer le dualisme est de considérer la nature comme une totalité vivante dont l'homme fait partie, de valoriser l'environnement non-humain pour lui-même, et de renouer les liens rompus avec les autres vivants. Il s'agit d'opposer à la conception disjonctive de la modernité, qui place l'individu-sujet au sommet d'un monde-objet, une vision non-anthropocentrée du vivant, dans laquelle la Nature acquiert le statut d'une totalité englobante et en partie autonome.

La seconde façon de dépasser le dualisme anthropocentré est de refuser le recours à toute altérité extérieure ou transcendante, en mettant l'accent sur les logiques multiples qui parcourent le milieu indissolublement biologique, social et technique dans lequel l'homme évolue. Il s'agit de surmonter le concept d'environnement (propre au dualisme) et la notion de Nature (emblématique du monisme) en développant une écologie relationnelle, plurielle et non-anthropocentrée du milieu.

Dans les diverses manières d'approcher le problème du dualisme, s'énoncent et s'opposent différentes conceptions du monde naturel, de son statut, de son autonomie et de sa réalité même. Ces débats découvrent une dimension nouvelle à l'anthropocène, une crise qui s'ajoute à celles de l'homme, de la société et de la modernité, et qui est propre à la nature.

Le présent chapitre s'emploie à montrer que ni l'écologie de la Nature, ni l'écologie du milieu, n'offrent individuellement une solution satisfaisante au défi de la conversion écologique. Chacune, néanmoins, valorise des dimensions essentielles qui ne sauraient être ignorées, et pourrait avantageusement compléter les points de vue qui lui sont opposés. L'écologie de la Nature insiste sur la consistance ontologique des entités naturelles et sur les liens qui les relient au sein unique de la Terre. L'écologie du milieu met l'accent sur les réseaux de relations socio-bio-techniques qui constituent les acteurs humains et non-humains et le monde qu'ils habitent.

Si chacune des approches est insuffisante par elle-même, aucune ne peut être relativisée, de sorte qu'une écologie cohérente serait obligée de conjoindre, dans une démarche forcément paradoxale, les perspectives rivales de la Nature et du milieu.

Mais les visions non-anthropocentrées du monde révèlent une autre limite. Dès lors qu'elles destituent l'homme de son piédestal ontologique, et qu'elles dissolvent sa spécificité dans le reste du vivant, elles rendent impensable sa qualité de sujet pratique de la moralité. Si l'homme n'est plus voué à une essence dont l'éthique affirme la dignité, il ne peut plus être l'acteur libre que réclame la responsabilité écologique. L'insuffisance des approches non-anthropocentrées a alors pour conséquence de réhabiliter le paradigme classique de l'humanisme moderne. Ce paradigme ne pourrait-il pas être instruit et réformé par l'ensemble des critiques qui lui sont adressées et servir d'assise à une gestion précautionneuse de l'environnement ?

En fin de compte, les visions unilatérales se révèlent toutes préjudiciables quand elles sont considérées isolément. Mais aucune ne peut être écartée ni relativisée. Ainsi, on ne peut se passer du point de vue anthropocentriste dès lors que l'individu humain est appelé à s'affirmer en sujet de responsabilité, capable de prendre en charge l'avenir de la complexité à laquelle il participe. De même, on ne peut se dispenser du point de vue non-anthropocentré, parce qu'il est vital de prendre en compte, de façon positive, le monde non-humain pour lui-même, et de valoriser concrètement les associations, les alliances et les processus évolutifs du milieu techno-écologique dans lequel l'homme évolue.

Dans ces conditions, la seule position de principe écologiquement pertinente consisterait à appuyer avec la même conviction les points de vue opposés, et à les maintenir en tension dans une même affirmation paradoxale. La juste approche supposerait de conjoindre, sans les réconcilier, les perspectives en litige de l'humanisme anthropocentrique, de l'écologisme de la Nature, et de la dialectique du milieu. De cette façon, les conceptions particulières trouveraient à être corrigées les unes par les autres, tout en continuant à faire valoir les considérations spécifiques qu'elles incarnent.

L'intégration paradoxale que l'on préconise apporte une solution à l'impossible équation que Deleuze et Guattari cherchaient à résoudre en posant le problème du dualisme : elle offre « la formule magique » qui réalise l'égalité « PLURALISME = MONISME » (1980 : 31). Mais comment assurer l'imbrication des points de vue contraires, leur donner un sens existentiel et les traduire en un engagement effectif et responsable ? Notre réponse consistera à faire intervenir un Tiers-transcendant, qui viendrait tout à la fois parrainer les positions rivales, dévoiler les limites inhérentes à chacune d'entre elles, et requérir leur dialectisation.

Les visions non-anthropocentriques de la Nature

Dans son article intitulé *Du mythe moderne de l'autonomie à l'hétéronomie de la nature*, François Gauthier défend l'idée d'un partenariat politique avec la Nature. Il estime que l'entreprise d'auto-détermination constitutive de la modernité est aujourd'hui en crise, en raison de son incapacité à endiguer « l'illimitation capitaliste ». Or, cette entreprise n'a véritablement prospéré, selon Gauthier, qu'en étant disciplinée par une forme ou une autre d'hétéronomie : « L'investissement démocratique n'a jamais été plus important que lorsque la démocratie était soumise à une extériorité : le projet national (la nation), l'homme nouveau, le progrès etc. ». La démocratie aurait aujourd'hui besoin d'un nouveau fondement, c'est-à-dire d'une nouvelle hétéronomie à laquelle elle puisse se référer : « Il y a fort à parier que le renouveau démocratique tant souhaité dépende d'une nouvelle forme d'hétéronomie à laquelle arrimer le politique ». Ce que montrent les déboires écologiques et sociaux actuels, poursuit Gauthier, c'est que l'être humain, loin d'être « autonome et auto-fondé », comme le suppose le projet moderne, est « constitutivement lié à une extériorité : son environnement naturel ». Dès lors, il convient de reconnaître positivement ce fait, en prenant la Nature comme instance normative. Et l'auteur de conclure : « Ce fondement [dont la démocratie a besoin] nous est donné aujourd'hui par la possibilité d'une écologie politique, c'est-à-dire d'un régime démocratique dont l'hétéronomie (cette fois assumée) serait la "Nature" ».

L'idée de la Nature à laquelle se réfère Gauthier s'oppose à la conception dualiste, utilitariste et étroitement anthropo-centrique que défend la modernité. Elle renvoie à une vision totalisante, relationnelle et complexe du vivant qui, selon Gauthier, pourrait définir « une nouvelle hétéronomie » et constituer le fondement d'« une morale de la limitation, capable de s'imposer contre la morale du libéralisme économique » : « Bien que la Nature soit une construction humaine, c'est "Elle" qui, à l'instar des Esprits, de Dieu et du Marché, pourra "imposer" sa normativité à l'activité politique des hommes via l'impératif de sa préservation, de son respect et, pour certains, de sa vénération » (Gauthier, 2011).

L'idée de faire de la Nature une référence ultime est d'autant plus pertinente que, depuis une cinquantaine d'années, de nombreux travaux académiques ou militants contribuent à faire émerger une nouvelle compréhension de la Terre, de ses habitants et de ses processus, une compréhension qui rompt avec le chauvinisme anthropocentrique et les schémas prédateurs de la modernité occidentale. De nouvelles hypothèses scientifiques portant sur la biosphère, des approches renouvelées du monde vivant, des éthiques et des spiritualités environnementales audacieuses, tout un ensemble de théories et de discours, parfois rivaux dans leur inspiration ou leur expression, donnent progressivement forme à une vision non-anthropocentrée de l'homme et de son environnement.

En détaillant rapidement les éléments les plus significatifs de cette élaboration, nous voyons émerger une conception du monde, dans laquelle la nature n'est plus considérée comme un adversaire, ni comme une réserve de moyens au service des fins humaines. La nature devient un partenaire, un lieu de relations, et une autorité suprême, sous l'égide de laquelle un environnement nouveau, commun à l'ensemble des vivants, pourrait prendre forme. C'est sous son influence, et dans le respect des contraintes qu'elle impose, que l'effort démocratique, susceptible de conduire les sociétés contemporaines vers la durabilité, aurait vocation à être engagé. On affublera cette Nature d'une majuscule, pour souligner le statut de totalité qu'elle acquiert et le caractère panthéiste de la vision du monde qui lui correspond[189].

L'émergence de cette nouvelle idée de la Nature n'est sans doute pas étrangère au discrédit qui frappe à la fois le théisme et l'athéisme. Thierry Hoquet (2022) propose une analyse qui semble aller dans ce sens. Il fait remarquer que pour redécouvrir le rôle spécifique de la Nature, il faut s'affranchir des deux grandes façons qu'a eues l'Occident de mettre à plat les rapports entre Dieu, l'Homme et la Nature, « celle des XVIIe-XVIIIe siècles où s'impose la trame continue de la substance divine, et celle du XXIe siècle comme trame continue de l'action humaine ». À l'âge Classique, la Nature ne pouvait apparaître, parce que tout était rapporté à la puissance hégémonique de Dieu, alors qu'à l'âge contemporain, elle ne trouve plus sa place à cause de l'autonomie abusive revendiquée par l'Homme : « Entre le Dieu tout-puissant des Classiques et l'Humain omniprésent de l'Anthropocène [nous dirions pour notre part, entre le théisme traditionnel et l'anthropocentrisme athée], la Nature ne peut qu'être rognée et méconnue dans sa spécificité ».

L'hypothèse Gaïa

Gaïa est d'abord le nom d'une hypothèse pensée dans les années 1960-1970 par James Lovelock et Lynn Margulis[190]. Cette hypothèse affirme que la Terre, appelée Gaia[191], forme un système vivant complexe, autorégulé, évolutif et en quête constante d'un équilibre homéostatique[192]. Au sein de cette totalité, toutes les parties animées et inanimées sont liées. La vie y est soumise à une régulation écologique complexe, faite de cycles biogéochimiques et de liens d'interconnexion entre tous les éléments biotiques et abiotiques[193].

Sans nécessairement adhérer aux éléments les plus controversés de cette thèse[194], un nombre croissant de mouvements écologistes et de chercheurs s'y réfèrent[195], car elle invite à comprendre et à respecter les mécanismes écologiques du vivant. Sous l'hypothèse Gaïa, l'homme ne peut faire abstraction du système planétaire, ni vouloir le diriger ou le manipuler de l'extérieur. S'il veut exercer un contrôle effectif sur son destin historique, l'homme doit respecter des contraintes, reconstituer des liens, entretenir des cycles… il doit se conformer aux conditions générales de la coexistence terrestre, en répondant à des impératifs que l'économisme néolibéral externalise ou ignore.

En montrant que la vie des hommes, celle des autres êtres vivants et les paramètres les plus inorganiques de l'existence terrestre sont liés, l'hypothèse Gaïa ébranle les distinctions classiques établies entre les humains et les autres qu'humains, entre les sujets et les objets, entre les êtres animés et les aspects non-animés du monde. L'homme n'est plus distingué du reste du vivant par une dignité ontologique propre. Il n'est plus tenu pour l'unique sommet émergé du processus de la vie. Il devient, conformément aux théories évolutionnistes qui l'inscrivent dans une phylogenèse animale, le « compagnon voyageur des autres espèces dans l'odyssée de l'évolution » (Leopold, 2000 : 145). L'exceptionnalisme humain est détrôné par le constat scientifique de l'animalité humaine.

L'homme est réintégré dans le grand concert de la Nature, en continuité avec les autres formes d'existence, dont chacune peut prétendre à une valeur en propre. C'est à partir de ces principes que se développent les nouvelles éthiques dites environnementales.

Les éthiques de l'environnement

Les éthiques de l'environnement valorisent la Nature pour elle-même, et non en fonction de sa contribution aux intérêts de l'homme et à ses projets de civilisation. Elles attribuent aux entités naturelles – aux animaux, aux biotopes, aux écosystèmes, aux espèces et à la biosphère entière – une « valeur intrinsèque » et leur confèrent la qualité de patient moral[196].

Ces éthiques se prévalent d'une légitimité scientifique, dans la mesure où elles mettent à profit toute l'étendue des connaissances acquises en matière d'écologie. Mais elles ne forment pas un ensemble homogène. Leurs démarches et leurs préoccupations diffèrent en fonction des entités naturelles auxquelles elles s'intéressent[197].

Un premier ensemble d'approches entreprend d'élargir le domaine de la considération morale en y incluant d'autres êtres vivants. C'est le cas des éthiques pathocentriques et biocentriques[198]. Les premières accordent la qualité de patient moral aux seuls animaux proches de l'homme, parce qu'ils présentent des similitudes avec ce dernier et une même aptitude à ressentir des états affectifs dont la souffrance (Singer, Regan). Les secondes confèrent le statut de patient moral à tous les êtres vivants et commandent de les respecter tous. Certaines de ces approches, dites hiérarchiques, établissent une échelle de valeur entre les différentes formes de vie (Attfield), alors que d'autres, qualifiées d'égalitaristes, placent tous les vivants au même niveau (Goodpaster, Taylor).

En contraste avec ce premier ensemble, les éthiques écocentrées se donnent pour objet la préservation des espèces, des communautés biotiques et des écosystèmes. Elles ne valorisent pas des entités ou des individus en tant que tels, mais des êtres liés les uns aux autres par des relations d'interdépendance formant un tout (Léopold et Callicott, Næss, Rolston). Dans ce cadre holistique, les éléments acquièrent plus ou moins de valeur en fonction des services qu'ils rendent au système auquel ils appartiennent.

Enfin, un troisième ensemble regroupe les éthiques concernées par des enjeux globaux, tels que l'épuisement des ressources énergétiques fossiles, la raréfaction de certaines substances naturelles, ou la perturbation des grands cycles biogéochimiques. Au sein de ce groupe, certaines approches thématisent les enjeux éthiques selon l'angle de la justice internationale et intergénérationnelle (Gardiner) ; d'autres restent centrées sur les processus physico-chimiques et biologiques qui contribuent à réguler la biosphère (Federeau).

Les éthiques de l'environnement n'ont donc pas les mêmes priorités, ni les mêmes urgences[199]. Par conséquent, elles génèrent des demandes contrastées et parfois conflictuelles[200]. Cependant, il ne faut pas voir dans cette disparité une incohérence qui invaliderait la démarche envisagée, mais plutôt le reflet de la complexité du problème environnemental auquel il faut faire face. Aussi, la société écologiquement responsable serait tenue de répondre de l'ensemble paradoxal des injonctions que les différentes éthiques de l'environnement produisent. Celle qui s'y appliquerait serait amenée à entreprendre des transformations dans l'ensemble de ses activités pour les rendre plus conformes aux exigences de la durabilité et plus respectueuses des autres formes de vie.

Des relations renouvelées à la Nature

Dans le cadre du partenariat avec la Nature, l'homme est appelé à rétablir des liens assainis et plus apaisés avec le monde sensible et les territoires qu'il habite. Chacun est exhorté à reprendre conscience de son appartenance au tout de la Terre, à redéfinir ses actions envers les systèmes écologiques qui lui permettent de vivre, et à redonner un sens concret à la « fraternité » qui le lie aux autres vivants – notamment aux animaux qui symbolisent cette dimension de son être inséré dans le cosmos. C'est en développant ce qu'il est convenu d'appeler un « moi écologique » – un moi réconcilié avec cette « liaison ombilicale des vivants » à laquelle il est rattaché par sa naissance – que l'homme contribuerait à faire advenir un monde où il pourrait « vivre plus harmonieusement avec lui-même et avec les autres » (Pelluchon, 2018).

Cette réconciliation ne peut se faire que si l'homme change le rapport qu'il entretient avec sa propre existence corporelle et sensible. Rappelons que la conception anthropologique dualiste, qui court du judéo-christianisme jusqu'à l'idéalisme moderne, assimile les passions à une animalité avilissante qu'il convient de réprimer ou de civiliser par la force de l'esprit. À contre-courant de cette entreprise de « réduction du sauvage », il s'agit de rétablir une bonne intelligence entre la raison et la sensibilité, entre l'esprit et le corps, entre le travail de la culture et la spontanéité des pulsions instinctuelles et vitales. Pour réapprendre à habiter le monde et à le partager avec tous ceux qui le peuplent, l'homme doit renouer avec sa corporalité et se réconcilier avec sa vulnérabilité et ses limites, grâce au soutien de la Nature.

L'expérience esthétique aurait un rôle déterminant à jouer dans la modification de notre relation au reste du vivant[201]. Multiplier les interactions avec la Terre, retrouver un sentir de l'environnement naturel, apprendre à apprécier la beauté du monde et celle des entités qui y vivent, mais aussi adopter à l'égard de la Nature des attitudes plus affectives, telles que l'admiration, le respect ou l'amour, et rechercher d'autres expériences encore, comme l'émotion mystique ou le senti-ment du sublime, sont des moyens efficaces de sortir de « l'anesthésie environnementale » et de la « sinistre crise perceptuelle » qui nous éloignent de notre milieu d'origine

(Gens, 2018). L'expérience esthétique est l'occasion de nous distancier des logiques de l'arraisonnement technique, de renouer avec le monde sur le plan de l'immanence, et de développer un intérêt direct pour nos voisins non-humains (Schaeffer, 2018)[202].

La méthode du « pistage » décrite par Estelle Zhong-Mengual et Baptiste Morizot (2018) offre un moyen original d'approfondir la compréhension que nous avons de nos voisins non-humains. Cette méthode combine l'analyse scientifique avec des évaluations d'ordre éthique, esthétique, politique et sociologique, dans le but de redonner de la lisibilité au vivant, et en particulier aux réalités signifiantes que les modes d'évaluation modernes, fondés sur le primat de la science mathématisée, avaient verrouillées et rendues illisibles. Pister consiste à étudier les traces et les signes laissés par les autres vivants (les animaux au premier chef, mais aussi les insectes, les bactéries, les végétaux) dans leur environnement naturel. Ce travail vise à comprendre le comportement des autres existants, leur interaction avec leur habitat et leur style d'existence tissé aux autres[203]. Il permet de redonner visibilité et sens à la richesse du vivant et aux manières dont les êtres de la faune et de la flore habitent la Terre. Le pistage contribue par là-même à développer notre sensibilité, notre attention et notre relation à la Nature.

À mesure que l'homme reconnaît que les autres habitants de la Terre développent des stratégies d'existence, des compétences interactionnelles et des capacités à produire des effets d'interdépendance, il est amené à concevoir la possibilité de les faire entrer dans des usages, des pratiques et des modus vivendi « intrinsèquement diplomatiques ». Il s'ouvrirait à l'idée de nouer avec eux des alliances et des accords de cohabitation en « un sens de moins en moins métaphorique » (Morizot, 2020 : 25). Les autres existants n'apparaîtraient plus alors « simplement comme des moyens », mais comme

« des fins » « en des sens encore énigmatiques » (Morizot, 2017)[204].

Dans ce contexte, l'homme chercherait à comprendre les dynamiques du monde vivant pour travailler avec elles, les influencer, voire les instrumentaliser, mais dans un souci de coopération et de cohabitation attentive avec les autres entités qui peuplent la Terre. Il veillerait également à inclure dans ses gestes de planification et d'intervention des marges d'autonomie accordées à la Nature, pour lui permettre de reprendre ses droits, de se reconstituer selon ses propres processus et de poursuivre son évolution suivant sa ligne de fuite spécifique. L'homme s'emploierait à « accompagner la [Nature] dans ses méandres » et à « réparer çà et là des dommages afin qu'elle reprenne sa route » (Maris, 2018 : 142). Ainsi, l'esprit d'exploitation et d'appropriation, en vigueur depuis l'époque moderne, serait progressivement supplanté par une volonté de co-production, d'accompagnement et de développement partagé avec le reste de la communauté des vivants.

Dans cette perspective se développe une autre manière de cultiver la terre et d'en recueillir les fruits. Non plus la Révolution Verte, avec ses logiques de maîtrise, ses processus d'artificialisation des agrosystèmes et son utilisation massive d'engrais et de pesticides, mais la Révolution Doublement Verte, « fondée sur la connivence avec les écosystèmes » et la mise en pratique « des connaissances accumulées par l'écologie scientifique » dans le but d'accroître « les productions sans diminuer le potentiel des milieux et la biodiversité pour les générations futures » (Griffon et Weber, 1996). C'est dans cet esprit que se développent l'agriculture biologique, l'agriculture de conservation, l'agroécologie, la permaculture… autant de pratiques qui ont en commun de passer d'une logique de pur productivisme et d'adversité à l'égard du vivant, à une logique de développement durable et de partenariat avec la Nature[205]. Au-delà de ces exemples, c'est l'ensemble du métabolisme socioéconomique de l'Occident moderne qui aurait vocation à être transformé dans un sens qui permette une cohabitation durable de tous les êtres vivants dans les limites de la Terre.

Respecter l'autonomie de la Nature

Dans la nouvelle perspective éthique qui se dessine, la Nature n'est plus perçue comme un domaine que l'on peut contrôler et dont les lois sont simples, immuables et nécessaires. Elle devient une instance englobante et autonome, résiliente et créative, dont les dynamiques sont propres et, dans une certaine mesure, imprévisibles[206].

Cette Nature mystérieuse et irréductible aux interventions de l'homme se prête également à l'appréciation esthétique. Pour en faire l'expérience, Stan Godlovitch préconise d'adopter une « perspective acentrique », c'est-à-dire de se tenir à égale distance « de tout point de vue privilégié », afin de laisser la Nature se déployer pour elle-même et être ce qu'elle est. En contraste avec l'attitude centrée de la connaissance scientifique instrumentale, la posture de détachement esthétique par rapport à la nature « la fait apparaître comme étant catégoriquement différente de nous-mêmes : une nature dont nous n'avons jamais fait partie, une nature dont il suffit de faire un objet d'appréciation pour éprouver qu'elle est radicalement indépendante de nous-mêmes et pleinement autonome » (Afeissa et Lafolie, 2015).

Ainsi, la Nature ne forme pas seulement une totalité au sein de laquelle l'homme doit reprendre sa place en repensant ses interactions avec les autres espèces ; elle constitue aussi une altérité radicale et vulnérable qui demande à être respectée et laissée libre de son développement.

C'est là une conviction que partagent peu ou prou toutes les pensées non-anthropocentrées du vivant (à l'exception notable des écologies du milieu que l'on examinera plus avant). La Nature, menacée mais toujours transcendante, doit être protégée de toute interférence excessive et affermie contre l'expansion prédatrice de la civilisation humaine. C'est en la laissant « en paix », dans son état sauvage, qu'elle pourrait se régénérer selon ses potentialités originelles et s'épanouir au mieux selon sa propre logique. Il est donc recommandé d'instaurer des périmètres préservés, tels que des parcs nationaux ou des réserves naturelles, où la faune, la flore et les milieux écologiques fragilisés seraient mis à l'abri de la culture technicienne moderne. Ces espaces défendus, ces derniers résidus du monde, forment une « nature fragmentée », mais « d'autant plus extraordinaire que l'homme en est absent » (Glon, 2009). Cette façon de concevoir la préservation de la Nature s'inspire du modèle américain de la *wilderness*[207] ; elle est devenue « une doctrine fondamentale, une vraie passion des acteurs du mouvement environnementaliste, en particulier aux États-Unis » (Cronon, 2009).

L'ouverture de la communauté aux autres qu'humains

Conférer à la Nature une effectivité qui lui permette de se défendre contre l'hubris humaine ; lui redonner ses droits, une certaine autonomie et l'espace nécessaire pour se rétablir ; opérer avec elle selon une logique de coproduction et d'alliance grâce à des techniques adaptées et localement différenciées ; instaurer avec les autres entités qui la peuplent des modalités d'interaction et de coexistence plus diplomatiques... rien de tout cela ne pourrait se faire si les hommes n'inauguraient pas une nouvelle façon de se politiser et de politiser leur monde.

Rappelons que, dans son acception moderne, la société que les hommes forment entre eux marque le passage de l'hostilité de l'état de nature à la paix civile du contrat social. Deux mondes se trouvent ainsi séparés, celui de la nature (et de l'instinct) où les événements se produisent en fonction de lois déterminées, et celui de la culture (et de la raison) où les décisions se négocient entre sujets humains dotés de puissance d'agir. Cette façon de concevoir la communauté politique semble ignorer la complexité enchevêtrée du vivant et tenir les autres formes de vie en mépris. N'est-elle pas une fiction anthropocentrique aberrante, qui isole les non-humains sur le plan théorique et les subordonne en pratique[208] ?

Pour que l'homo sapiens renonce à ses velléités de « conquérant » et redevienne « membre à part entière et citoyen de la communauté terrestre » (Leopold, 1966 : 218), il faudrait, en sens inverse, que la Nature et les entités qui la composent quittent leur état d'objets corvéables et leur fonction d'entourage, et intègrent l'enceinte de la communauté politique, en tant que sujets de droits, ou sous toute autre forme de représentation qui leur garantirait une dignité propre[209].

Un tel élargissement pourrait se faire suivant différentes modalités. Mais l'approche actuellement privilégiée par les défenseurs de la Nature est juridique : il s'agit de traduire la reconnaissance de la valeur intrinsèque du vivant – de chaque espèce, de chaque site et de chaque processus – en droits opposables, notamment celui de ne pas subir de préjudice matériel et moral. Certains États ont pris des décisions symboliques dans ce sens, en conférant la qualité de sujet de droits à des entités naturelles[210].

Certes, il y a loin entre l'idéal d'inclusion que préconisent les écologies radicales à son éventuelle réalisation. Néanmoins, une nouvelle idée de la Nature et de l'être humain en son sein se dessine peu à peu : « De l'hypothèse Gaïa jusqu'à la sacralisation de la diversité biologique en passant par la myriade de spiritualités visant à rétablir un équilibre avec le cosmos et la nature, sans oublier les principes de type biodynamiques ou biologiques par lesquels est reconnu "meilleur" ou simplement plus "efficace" ce qui est "naturel", ces discours pluriels et parfois même rivaux construisent un symbolisme de la nature, lui donnent une substance. À terme, ces récits contribuent à faire de la Nature une transcendance immanente sur laquelle la critique du mythe de l'illimitation capitaliste peut trouver un nouvel appui » (Gauthier, 2011).

La tonalité panthéiste des écologies non-anthropocentriques de la Nature

La Nature, telle que la conçoit généralement l'écologisme radical, ne constitue pas un ordre du monde dans lequel on peut lire directement le droit et les normes. Elle forme plutôt un bien collectif suprême, une instance supérieure, ou une sorte de « transcendance immanente », dynamique et illimitée, par rapport à laquelle l'activité humaine peut être régulée, et un nouvel ordre socio-écologique constitué. Isabelle Stengers (2009) parle à ce sujet de l'« intrusion Gaïa » : « Gaïa est le nom d'une forme inédite, ou alors oubliée, de transcendance » ; une transcendance certes « dépourvue des hautes qualités qui permettraient de l'invoquer comme arbitre ou comme garant ou comme ressource », mais qui constitue tout de même « un agencement chatouilleux de forces indifférentes à nos raisons et à nos projets », capable de brider le capitalisme autonomisé et de conduire nos sociétés sur la voie de la durabilité.

Certains courants de l'écologie radicale élèvent la « transcendance » Gaïa à un statut quasi-divin, proche de la figure classique de la divinité primordiale de la Terre mère et nourricière[211]. D'autres partagent l'intuition des religions antiques, selon laquelle il existerait une énergie cosmique en perpétuel devenir, qui, unissant l'humain et le non-humain, subordonne toute existence à des principes de sensibilité et de vie[212]. D'autres encore se laissent séduire par les religions orientales (le bouddhisme, l'hindouisme ou le shintoïsme) ou par les cultes païens antérieurs à la tradition judéo-chrétienne. Mettant en exergue ces éléments, certains analystes ont placé l'écologisme radical sous la bannière du paganisme : « Pour beaucoup d'observateurs, l'écologie comporte *de facto* un aspect néopaïen qui fait d'elle une sorte de religion néoanimiste fondée sur la sacralisation de la nature et sur le retour de cultes archaïques consacrés à la déesse Terre » (François, 2012)[213].

Quoi qu'il en soit, une chose semble certaine : l'écologie profonde se démarque à la fois du théisme et de l'athéisme. Elle s'oppose à la religion monothéiste, qu'elle juge responsable des dérives de l'anthropocentrisme moderne ; et elle déplore la rationalisation de la Nature, son désenchantement, sa désacralisation et le fait qu'elle ait perdu son mystère et sa capacité à structurer les sociétés humaines. Pour Danièle Hervieu-Léger, l'écologie profonde s'est construite sur une double protestation : « une protestation écologique contre une tradition religieuse anthropocentrique d'une part ; une protestation spirituelle et/ou religieuse contre la sécularité contre-nature du monde moderne, d'autre part » (1993 : 11). Comme nous l'avons évoqué d'emblée, l'écologie de la Nature s'est constituée sur les faillites conjuguées du théisme et de l'athéisme. Si on devait l'affilier à une catégorie particulière en *-isme*, il faudrait la placer, faute de mieux, dans la lignée générale du panthéisme.

Mais le panthéisme, bien qu'il constitue une possibilité métaphysique actuelle, solidement ancrée dans l'histoire des idées, et intimement liée aux origines de la philosophie, est-il de force à contester l'imaginaire anthropocentrique dominant et ses assises religieuses ou athées ? Le recours de certaines écologies radicales aux divinités archaïques du paganisme, ou à des religions étrangères au monde occidental, ne trahit-il pas, au fond, leur réserve ou leur désillusion à l'égard des voies du panthéisme ? Les écologies de la Nature, pourrait-on dire, ressentent obscurément le besoin de réinvestir la question de Dieu, mais se montrent incapables de trouver une tradition théologique crédible sur laquelle s'appuyer.

Les difficultés inhérentes aux approches non-anthropocentrées de la Nature

Un grand nombre de recommandations prônées par l'écologie de la Nature sonnent juste. Il est notamment crucial de ne plus voir dans la Nature un simple moyen, et d'adopter envers elle des attitudes plus affectives, de soumettre nos activités aux conditions générales de la coexistence terrestre, d'envisager les non-humains comme des interlocuteurs diplomatiques et de les traiter comme des acteurs susceptibles d'être intégrés politiquement à nos existences. La mise en œuvre de ces recommandations est indispensable à la réussite d'une véritable transition vers la durabilité.

Mais les approches non-anthropocentrées de la Nature soulèvent néanmoins des difficultés auxquelles leurs promoteurs ne prêtent pas toujours attention. Elles privent l'homme de sa qualité de sujet moral ; elles échouent à fonder une éthique de la différence animale ; et elles induisent des biais misanthropes et anti-techniciens. Bien qu'elles formulent des demandes fondamentales, et qu'elles défendent certains principes essentiels, elles n'offrent pas, au bout du compte, un cadre satisfaisant pour la transformation des sociétés contemporaines et la refondation des relations entre l'homme et le reste du vivant.

- *La perte du sens de l'homme*

En resituant l'homme dans la continuité phylogénétique avec l'animal, et en lui refusant toute exceptionnalité, l'écologie de la Nature cautionne un réductionnisme déterministe et biologisant, dont les effets sont de révoquer les notions de morale, de liberté et de responsabilité : « En condamnant l'homme à l'immanence absolue de l'écosphère, en lui refusant toute possibilité d'arrachement et toute autre histoire que celle de l'évolution naturelle, on rend impensable et impossible le surcroît de moralité et de connaissance que réclament l'éthique et le droit de la part de l'individu responsable » (Ost, 2003 : 183).

L'écologie de la Nature commet donc une incohérence quand, d'une part, elle place l'homme en minorité dans l'édifice du vivant en l'immergeant dans la naturalité, et quand, d'autre part, elle attend de lui des efforts singuliers de moralité, de dépassement et d'ouverture à l'altérité : « On s'enferme dans cette contradiction performative qui consiste à faire appel à un surcroît de moralité de la part d'un homme qu'on réduit par ailleurs à une espèce naturelle » (Ost, 2003 : 184).

Plus qu'une simple incohérence performative, Paul Valadier estime que les continuités établies entre l'humain et l'animal sont « dangereuses » parce qu'elles conduisent « à une sous-estimation de l'homme » ; elles « font oublier tout "propre de l'homme" et tendent à l'indifférenciation »[214]. Or, poursuit Valadier, « non seulement les animaux n'y gagneront pas en respect, mais c'est l'espèce humaine qui se dégradera du même coup, et perdra de sa dignité » (2010). Aussi, le reproche maintes fois formulé à l'encontre des écologies non-anthropocentrées de la Nature est de commettre « l'erreur, symétriquement inverse de l'humanisme cartésien, [celle] de dissoudre de façon réductionniste la spécificité humaine dans le reste du vivant » (de Benoist, 2009 : 289).

Se pose alors la question de savoir comment échapper aux erreurs symétriques de l'exceptionnalité humaine et de l'animalité humaine ? Nous montrerons que l'on ne sort pas de l'alternative par une piètre moyenne, mais par une affirmation paradoxale qui viendrait appuyer à la fois, et de façon contradictoire, l'incommensurabilité de l'homme et sa commune appartenance au règne animal.

- *Une vision réductrice de l'altérité animale*

Si l'humain tend à perdre sa spécificité en étant rapporté à l'échelle graduée de l'animalité, les animaux, quant à eux, ne parviennent pas à être réellement protégés, ni reconnus dans leur altérité, en étant considérés à partir du seul étalon humain[215]. Ainsi, dans le cadre des éthiques pathocentriques, seuls les animaux ressemblant à l'homme, qui sont capables d'éveiller sa compassion et qui font preuve de capacités cognitives et sensibles analogues aux siennes, deviennent objets de considération morale et gagnent le droit d'être protégés de la cruauté à laquelle restent soumis leurs semblables. Ce faisant, les démarches pathocentriques ne suppriment pas entièrement la frontière dressée entre l'homme et les autres espèces, mais la déplacent et prolongent sur le terrain de l'animalisme la logique de hiérarchisation et d'exclusion qui est celle de l'anthropocentrisme. Comme le note Étienne Bimbenet, « un animal ne peut être "sauvé" (se voir attribuer un statut moral) qu'à condition de posséder ce que l'homme possède : langage, conscience de soi, sens du futur, etc. Il passera alors du bon côté de la frontière, du côté de ceux qui méritent respect ; mais la frontière, pour avoir été repoussée d'un cran, restera une frontière. Il y aura toujours un "nous" (élargi) opposé à un "eux" ». Et Bimbenet d'ajouter : « L'argument de la similitude des esprits n'a que l'apparence de la générosité : il est certes plus inclusif que l'anthropocentrisme ; mais parce qu'il s'appuie sur des capacités dont la forme canonique est donnée chez l'être humain, il prend celui-ci pour mesure de l'animal. À cette aune, l'animal ne sera jamais qu'un homme diminué » (2017 : 91)[216].

Comme nous l'avons suggéré dans nos analyses du chapitre précédent, la juste mise en relation de l'homme avec l'animal suppose d'entretenir une double dialectique. Il s'agit, d'une part, de promouvoir des formes plus ou moins étroites d'affinité ontologique, affective ou cognitive entre les espèces, et de l'autre, de flatter l'altérité de chaque être[217]. Sans affinité et sans empathie, il ne pourrait y avoir de véritable rapprochement avec les animaux, ni prise en compte de leur souffrance, ni recherche d'arrangements moins déplorables avec eux. Mais sans reconnaissance positive de leur différence, leurs virtualités propres seraient dépréciées, et la relation avec eux resterait subordonnée à l'appréciation étroite du sujet humain qui la figure. En somme, il faudrait que les animaux soient reconnus dans leur parenté plus ou moins lointaine avec l'homme, et qu'ils soient en même temps sollicités dans le sens de leurs capacités et de leurs fonctions distinctives, pour que la relation avec eux puisse prétendre être autre chose qu'une appropriation violente[218].

Or, les écologies de la Nature achoppent sur les deux versants du défi éthique : elles ne parviennent pas à valoriser réellement la différence de l'animal, et elles ne parviennent pas à arracher l'homme commun à son insensibilité morale. Mais là où les écologies panthéistes échouent, une référence vivante à un Tiers-transcendant ne pourrait-elle pas réussir ? Nous avons expliqué en quoi une telle référence peut être nécessaire pour extirper l'individu contemporain de son apathie ordinaire ; nous verrons que, sous certaines conditions, elle pourrait l'inciter à entrer dans un rapport constructif avec l'animal, qui prenne en compte à la fois leur ascendance commune et leur différence radicale.

- *Un biais technophobe et antihumain*

L'écologie radicale a été accusée d'être antihumaniste. Pour Luc Ferry, le refus d'élever l'humain au-dessus de la nature, et l'individu au-dessus du groupe, équivaut à désavouer le produit de cette élévation que sont les droits de l'homme. Ferry voit aussi dans l'attribution d'une valeur intrinsèque aux entités naturelles une atteinte à l'humanité, comme si, en attribuant des droits à la Nature, on créait autant de concurrents aux droits de l'homme (1992).

Pour ses partisans, le recours à l'hétéronomie de la Nature n'est pas un obstacle à l'épanouissement de l'être humain, mais la condition qui rend cet épanouissement possible. Ainsi, le préambule de la Déclaration Universelle des Droits de la Terre-Mère souligne que « pour garantir les droits humains », « il est nécessaire de reconnaître et de défendre les droits de la Terre Mère et de tous les êtres vivants qui la composent »[219]. De même, reconnaître la valeur des autres formes de vie n'ouvre pas une brèche dans l'édifice des droits de l'homme, mais en conforte le fondement en proposant d'y accueillir les non-humains. L'attribution de droits aux entités naturelles, et en particulier aux animaux, est d'ailleurs conçue par ses promoteurs dans le droit fil de l'histoire moderne de l'émancipation, comme un élargissement progressif des acquis des droits de l'homme et de la catégorie d'égalité entre les êtres vivants.

Toutefois, à partir du moment où l'homme n'a plus une dignité qui le distingue des autres espèces vivantes, et que ses activités sont vues comme une menace pour la pérennité des écosystèmes, ses valeurs et ses intérêts deviennent négociables au regard de l'objectif plus fondamental de la préservation de la Nature. Rien dans les principes n'interdit alors d'envisager des solutions qui lui seraient hostiles.

L'approche écocentrique se prête particulièrement à ce genre de dérives, dans la mesure où elle valorise les acteurs en fonction de leur contribution au fonctionnement des écosystèmes auxquels ils appartiennent. Même dans les variantes qui instaurent une hiérarchie de valeurs entre les êtres, le plus important reste la préservation de l'intégrité des ensembles. Dans ces conditions, il pourra paraître rationnel de réprimer l'activité de l'espèce humaine, voire de mettre une limite à sa prolifération, si de telles mesures permettent de préserver l'équilibre global et la survie des autres acteurs. C'est le danger que Tom Regan perçoit dans l'éthique holistique de Callicott, qu'il accuse de véhiculer un risque sérieux d'« écofascisme » (1983 : 262).

Le topos misanthrope imprègne aussi nombre de discours animaliers et biocentriques. Il est particulièrement virulent chez ceux qui renversent l'imaginaire moderne de l'animalité comme bestialité inférieure, en la concevant comme innocence ou pureté supérieure, ou qui affublent l'homme d'une cruauté ou d'une monstruosité dont les autres vivants seraient bien incapables. De là proviennent les absurdités morales, les comportements en rupture de la légalité, et finalement l'activisme violent de certaines organisations de défense des animaux.

Les dérives préjudiciables à l'homme procèdent également d'une autre thématique structurante de l'écologie radicale, celle de la *wilderness,* selon laquelle la Nature doit être protégée contre l'interférence de l'homme et sa présence jugée corruptrice. En effet, l'expérience démontre que la mise en œuvre de cette stratégie se fait aux dépens des populations qui vivent en symbiose avec la Terre dans les régions reculées[220]. Aux États-Unis, la création d'espaces protégés s'est avérée désastreuse pour les populations autochtones : elle « s'est faite immanquablement contre les Indiens », qui ont été contrariés dans l'usage de leurs territoires et lieux de vie (Hache, 2019 : 11). De même, comme le souligne Catherine Larrère, « vouloir imposer des parcs naturels, sur le modèle de la *wilderness,* en Asie du Sud-Est, où les populations locales vivent dans et de la forêt, ce ne serait pas protéger la nature, ce serait créer, en en chassant les indigènes, des espaces récréatifs pour touristes américains » (2011).

Évidemment, la plupart des écologies de la Nature ne cautionnent pas le modèle de la *wilderness* dans sa forme extrême. Elles plaident plutôt pour un équilibre entre la préservation non-intrusive de la Nature et son exploitation responsable, dans le but de concilier les intérêts pluriels de l'humanité et ceux des autres formes de vie. Mais dans la mesure où elles continuent de marquer l'opposition entre une humanité dangereuse et une Nature agressée, les écologies radicales reconduisent, malgré elles, et en dépit des déclarations contraires, des préjugés antihumanistes. Au fond, elles restent prises dans le dualisme du paradigme anthropocentrique qu'elles cherchent à dépasser. Simplement, là où l'humanisme moderne donne l'avantage à l'homme et à son action civilisatrice sur la nature défaillante et l'animalité fruste, les écologies de la Nature tendent à inverser les signes, en faisant de l'homme armé de ses artéfacts techniques l'exploiteur d'une animalité et d'une Nature qu'il convient de protéger.

En fin de compte, et pour les différentes raisons que nous venons d'évoquer, les écologies de la Nature ne parviennent pas à proposer une juste articulation du rapport entre l'humain et le reste du vivant, ni à penser la spécificité de la technique et de ses corrélats. L'idée de recourir à un partenariat avec la Nature, et de soumettre la société à son hétéronomie pour faire contrepoids à l'illimitation capitaliste et sortir l'individu contemporain de son apathie environnementale, n'est pas une solution pleinement appropriée et opérante. Tirant la leçon de cette déconvenue, Bruno Latour sonne le glas du concept de Nature et proclame l'avènement d'une ère post-naturelle : « À l'époque de l'Anthropocène, tous les rêves, entretenus par les écologistes profonds, de voir les humains guéris de leurs querelles politiques par la seule conversion de leur soin pour la Nature se sont envolés. Nous sommes bel et bien entrés dans une période post-naturelle » (2015 : 188).

Pourtant, les exigences portées par les partisans de la Nature restent essentielles. Se défaire de nos conceptions anthropocentriques étroites, reconnaître notre pleine appartenance à la nature et changer nos comportements à son égard, être attentifs à la fragilité du système écologique terrestre et respecter ses mécanismes de régulation, prendre conscience de la valeur intrinsèque des autres formes de vie et en tenir compte dans le déploiement de nos activités, être sensibles à la souffrance de l'animal et tisser d'autres types de rapport avec lui, sortir de notre entre-soi anthropologique et élargir la sphère éthico-politique de nos communautés aux entités naturelles qui en sont exclues… voilà autant d'impératifs qui doivent guider nos actions, et que tout programme écologiste devrait intégrer. Il ne s'agit donc pas de mitiger les aspirations, les demandes et les espoirs de transformation que l'écologie radicale a recouverts du terme de Nature, mais de prendre acte de l'épuisement de cette notion et de son incapacité à servir la cause qu'elle entend défendre.

Dès lors, il convient d'emprunter une autre voie : ne plus penser, comme le fait l'humanisme anthropocentrique, en termes d'« environnement » (en élevant l'homme-sujet au sommet d'un monde offert à son exploitation), ni comme le fait l'écologisme holiste, en termes de « Nature » (en plaçant l'homme au sein d'une totalité englobante ou face à une altérité du vivant qui demande à être protégée), mais raisonner en termes de « milieu », c'est-à-dire mettre l'accent sur les relations réciproques et complexes qui lient les acteurs humains et non-humains entre eux et qui les constituent.

Cette nouvelle stratégie vise à bousculer le dualisme du paradigme moderne classique, non pas en ayant recours à l'Un, comme dans les écologies de la Nature, mais en prônant une compréhension du milieu comme Centre ou comme Tiers[221]. Ce parti pris ne réclame pas un supplément de spiritualité, ou un retour plus marqué à l'animisme ou au panthéisme, mais un matérialisme plus radical, capable d'atteindre la réalité concrète du milieu et des processus socio-éco-techniques qui le traversent.

D'ailleurs, le fait de répudier la notion de Nature constitue en tant que tel une protestation matérialiste. Comme l'explique Clément Rosset, l'idée de nature est intrinsèquement religieuse : elle constitue « une sorte de donné idéologique de base » de la religion ; elle forme « la source commune à laquelle puisent toutes les religions ». L'idée de nature, même quand elle est érigée contre la transcendance, et promue dans un souci de réalisme, cache souvent un retour subreptice à la pensée religieuse : « Il se pourrait, précise

Rosset, que [l'idée de nature], non seulement ne fasse que substituer une religion à une autre, mais encore en revienne toujours, sous couleur de lutter contre la superstition, à une source à la fois très générale et très vive de toutes les représentations religieuses, accomplissant ainsi deux grands pas en arrière pour un petit pas en avant » (2011 : 31-33). Par conséquent, en passant de la notion de Nature au concept de milieu, nous ferons un saut en direction de l'irréligion : nous irons d'une écologie encore marquée par les préjugés de la religion, à une philosophie qui se veut résolument athée.

Les écologies du milieu

De nombreux analystes estiment que les éthiques non anthropocentrées de la nature n'ont pas su dépasser le dualisme hérité du Grand Partage, ni proposer une expression adéquate des relations entre l'homme et les autres existants, parce qu'elles continuent d'appréhender la réalité, à la manière de la pensée moderne, en termes de substances, d'objets ou d'entités séparées, au détriment des relations constitutives qui les sous-tendent. Ainsi, Baptiste Morizot considère que le problème de fond est « un problème de cartographie onto-logique » : la pensée écologique traditionnelle échoue, « parce qu'elle essentialise les termes » ; elle conçoit le monde comme constitué d'entités et de choses « encapsulées en elles-mêmes (…), qui possèdent un monopole ontologique », et non comme formé « par des relations qui font émerger des êtres transitoires et enchevêtrés » (2018)[222].

Du dualisme au relationnel

La philosophie du milieu rejette l'ontologie substantialiste et adopte à la place une ontologie relationnelle, dont le principe est de considérer que les relations sont simultanées (voire antérieures) aux êtres et aux choses dont elles assurent l'existence[223].

Dans cette perspective, les entités individuelles ne sont pas considérées comme entièrement constituées dès le départ ; elles viennent à l'existence par la relation, et évoluent à travers les modulations des liaisons qui les fondent. Les êtres ne sont pas séparables des liens qui assurent leur existence, ni du milieu avec lequel ils interagissent[224].

En mettant l'accent sur la relation[225], les écologies du milieu entendent déjouer la conception disjonctive et impérialiste de l'humain élaborée par la modernité. Elles projettent d'emblée un espace « diplomatique », qui valorise les « relations mutuellement bénéfiques » entre les existants et qui favorise l'invention de nouvelles liaisons entre eux (Morizot, 2018).

Le changement de perspective est particulièrement significatif s'agissant des biens communs. Cléo Collomb (2011) l'explique clairement. Elle rappelle que, dans un monde essentialiste, les acteurs individuels se comportent comme des unités ontologiques fermées sur elles-mêmes, et qui restent dans des relations d'extériorité les uns par rapport aux autres parce qu'ils se croient déjà constitués. Dès lors, le commun a du mal à se développer comme relation ou comme composition ; il ne peut émerger que « comme espace d'externalités négatives » : « il déborde, sous forme de tragédie, de la juxtaposition des interactions, parallèles, entre individus ». « Les ontologies atomistiques [ou substantialistes] ne parviennent pas à générer une approche processuelle du commun ».

En revanche, dans une vision relationnelle du monde, les dynamiques de groupe et les rapports entre individus se déploient de façon spontanée et plus écologique. Les acteurs développent une conscience plus aiguë de leur être-plusieurs, parce qu'ils ne se considèrent pas comme des centres constitués, mais comme des points singuliers dans une infinité ouverte de relations. Ils savent qu'en prenant en considération l'intérêt collectif, et en resserrant les liens qui les associent aux autres, ils défendent leur propre intérêt. Dans ce cas, précise Collomb, le commun n'est plus conçu « comme un rapport d'externalités nécessaire, mais comme une relation possible, c'est-à-dire comme multiplicité en acte ».

Le milieu est indissociablement éco-socio-technique

Le milieu n'est pas un donné environnemental objectif, ni une totalité naturelle englobante. Dans son acception relationnelle, il est à la fois constituant (de) et constitué (par) les êtres qui le fréquentent et l'utilisent[226]. Il représente la réalité relative du monde ambiant propre aux entités (individus, organismes, espèces, etc.) dont il est le complémentaire. Le milieu est donc toujours singulier, et il est indissolublement naturel, social et technique : il conjoint des dimensions biologiques et écologiques, sociales et politiques, machiniques et techniques, profondément interdépendantes.

Partant, la philosophie du milieu n'autorise pas de clivage entre société et technique, pas plus qu'elle n'admet de séparation entre nature et technique, ou entre nature et culture. Dans la perspective relationnelle, la société n'est pas formée par les seuls rapports interhumains ; elle intègre d'emblée les relations impliquant les entités naturelles et les artéfacts techniques. De même, la technique n'est plus conçue comme un moyen extérieur : elle forme elle aussi une relation, un *milieu*, qui instaure des liens, reconfigure des termes, et crée de nouvelles communautés[227]. Enfin, la nature n'est plus envisagée comme l'autre de la culture, telle une réalité anhistorique et étrangère à l'humain[228], ni même appréhendée indépendamment de la technique[229] : elle prend désormais la figure d'une « techno-nature » ou d'une « bio-technie ».

En reconsidérant les notions fondamentales de nature, de société et de technique, la philosophie du milieu parvient à démanteler les segmentations réductrices établies par la modernité. Elle étend le système des relations associatives proprement sociales à l'ensemble du monde considéré jusque-là comme appartenant à la nature. Ce faisant, elle cherche à déconstruire les fondements de l'idéologie naturaliste qui sert de justification à toutes sortes de discriminations, et elle ambitionne d'élargir le champ démocratique au-delà des relations humaines auxquelles il est cantonné. De ce point de vue, l'approche du milieu paraît bel et bien préférable à celles des écologies dualistes ou holistes.

La théorie latourienne de l'acteur-réseau

La théorie de l'acteur-réseau proposée par Bruno Latour donne une vision assez claire de ce qu'est une approche intégrée du milieu, de ses ambitions et de ses conséquences.

Le modèle latourien distingue entre humains et non-humains. Mais ces derniers (entités vivantes et artéfacts techniques) sont des acteurs à part entière : ils forcent les humains à agir et à s'adapter à de nouvelles configurations, et leur imposent des organisations ou des besoins nouveaux. Bien qu'ils soient par définition dénués d'intentionnalité, la qualité d'acteurs leur est reconnue. Ainsi, humains et non-humains se trouvent immergés dans un même milieu matériel, dynamique et mouvant ; ils sont impliqués dans des relations d'interdépendance étroites et leurs actions sont prises dans des boucles d'interaction enchevêtrées. C'est à travers des réseaux d'alliances et une multitude de processus évolutifs qu'ils se constituent et modifient l'écosystème dans son ensemble (Latour, 2015).

Dans un tel contexte, l'agent humain perd le monopole de l'agir et sa qualité de sujet autonome. Son action, soumise à des aléas et prise dans des causalités circulaires, n'est plus le fait d'une volonté ou d'une visée intentionnelle unique, mais plutôt le résultat de multiples réajustements. En même temps, les frontières identitaires entre l'humain et le non-humain s'estompent, et des formes hybrides apparaissent et prolifèrent : plantes et animaux transgéniques, embryons surgelés, robots biologiques, intelligence artificielle et systèmes experts... Ces formes, que Latour qualifie de mi-sujets, de quasi-objets ou d'imbroglios de nature-culture, achèvent de déjouer le Grand Partage mis en place par la modernité (2015 : 20). L'homme, jadis regardé comme maître et sujet de son environnement, est désormais intégré à son milieu en tant que partie prenante d'ensembles interconnectés et de collectifs hybrides. S'il veut agir sur son destin individuel et collectif, il doit prendre en compte, et s'efforcer de piloter au mieux, la complexité des processus éco-socio-techniques dans lesquels il est impliqué.

Le pilotage des collectifs mixtes[230]

Au sein de nos sociétés encore imprégnées par le mythe moderne, l'étude, la gestion et le contrôle des milieux obéissent à des principes technocratiques. Une séparation stricte est établie entre humains et non-humains : les choses de la nature et de la technique sont placées sous l'égide de la science, et exclues du domaine de la vie démocratique, tandis que les affaires de la société sont traitées par les moyens de la délibération et de la politique. En vertu de l'universalité de la science et de sa neutralité présumée, les mêmes approches, les mêmes choix et les mêmes technologies sont imposés partout, au mépris des différences qualitatives entre les milieux. Latour qualifie cette pratique de « travail de purification » (2006 : 20-21).

En contraste, l'écologie du milieu fait valoir la singularité de chaque contexte et la nécessité d'une approche politique locale[231]. Pour répondre de cette exigence, Latour propose de mettre en œuvre deux processus : une enquête interdiscip-linaire, dont l'objet est de décrypter les enchevêtrements, les interactions et les relations d'interdépendance propres au milieu envisagé ; et un processus de pilotage, dont le but est de gérer le monde partagé de manière évolutive, au travers d'engagements pratiques et de négociations renouvelées impliquant les humains et les non-humains. Cette double démarche est qualifiée par Latour de « travail de médiation » ou de « traduction » (2006 : 20-21).

Passer du travail technocratique de la purification au travail diplomatique de la médiation suppose de renouveler la vie démocratique, en y intégrant les questions soulevées par la technique. Puis, il s'agit de développer une pratique de la connaissance située[232], qui se ferait d'autant plus attentive à la complexité des rapports écosystémiques d'interdépendance, qu'elle aura dépassé l'illusion moderne de la science purement naturelle, universelle et absolue. Enfin, il devient essentiel de promouvoir le principe de techno-diversité, en développant des technologies alternatives, ouvertes et localement différenciées, permettant des programmes de coexistence.

Sur le plan institutionnel, l'approche commande une réforme des modalités de la représentation démocratique, afin de donner visibilité et voix aux non-humains. Latour préconise l'instauration d'un « Parlement des choses », dans l'enceinte duquel les non-humains (animaux, artefacts, entités physiques, imbroglios et réseaux) auraient « toute la place pour eux », grâce à des « porte-paroles » qui les représenteraient aux côtés des élus politiques humains. Dans ce Parlement, « la continuité du collectif » serait recomposée : « les natures [seraient] présentes, mais avec leurs représentants, les scientifiques, qui parlent en leur nom », et « les sociétés [seraient] présentes, mais avec les objets qui les lestent depuis toujours ». « Ce Parlement, précise Latour, nous n'avons pas à le créer de toutes pièces, en appelant à une révolution de plus ». Il s'agit plutôt de convertir l'existant. En effet, « la moitié de notre politique se fait dans les sciences et les techniques. L'autre moitié de la nature se fait dans les sociétés. Raboutons les deux, voici que la politique recommence » (2006 : 198). Ce raboutissage suppose, à l'évidence, un renouvellement des mentalités communes, ainsi qu'une radicalisation des pratiques démocratiques. Sans doute, le plus difficile en la matière serait de « réapprendre à vivre » dans une « grande communauté diplomatique » où, au-delà des cloisonnements dualistes de la modernité, les conflits entre acteurs, besoins et capacités seraient conciliés par la négociation.

L'approche esquissée par les écologies du milieu serait particulièrement fructueuse en lien avec les communs. Dans ce domaine, les démarches traditionnelles restent également prisonnières de l'anthropocentrisme moderne ; elles se limitent à la recherche d'une meilleure gestion des ressources partagées et appliquent des méthodes, des mesures et des techniques uniformisantes, sans remettre en cause la séparation entre l'humain et le non-humain. En contraste, l'approche fondée sur le milieu reconnaît que l'homme est pris dans un réseau de relations enchevêtrées avec les autres vivants et la technique, et elle met en place des moyens de gestion spécifiques à chaque situation, en encourageant l'émergence d'alliances complexes, évolutives et écologiquement vertueuses entre toutes les parties prenantes.

Les limites de l'écologie du milieu

Malgré la fécondité de ses perspectives, et sa capacité à échapper aux partitions de la modernité dualiste et naturaliste, la philosophie du milieu présente des limites qu'il faut maintenant souligner.

En donnant l'avantage à l'intégration sur la séparation, et en privilégiant la liaison sur les termes constitués, l'approche du milieu tend à perdre de vue ce qui, dans les entités individuelles demeure irréductible aux relations contingentes dans lesquelles elles sont prises, à savoir leurs qualités propres, leur part d'extériorité et leur capacité d'autonomie par rapport aux processus qui les déterminent. Ainsi, l'écologie du milieu échoue à reconnaître, d'une part, l'altérité de la nature, et d'autre part, la capacité de l'homme à s'ériger en centre de responsabilité. Ces limites découlent de la référence exclusive qu'elle accorde à l'ontologie relationnelle.

- *L'altérité bafouée de la nature.*

La dialectique du milieu s'inscrit en faux contre les pensées qui assimilent la « nature » à une substance stable, à un état de choses immuable, ou à un ordre préexistant qu'il faudrait conserver ; elle invalide par là-même les arguments naturalistes qui ont toujours été utilisés pour disqualifier, exploiter ou détruire les non-humains aussi bien que les humains.

Mais il y a un revers à cette médaille : l'approche fondée sur le milieu interdit de penser la nature de façon autonome, indépendamment des dispositifs humains et techniques qui en encadrent le déploiement. La nature est décrite comme évoluant avec la société des hommes et leurs systèmes techniciens au gré d'un devenir où de nouveaux équilibres écosystémiques se recréent constamment. Dans ce cadre, l'altération des écosystèmes ne peut plus être assimilée à la rupture d'un équilibre originel, mais doit être comprise comme un facteur de résilience ou comme l'effet d'une nécessaire adaptation. Cette façon d'interpréter le déséquilibre écologique peut induire de fausses idées sur la capacité des écosystèmes à s'adapter, à se transformer et à survivre ; elle peut laisser croire que les dégâts causés par l'homme pourraient être résorbés par les processus homéostatiques qui régulent la biosphère. En toute rigueur, il serait même impossible d'affirmer que l'homme est un agent perturbateur des milieux naturels, puisqu'il n'y a pas de nature indépendante des acteurs qui la peuplent. L'approche systémique du milieu risque alors de raviver les controverses portant sur les causes et les conséquences du dérèglement environnemental, révoquant en doute la nécessité même de la transition écologique. Le risque est d'autant plus réel que – comme nous l'avons souligné dès le début de nos analyses – nos contemporains utilisent l'incertitude qui pèse sur le domaine des sciences de l'environnement, et le caractère hors norme du basculement environnemental, pour se soustraire à leur responsabilité[233].

Mais l'approche « a-naturaliste » pose encore une autre difficulté. En sonnant le glas de l'idée de nature, la philosophie du milieu est amenée à défendre la thèse constructiviste selon laquelle « il n'y a pas de nature » et que « rien n'est donné », mais que tout est construit, produit par l'homme et marqué de son empreinte. Dès lors, on ne peut plus réclamer le respect de la nature et exiger qu'elle soit préservée des artifices de l'homme puisque, à proprement parler, la nature n'existe pas. Le seul impératif qui puisse être formulé est de piloter, d'orienter, voire de manipuler au mieux les processus éco-socio-techniques qui constituent le milieu. C'est ce biais constructiviste que Frédéric Neyrat (2016) reproche à la sociologie latourienne et aux autres philosophies du milieu.

En effet, les approches matérialistes du milieu considèrent, avec plus ou moins de nuances, que tout est socialement construit, qu'il n'y a pas de réel externe à la culture, et que ce qui est considéré comme naturel est en fait le produit d'une élaboration humaine et historique[234]. Cette conception relève du constructivisme culturel. Or, il existe un autre discours constructiviste actuellement en vogue, c'est celui de la technoscience et de son projet de reconfiguration de la nature biologique et humaine. Ce constructivisme peut être qualifié de naturaliste dans la mesure où il considère les sphères du social et du culturel comme naturelles et se propose de les reconstruire artificiellement à l'aide de la technique. Les deux constructivismes – le culturaliste, dont relève la philosophie du milieu, et le naturaliste qui infuse la pensée techno-scientifique – sont évidemment différents. Ils sont même opposés, l'un étant géo-centré, et l'autre anthropocentré. Mais ils se rejoignent aussi dans l'idée que la réalité physique du monde aurait vocation à être indéfiniment reconfigurée par le travail d'anthropisation. C'est pourquoi Neyrat les associe dans une même critique. Il reproche aux écologies constructivistes – et notamment aux approches du milieu de type latourien – de conforter, malgré elles, le constructivisme technoscientifique, c'est-à-dire la géo-ingénierie environnementale, la manipulation du vivant et le transhumanisme débridé, en donnant raison à tous ceux qui soutiennent « que la Terre, et tout ce qu'elle contient – écosystèmes et organismes, humains et non-humains –, peut et doit être reconstruite, réformée et reformée » (2016 : 29-31)[235].

Pour dissiper les ambiguïtés des philosophies du milieu, et défendre la nature et les non-humains de l'emprise démesurée de l'homme, ne conviendrait-il pas de remettre en avant les thèses de l'écologie de la Nature ? Ne faudrait-il pas réintroduire une forme de distinction entre nature et culture, et redonner à la première une consistance ontologique propre (en veillant bien sûr à ne pas retomber dans les travers du naturalisme moral ou scientiste, et à ne pas réactiver des clivages qui pourraient être utilisés à des fins discriminatoires) ? C'est l'orientation que Virginie Maris choisit de défendre. À contre-courant des discours qui résorbent la naturalité de la nature dans le culturel, elle entreprend de réhabiliter l'idée d'une « nature-altérité », dans le but de mettre une limite aux ambitions modernistes d'« absorption technique, économique et bureaucratique » du vivant. Pour appuyer l'idée de la « nature-altérité », Maris évoque « la part du monde que nous n'avons pas créée » et pointe ces « lieux », ces « êtres » et ces « processus » qui parsèment la planète et qui sont encore « suffisamment peu influencés pour être qualifiés de sauvages » (2018 : 21, 76, 227). Ce faisant, l'auteur semble réintroduire l'idée de la *wilderness*. Mais celle-ci n'a alors plus rien à voir avec le fantasme d'une nature vierge et inhabitée. Elle figure un lieu où, symboliquement du moins, il est mis une limite à la domination anthropique ; elle traduit une exigence de retenue, et la reconnaissance du fait que les intérêts des autres formes de vie et de la Terre elle-même ne coïncident pas forcément avec ceux de l'homme. Dans un esprit analogue, Neyrat cherche à faire barrage au constructivisme opératoire, en appelant à préserver le « sauvage » tapi au cœur de la nature, et à laisser vivre « la part inconstructible de la Terre » (2016 : 360).

Il faut bien comprendre que « la part sauvage du monde » (Maris) et « la part inconstructible de la Terre » (Neyrat) ne renvoient pas, de façon triviale, à des lieux matériels dépourvus d'implantation humaine. L'une et l'autre font plutôt référence à un « espace de recul et de distance » qui permet de laisser venir la « diversité du monde », ses « potentialités » et ses « surprises » (Maris, 2018 : 218). Elles symbolisent cet « écart » ou ce « retrait » qui rend possible la suspension du mode de domination constructiviste, et à partir duquel il devient possible d'instaurer d'autres manières de faire sens et d'accueillir l'altérité (Neyrat, 2016). Si Maris et Neyrat rejoignent ainsi le souci exprimé par les écologies du milieu de préserver la force inventive et irréalisée qui se trouve au cœur des dynamismes de la techno-nature (Lindberg, 2016b), ils considèrent néanmoins que cette inventivité ne pourrait échapper au conditionnement constructiviste de la techno-science dans laquelle elle est actuellement prise, sans le recours à une forme de « naturalisme stratégique », sans référence à un fond « naturel » qui serait dans un rapport d'extériorité radicale avec le milieu construit.

Neyrat recourt à de nombreuses formules pour donner à comprendre ce qu'il entend par « la part inconstructible de la Terre »[236]. À bien l'entendre, l'inconstructible figure une puissance inobjectivable de génération et de régénération ; une tendance originaire et anti-productive qui assure la possibilité d'autres commencements ; une force inapprivoisable qui, venant du dehors, peut mettre en crise les conditions humaines de la fabrication, de l'appropriation et de la maîtrise pour ouvrir de nouveaux possibles[237]. Tant que l'homme ne parvient pas à honorer cette dimension, et à la laisser vivre, il ne pourra pas sortir des préjugés et des conditionnements qui l'embarquent dans la fuite en avant constructiviste, ni par conséquent instaurer de nouvelles façons d'habiter le monde. Ainsi définie, « la part inconstructible de la Terre » représente effectivement une pièce manquante de la pensée écologique contemporaine.

Le problème est que Neyrat peine à rendre pleinement compréhensible et opérante cette réalité cachée, sauvage et hors d'atteinte que figure l'inconstructible. Son élaboration, il faut bien l'admettre, reste abstraite et n'offre pas de solution efficace au vaste et profond défi du constructivisme[238]. Pour notre part, nous montrerons, dans le second volet de notre travail, que cette dimension, que Neyrat appelle la « part inconstructible de la Terre », ce « retrait » nécessaire qui rend possible l'invention de modes d'être plus authentiques avec les autres humains et les non-humains, pourrait trouver un sens existentiel concret dans le cadre d'une relation avec Dieu.

- *La dilution de l'homme.*

Nous avons pu constater que les écologies de la Nature ne parviennent pas à établir la responsabilité de l'homme, parce qu'elles l'immergent dans la naturalité et oblitèrent ses différences avec l'animal. Mais l'écologie du milieu ne fait pas mieux. Elle assimile l'homme à un actant parmi d'autres, l'implique dans des relations constituantes avec des acteurs non-humains autonomisés, et le soumet aux processus enchevêtrés et déterminants du système avec lequel il est toujours déjà en interaction. Si l'homme reste doté d'un pouvoir d'agir et d'une faculté d'inventivité, il n'est plus le centre d'autonomie et de responsabilité qu'en fait l'humanisme. Il perd sa qualité de sujet moral et la distinction même qui le rendait spécifique. André Caillé (2001) relève en ce sens que la différence maintenue par les théories matérialistes du milieu entre les humains et les non-humains « ne produit aucune conséquence, ni épistémologique ni politique, puisque tous, humains et non-humains, s'équivalent en fait et en droit ».

Lorsque les principes de l'humanisme sont déconstruits, que la notion de nature est évacuée et que l'être humain est réduit à une espèce plutôt technique que naturelle, l'horizon n'est-il pas alors entièrement dégagé au profit de la logique technoscientifique la plus radicale[239]? Cette fois, il ne s'agit plus simplement de dénoncer, comme le font Neyrat ou Maris, la parenté entre le constructivisme épistémologique du milieu et celui opératoire de la géo-ingénierie et du transhumanisme ; mais plutôt de pointer, comme le fait Caillé, une collusion plus essentielle entre les deux : « Dès lors que la voie préconisée est en fait celle d'une association, et même d'une intrication toujours plus poussée entre l'humain et le non-humain et qu'aucun principe communautaire ne doit venir freiner l'expérimentation (fût-elle même "humaniste"), la seule chose qu'il reste à faire est de regretter que le processus de liquidation de l'humanisme traditionnel n'aille pas assez vite » ; « Ce qui de toute évidence fait le plus problème et qui excède de beaucoup un constructivisme seulement épistémologique, c'est le fait que non seulement rien dans le propos de Latour ne permet d'opposer quoi que ce soit aux OGM, à l'hégémonie des biotechnologies ou à la modification indéfinie du génome par exemple, mais que tout y encourage » (Caillé, 2001).

En réponse aux accusations portées contre lui, Latour affirme que ses thèses ne tolèrent aucune forme de complaisance avec les entreprises de manipulation du monde vivant, mais qu'elles se situent à égale distance de l'humanisme abstrait et du post-humanisme dissolvant. Il écrit : « Un humain enfin distingué de tous les attachements qui lui donnent son humanité, voilà ce que recherchent, pour défendre l'humanisme, les plus honnêtes d'entre nous, alors qu'il s'agirait là d'un cataclysme, dont la crise écologique n'est qu'un symptôme parmi beaucoup d'autres. D'un autre côté, les plus pervers, sous le nom de post-humanisme, imaginent avec jubilation un monde de cyborgs enfin délivré de toute question morale parce qu'ils sont parvenus à étendre le règne des choses – conçu sous la forme la plus classiquement épistémologique – à la sphère du sens » (Latour, 2001).

La dispute ouverte entre Caillé et Latour soulève une série de questions centrales qui demeurent sans résolution claire. Est-il possible d'enrayer l'emballement de la crise écologique en cours sans déconstruire entièrement l'humanisme traditionnel (un point de vue défendu par Caillé mais disputé par Latour) ? Cependant, peut-on renoncer complètement à l'humanisme moderne, sans laisser libre cours au déploiement effronté de la technoscience (un point de vue soutenu par Latour mais contesté par Caillé) ?

Les deux protagonistes semblent avoir à la fois raison et tort. D'un côté, il ne fait pas de doute que pour s'extraire du paradigme qui est à l'origine du cataclysme écologique en cours, il faut déconstruire l'humanisme et ses corrélats anthropocentrés, et mettre fin au divorce entre nature et société. Mais, d'un autre côté, il est également indéniable que pour éviter le brouillage entre l'humain et la machine, et résister à la logique implacable de l'artificialisation du vivant, il faut restaurer la dignité de l'homme et réaffirmer l'altérité de la nature. Ces exigences opposées peuvent-elles être soutenues en même temps ? Comment traduire, dans l'expérience effective, une position de principe contradictoire ? Nous pensons que les débats soulevés par Caillé et Latour ne peuvent trouver de solution satisfaisante tant que la question du divin, qui les hante secrètement et les surdétermine, n'est pas réintroduite et correctement adressée. Nous verrons alors qu'une relation vivante à un Tiers-transcendant d'un type particulier pourrait donner un sens et une cohérence existentielle aux exigences contradictoires que nous venons de relever.

- *Les dangers de l'ontologie relationnelle*

L'incapacité de l'écologie du milieu à honorer la spécificité de l'homme et l'altérité de la nature, et les collusions qu'elle entretient avec le constructivisme opératoire, ne sont pas sans rapport avec la plateforme ontologique sur laquelle elle prend appui.

Rappelons que dans le cadre des ontologies relationnelles – en particulier celles qui se veulent matérialistes –, les entités existantes (individus, collectifs, objets, croyances ou institutions) sont rendues entièrement tributaires des relations qui les constituent : une unité n'existe qu'en interdépendance avec d'autres, au sein d'un réseau d'interconnexions, d'attaches et de variations différentielles.

Le tout relationnel a ses avantages. Il déjoue les frontières excluantes du « chez-soi » et de « l'entre-soi », en redonnant lisibilité aux interdépendances d'ordre social, écologique et technique, par-delà les disjonctions convenues entre humain et non-humain, sujet et objet, nature et culture. Dans le plan d'immanence relationnel, « les êtres humains n'ont d'autre choix que de se concevoir comme un "nous" faisant partie d'un plus vaste "nous", comme un "nous" parmi un autre "nous" : le "nous" d'une humanité ayant à se penser comme espèce, et le "nous" de l'ensemble de ce qui forme le plan d'inséparation » (Quessada et Citton, 2018).

Mais le revers de cette solidarité n'est que trop évident : le relationnisme occulte l'existant concret, spécifique et irréductible qui se tient derrière les relations ; il déconsidère la force d'arrachement et de perfectibilité de l'homme, et méconnaît ses capacités à se maintenir en retrait de ses manifestations dans le monde et à imprimer un sens aux situations dans lesquelles il est immergé. En un mot, le relationnisme tend à faire abstraction de « l'individu singulier comme volume d'être » (Piette, 2014 : 18).

Par le fait même, l'approche relationnelle tend à consacrer une forme extrême de relativisme. Dès lors que l'existant est réduit à ses seules déterminations, il se trouve livré aux impératifs, aux contraintes et aux dynamiques du milieu dans lequel il évolue, sans hiérarchie déterminante entre les valeurs et les acteurs. Il se trouve plongé dans un régime d'indifférenciation morale, où « toute idée d'un primat du sujet sur l'objet, toute pensée d'un privilège de position de quoi que ce soit sur quoi que ce soit d'autre est désormais ruinée » (Quessada et Citton, 2018).

L'approche relationnelle pose aussi un autre problème, qui est de discréditer les modalités qui ne sont pas de l'ordre de la relation positive, telles que la séparation, l'antagonisme, l'écart ou la dissidence. Toute activité qui implique un retranchement de liens, ou un relâchement de liaisons avec le monde, aura tendance à être valorisée en termes négatifs, comme une modalité corruptrice, disruptive ou pauvre de l'être[240]. Par conséquent, les actes de rupture, de repli ou de concentration sur soi ne peuvent plus apparaître comme des moments possibles d'un accomplissement. De même, les choix de l'esseulement, les ascèses du retrait, les voies de la liberté intérieure, les politiques de la dissidence radicale, et pour finir la passion du sacrifice, ne peuvent plus être considérés comme potentiellement bénéfiques. Mais dès lors que les modalités propres de la séparation sont dépréciées, peut-on concevoir et instruire concrètement une politique de rupture qualitative avec le monde existant ?

Malgré lui, le tout relationnel risque de renforcer les rythmes, les pressions et les conditionnements du système établi et, ce faisant, de favoriser l'irrépressible nivellement de l'homme dans la postmodernité techniciste et consumériste. En la matière, ce sont « les théories de Latour » qui seraient les plus exposées et les plus critiquables, car elles « sont sans doute celles qui radicalisent le plus le primat des relations et la suspension de la présence des individus » (Piette, 2016)[241].

Partant, une conclusion s'impose d'elle-même : la démarche écologique ne peut se satisfaire, ni de l'ontologie atomiste privilégiée par l'humanisme moderne, ni de l'ontologie relationniste mise à l'honneur par la philosophie du milieu. Elle gagnerait à conjoindre les perspectives rivales, en donnant toute sa force à la relation constitutive et toute sa valeur à l'individu singulier.

De façon plus générale, le tour d'horizon que nous venons de consacrer aux perspectives de la Nature et du milieu révèle à quel point ces deux visions sont en réalité complémentaires. Chacune a le potentiel d'enrichir sa rivale de considérations qui lui font défaut ; chacune pourrait aussi remédier aux insuffisances de l'autre et prévenir ses dangers. Il ne s'agira donc pas de prendre fait et cause pour l'une ou l'autre des écologies concurrentes, mais bien, une nouvelle fois, de chercher à les mettre en présence dans un même cadre de pensée paradoxale.

L'incontournable thèse de l'exception humaine

Ce que notre examen a également révélé est l'impossibilité de se défaire entièrement de la conception anthropocentrique et dualiste de l'humanisme moderne, parce qu'elle seule paraît en mesure de garantir le sens de l'homme et ses prérogatives de responsabilité.

Kate Soper (2001) remarque à ce sujet que les écologies radicales sont obligées d'intégrer à leurs dispositifs des éléments d'anthropocentrisme plus ou moins importants, qui vont à l'encontre du déterminisme dont elles se réclament, afin de justifier la capacité de l'homme à se dominer, à faire preuve de moralité et à se perfectionner. C'est en effet toujours à l'homme, à son intelligence, à sa sensibilité, à sa capacité d'agir selon des règles, ou à sa volonté de devenir meilleur, que les écologies non-anthropocentrées font appel. N'est-ce pas en fonction de critères humains que les non-humains sont valorisés et que les paramètres, les dynamiques et les enjeux du milieu sont décryptés ? N'est-ce pas aussi grâce à des mandataires humains, en vertu de procédures imaginées par eux, et moyennant des pratiques discursives qui leur sont propres, que les intérêts des autres vivants et les droits qui leur sont attribués peuvent être défendus ? Ainsi, explique Soper, l'écologie profonde suppose implicitement qu'« à la différence des autres espèces, les êtres humains pourraient en principe subordonner leurs intérêts à ceux du "reste de la nature" ». « Mais cette dernière hypothèse est incompatible avec la plupart des thèses que l'écologie profonde avance volontiers concernant la parenté des hommes avec le "reste de la nature". Car nous ne pouvons attendre d'aucune autre espèce que la nôtre que priorité soit donnée aux besoins des autres sur ses propres besoins, et, au cas où cela se produirait quand même, nous considérerions cela comme étant carrément contre nature ».

Autrement dit, on ne peut pas – sauf à s'enferrer dans des contradictions performatives et des difficultés pratiques – échapper entièrement à l'anthropocentrisme, et ne pas reconnaître, ne serait-ce que sous forme d'exigence méthodologique, qu'il existe une asymétrie fondamentale entre l'homme et le reste du vivant, qui rend le premier capable de s'abstraire de la nécessité à laquelle il est soumis en tant que matière vivante[242].

Plus généralement, c'est la référence spirituelle, si prégnante dans la vision de l'humanisme moderne, qu'il semble difficile d'abandonner. En effet, s'il fallait adhérer sans réserve aux thèses matérialistes ou panthéistes, rejeter toute distinction entre la vie de l'esprit et le cours du monde matériel ou biologique, et dissoudre la spécificité de l'humain dans l'économie générale du milieu ou de la nature, alors on ne pourrait plus échapper au déterminisme rigoureux – c'est-à-dire à la thèse selon laquelle toutes les expressions de notre pensée, de notre liberté et de notre créativité, pour admirables qu'elles puissent être, sont des produits de notre histoire individuelle et collective, et qu'elles se forment à notre insu, selon des mécanismes corporels où la volonté, le choix et le libre arbitre ne sont qu'illusions : « Ce qui heurte dans le matérialisme, estime Alain Renaut, ce sont en fait les conséquences de son réductionnisme et de son déterminisme. Car l'adjonction de paramètres supplémentaires de complexité aux mécanismes de la détermination matérielle de toutes nos activités a beau avoir été revendiquée constamment par le matérialisme, de Marx à aujourd'hui : cette complexité, celle, dans le marxisme, de l'interaction dialectique entre infrastructure économique et superstructure idéologique, ou celle, dans la biologie contemporaine, des mécanismes neuronaux, n'enlève rien aux questions que soulève toute forme de naturalisation de l'humain. Comment en effet penser la liberté et la responsabilité, si nous n'admettons pas la possibilité d'un écart entre l'activité de notre esprit (quand, par exemple, il nous fait choisir telle décision plutôt que telle autre) et les réseaux de déterminations qui la codent ou la programment à notre insu ? » (2006 : 328). Si l'on veut préserver l'idée que l'homme a une responsabilité et une dignité propre, si l'on ne veut pas le voir stagner dans la vie économique normalisée et être livré comme objet à la manipulation technoscientifique, ni le voir sombrer dans le désordre de la naturalité ou régresser à un niveau infrarationnel où seule la poursuite indisciplinée de la passion entrerait en jeu, mais que l'on veut remettre l'homme et la société sur un chemin de soutenabilité et de plus haute valeur, alors on est obligé de défendre – ne serait-ce que sous la forme d'une pure exigence méthodologique – l'irréductibilité de l'esprit au biologique et à la matière.

En rappelant ces évidences, nous n'entendons pas prôner un quelconque spiritualisme, ni instruire une nouvelle forme d'autonomie de l'esprit par rapport à la matérialité, mais marquer l'insuffisance dont se trouvent entachées les écologies radicales dès lors qu'elles rejettent les thèses de l'humanisme anthropocentrique.

Signalons qu'il existe encore d'autres raisons – plus prosaïques, mais non moins essentielles – pour lesquelles il est impossible de se défaire entièrement du postulat de l'exception humaine et de la morale qui lui est associée. Puisqu'il ne peut être question d'abandonner les impératifs de production et de productivité (même si ceux-ci doivent être réenchâssés dans des considérations plus larges), et comme on ne peut se priver de l'apport nutritionnel des produits animaux (même si leur part dans l'alimentation mondiale doit décroître substantiellement et que les systèmes d'élevage et d'abattage doivent être réformés), alors on ne peut se détacher entièrement de la morale anthropocentrique, qui place l'intérêt de l'homme au-dessus de tout le reste.

Mais si l'on ne peut s'affranchir entièrement de la perspective anthropocentrique, et que l'on doit continuer de reconnaître – quoique dans un sens renouvelé – la spécificité de l'esprit, le domaine propre du culturel et l'exceptionnalité humaine, ne serait-il pas préférable et plus cohérent de reprendre appui sur les schémas de l'humanisme moderne, après les avoir réformés et reformulés ? Autrement dit, ne devrait-on pas opter pour une version révisée de l'humanisme classique, qui aurait intégré à ses conceptions les apports critiques des écologies non-anthropocentrées de la Nature et du milieu ?

Les visions faiblement anthropocentriques

Puisque c'est de l'homme dont il s'agit, des destructions qu'il commet et de son avenir désormais menacé, c'est à l'homme qu'il revient d'agir et de garantir la pérennité des conditions d'habitabilité de la planète : c'est à l'humanité, « aujourd'hui acculée », qu'il incombe de « prendre en charge l'avenir de la complexité » (Reeves, 1990 : 162). Dans ces conditions, ne conviendrait-il pas de remobiliser les traditions de l'humanisme moral, dans une perspective d'élargissement de la responsabilité, qui se ferait en direction de trois catégories d'êtres que la modernité n'a pas su honorer : les plus vulnérables, les générations à venir et les non-humains[243] ?

Il y a quelque temps déjà, François Ost a avancé une proposition dans ce sens. Renvoyant dos-à-dos les démarches du dualisme cartésien (qui réduit la nature à un objet), et celles de l'écologisme radical (qui érige la nature en sujet), Ost dessine les contours d'une approche médiane et dialectique qu'il qualifie de « projet pour la nature », une approche qui, tout en étant centrée sur l'homme et fondée sur le principe de responsabilité, cherche à répondre aux exigences de la durabilité : « Cette nature-projet n'est pas un nouvel avatar de l'idéal moderne de transformation de l'environnement (…). Car le projet dont il s'agit est aussi celui de la nature : une nature qui nous rappelle au respect pour le donné. Un donné qui donne à penser et qui, toujours déjà là, s'origine bien avant nous et porte bien au-delà, suscitant une réaction éthique de l'ordre de la responsabilité. La responsabilité est réponse à une interpellation ; en amont : l'appel d'une nature qui se donne et qui, patrimoine précieux, s'est enrichie du travail et des significations qu'y ont apportés les générations qui nous précèdent ; en aval : l'appel des générations futures, dont la survie dépendra de la transmission de ce patrimoine » (2003 : 16)[244].

Ainsi, l'humanisme moral, dès lors qu'il reconnaît l'importance des questions écologiques pour l'homme, s'ouvre à des exigences auxquelles il était de prime abord étranger, et adopte des arguments qui ne font pas partie de son horizon naturel de pensée : il s'intéresse aux besoins propres de la Terre, se fait attentif aux droits des générations futures et comprend le besoin de renouer des liens constitutifs entre l'humain et le reste du vivant[245]. À l'inverse, nous avons vu que les écologies radicales étaient obligées d'intégrer à leurs propositions des éléments d'anthropocentrisme qui leur faisaient défaut. Les approches contraires sont donc amenées, comme malgré elles, à se porter du côté de leur opposé et à cautionner des principes qui leur sont étrangers. C'est précisément ce que souligne Gérald Hesse au terme de l'examen qu'il consacre aux éthiques de la nature : « L'élaboration d'une théorie morale anthropocentrée tend, d'une manière ou d'une autre, à basculer, si on la poursuit dans ces derniers retranchements, du côté des éthiques non anthropocentrées. (…) Inversement, les éco-centrismes (naturalistes ou holistes) (…) révèlent, à la lumière d'une lecture attentive, des difficultés ou des ambiguïtés. Celles-ci semblent autoriser un rapprochement avec une posture anthropocentrée dont ils s'efforcent justement de se distinguer. C'est un peu comme si les positions extrêmes du spectre des éthiques de la nature étaient animées par une dialectique les conduisant in fine à s'inverser dans leur contraire » (2013 : 366).

Ce constat démontre que les conceptions opposées de l'humanisme anthropocentrique et de l'écologisme non-anthropocentrique ne sont pas soutenables isolément. Pour pallier leurs insuffisances, elles sont contraintes d'embrasser des partis-pris qui contredisent leurs prémices de départ. Pourtant, il n'y a pas de compromis dialectique envisageable entre ces deux perspectives, qui demeurent antinomiques dans leurs présupposés, leurs exigences et leurs implications concrètes : « D'un point de vue théorique et pratique, ces deux positions ne se laissent pas aisément concilier, et il n'y a d'ailleurs pas lieu de supposer qu'elles puissent l'être » (Soper, 2001).

Nous sommes donc en présence de deux conceptions inconciliables. Chacune d'elles, prise isolément, donne lieu à des approximations, des excès et des dérives qui la rendent impropre à fonder une juste posture de responsabilité écologique. Mais chacune donne aussi voix à des considérations et à des exigences qui ne peuvent être ignorées, et qu'elle seule paraît en mesure de défendre. Dès lors, la seule approche écologiquement satisfaisante consisterait à conjoindre les conceptions opposées, en les maintenant en tension dans une même et unique affirmation paradoxale.

D'une certaine façon, c'est ce que Ost ambitionne de faire avec son « projet pour la nature ». Pour se démarquer des réductions opérées par le dualisme et le monisme, il cherche à intégrer, dans une même proposition, le projet de l'homme sur la nature et le projet de la nature sur l'homme. Tout en conservant une forte base humaniste, sa proposition s'efforce d'aller au-delà de l'antinomie entre anthropocentrisme et non-anthropocentrisme. Mais c'est alors précisément à ce niveau que sa démarche se découvre insuffisante. Elle ne parvient pas à rendre concret, et existentiellement opérant, l'amalgame des perspectives contraires qu'elle projette sur le plan spéculatif. Comme le souligne Xavier Dijon (1995), le défaut de cette proposition, et « l'insatisfaction » dans laquelle elle nous laisse, tiennent à son caractère artificiel et abstrait : « Si l'on admire sans réserve la perfection formelle d'une telle intégration des contraires où chaque terme est médiation pour lui-même, on voudrait en savoir plus sur le principe qui anime de l'intérieur une telle intégration. Quelle est finalement la consistance, la présence de ce "milieu" censé mettre en relation l'homme et la nature en respectant à la fois le lien et la limite ? (…) On se demande en effet où est la sève ? (…) D'où vient le principe qui les fait vivre ? ». Faute d'un principe qui fonde les positions contraires et qui anime leur coexistence, la proposition de Ost reste purement théorique, sans portée effective, ni grande utilité pour l'expérience con-crète.

La nécessaire intégration des positions contraires

Dans notre précédent chapitre, nous avons rappelé que la crise écologique actuelle a partie liée avec un paradigme de pensée anthropocentrique et dualiste que le monothéisme judéo-chrétien a nourri, et que la modernité occidentale a radicalisé et diffusé dans le monde. Ce paradigme a permis des avancées indéniables dans de nombreux domaines de l'existence humaine. Mais son irrémissible défaut est d'instaurer un Grand Partage qui oppose et hiérarchise entre la culture et la nature, l'homme et l'animal, le masculin et le féminin, l'esprit et la matière. Cet ensemble de disjonctions légitime l'exploitation du vivant et autorise des formes de ségrégation envers les minoritaires. Il structure également le prométhéisme prédateur qui épuise la nature et l'homme, dans une quête illimitée d'arraisonnement instrumental, de domination virile et de croissance économique.

Dans le présent chapitre, nous avons examiné deux approches rivales qui ambitionnent de sortir du dualisme réducteur. La première met à plat les dualités hiérarchiques et les résorbe dans un monisme de la Nature ; la seconde excède l'opposition duale en donnant l'avantage aux processus du milieu sur les termes. Chacune des deux démarches ouvre des perspectives fructueuses. Mais chacune soulève aussi des difficultés qui limitent sa portée, et induit des biais qui peuvent être préjudiciables à la cause écologique. Aucune ne parvient à penser le rôle spécifique de l'homme – rôle que l'humanisme anthropocentrique a promu mais faussement traduit en termes de scission avec le reste du vivant.

En fin de compte, les différentes visions du monde que nous avons analysées – celles de la modernité dualiste, de l'écologisme moniste et du nouveau matérialisme – présentent toutes des aspects contrastés, une face lumineuse et une autre sombre. Chacune donne visibilité à des réalités, se porte garante d'exigences et ouvre à des considérations auxquelles les autres approches ne donnent pas accès. Mais chacune comporte aussi des risques de dérive pathologique, auxquels ses rivales fournissent précisément le remède. Dans ces conditions, on gagnerait à mettre en présence les perspectives rivales, de manière à tirer avantage des potentialités positives que chacune offre, tout en conjurant les dangers qu'elles présentent[246].

Ainsi, l'idée générale qui émerge de nos analyses est qu'il faut conjoindre, sans les réconcilier, les conceptions concurrentes de l'humanisme anthropocentrique, de l'écologisme de la Nature et de la philosophie du milieu.

L'intégration paradoxale que nous préconisons recouvre deux valeurs différentes. D'une part, elle s'entend de façon critique, selon la négation du « ni…ni », comme une dénonciation des voies unilatérales et mutilantes. D'autre part, elle se comprend de manière productive, avec le sens positif du « et…et », comme une injonction à intégrer les points de vue contraires et à les dialectiser jusqu'à tendre à un plan d'affirmation qui se situerait par-delà les dualismes et les unilatéralismes.

Selon le sens critique du « ni…ni », les thèses opposées, en étant mises en présence, s'excluent mutuellement et se neutralisent. L'intégration paradoxale équivaudrait alors à refuser l'anthropocentrisme (qui isole l'homme du reste du vivant) et le non-anthropocentrisme (qui dissout l'humain dans la continuité avec l'animal) ; le culturalisme (qui récuse tout concept régulateur de nature) et le naturalisme (qui ignore la dimension culturellement construite du réel) ; ou encore le spiritualisme (qui sépare entre l'activité de l'esprit et le cours du monde) et le matérialisme (qui noie le dynamisme de l'esprit dans la matière).

Mais, de façon positive, l'intégration paradoxale cautionnerait les positions contraires, et inviterait à les combiner et à les potentialiser l'une par l'autre. Il s'agirait alors de reconnaître que l'humain et le non-humain, l'esprit et la matière, la culture et la nature, sont liés par des liens d'interaction et d'implication réciproques, qu'ils sont essentiellement solidaires, tout en étant distincts et même opposés. Une telle appréciation ne déboucherait aucunement sur un équilibre de compromis, sur l'effacement des antagonismes ou sur la confusion des termes. Elle irait de pair avec une pensée de la complexité qui, délaissant les abstractions et l'unilatéralité, s'efforcerait de distinguer sans disjoindre, et de relier sans confondre, les dimensions naturelle et historique, biologique et sociale, individuelle et collective du réel. Une telle approche serait particulièrement adaptée aux défis de l'anthropocène.

Pour vérifier que la formule intégrative que nous proposons est effectivement la bonne, nous allons brièvement réexaminer trois questions centrales de notre problématique – celles de la cartographie ontologique, du rapport entre nature et culture, et de la place de l'homme dans l'ordre du vivant – en montrant que ces questions trouvent une réponse satisfaisante d'un point de vue écologique dans la tension des perspectives rivales. Nous verrons ensuite, sur la base de quelques exemples, que la mise en présence des points de vue opposés est essentielle à la juste appréciation des problèmes écologiques concrets auxquels nous sommes confrontés et que, par conséquent, l'approche que nous préconisons est la seule proportionnée à l'exercice individuel et collectif d'une authentique responsabilité.

La question sera alors de savoir comment rendre l'intégration des points de vue contraires possible, concrètement pensable et existentiellement opérante. Nous défendrons l'idée que c'est en se situant devant un Tiers-transcendant d'un type particulier que l'homme pourrait embrasser les perspectives contradictoires et traduire les exigences rivales qui en résultent dans un engagement réellement responsable. Sans cette relation, l'édifice du paradoxe ne serait qu'un assemblage artificiel de positions incompatibles, qui servirait d'alibi à toutes sortes de compromis et n'aurait pas d'impact décisif sur l'expérience réelle.

Par-delà le substantialisme et le relationnisme

En examinant les débats de l'écologie politique contemporaine, nous avons vu s'opposer deux visions ontologiques du monde : le substantialisme, fidèle à l'héritage classique, pose l'existence d'entités séparées dotées d'intérêts propres ; le relationnisme, refusant les grands partages de la modernité, donne la primauté à la relation sur les termes et sanctionne l'absence de séparation nette entre les êtres. La première fait appel à une dimension spirituelle qui tranche avec l'immanence des matérialités ; la seconde se rattache résolument au nouveau matérialisme.

Ces deux approches présentent chacune un intérêt particulier. L'éthique des relations rend compte de la communauté de destin qui unit les humains et les non-humains ; elle donne à voir le monde en termes d'interactions, d'interdépendances et de transformations, en mettant l'accent sur l'ouverture à l'autre, la coresponsabilité, l'hospitalité et l'égalité. En contraste, la théorie de la substance insiste sur la distinction des êtres et la permanence de leur nature fondamentale ; elle permet de mieux appréhender les questions relatives à la séparation, à l'identité, à la hiérarchie, à la différence et à la responsabilité individuelle.

Cependant, chaque approche produit des formes particulières de cécité et prédispose à certaines dérives, que la perspective opposée n'autorise pas. Ainsi, les théories atomistiques alimentent des conceptions séparatistes de l'épanouissement vital : elles sont accusées d'accentuer les clivages, les égoïsmes, les inégalités et les indifférences du monde présent. Les logiques relationnelles favorisent, quant à elles, une compréhension étroitement opératoire des rapports d'altérité : elles sont suspectées de prêter main forte aux processus de manipulation et d'uniformisation du vivant, propres à la civilisation technicienne.

Les approches rivales disposent chacune de points de force distinctifs et répondent de nécessités spécifiques qui ne peuvent être ignorées. Mais chacune ouvre aussi à des interprétations réductrices de la réalité et porte à des modes d'existence aliénés, contre lesquels son opposée offre une protection. La solution de principe consisterait donc bien à placer la perspective du substantialisme (privilégiée par l'humanisme moderne) et celle du relationnisme (mise à l'honneur par la philosophie du milieu) dans une tension dialectique, de manière à pouvoir penser à la fois la permanence et le changement, la coopération et le conflit, la solidarité et la différence, la coresponsabilité et la responsabilité individuelle. Il en va de la possibilité de fonder un commun multiple et différencié, qui se déploierait à son plus haut potentiel à travers les synergies et les antagonismes mêmes qui s'y développent[247].

L'articulation entre nature et culture

La question du rapport entre nature et culture est aussi structurante que complexe[248]. Elle s'est posée à nous avec une acuité nouvelle dès lors que nous avons entrepris d'examiner les retombées du Grand Partage et de son naturalisme sous-jacent.

Pour déconstruire le cadre conceptuel d'oppression qui marque la séparation entre humains et non-humains, et qui légitime diverses formes de discrimination, il est nécessaire de recourir aux outils du culturalisme. Il s'agit, en effet, de dévoiler les illusions de la naturalité et de rappeler que les représentations, les catégories et les normes qui tirent leur autorité de la nature, ou qui se donnent pour des lois de la nature, sont des constructions culturelles labiles et contextuelles, qui peuvent – et parfois doivent – être remises en cause. Dans cette démarche, les défenseurs de l'écologie doivent s'orienter vers le culturalisme et adopter une stratégie opposée au naturalisme. C'est ce que font, d'ailleurs, bon nombre de féministes et d'anticoloniaux, ainsi que les promoteurs de la pensée du milieu.

Cependant, nous avons vu par la suite que le parti pris du constructivisme culturel peut donner crédit, malgré lui, aux illusions du géo-constructivisme et cautionner les programmes de manipulation du vivant portés par la technoscience. Pour parer ces menaces, et plus largement pour protéger la Terre contre les excès de la domination anthropique, l'idée de nature est indispensable. C'est en référence à la nature, à son altérité et à ses intérêts que l'on peut fustiger le système dominant pour les immenses préjudices qu'il cause, et défendre cette part du vivant qui en train de disparaître. Dans ce combat, le parti de l'écologie doit faire le procès du culturalisme radical et adopter le point de vue du naturalisme, comme le font différents courants de défense de l'environnement et toutes les écologies de la Nature.

Or, comme nous l'avons signalé, les activités scientifiques et techniques se réfèrent, elles aussi, à une vision naturaliste du monde, puisqu'elles prétendent décrypter de façon objective la réalité physique ou biologique du vivant en vue de la reconfigurer. Ces activités sont laissées aux mains des experts, et les questions qu'elles soulèvent sont traitées en dehors du débat démocratique, parce que nos sociétés croient en la neutralité de la science. Si l'on veut changer cet état de fait, et soumettre le déploiement technoscientifique à une gouvernance collective et informée, il faut alors contester le statut épistémologique de la science et déconstruire le naturalisme sur lequel il repose. C'est précisément ce que cherchent à accomplir les écologies du milieu. À l'instar de l'approche latourienne, elles préconisent de rompre avec l'idée de Nature (avec une majuscule), afin de donner lisibilité à la pluralité des natures qui se trouvent réduites sous ce concept très culturel. Par là-même, elles entendent démontrer que la technoscience est une affaire hautement politique dont les tenants et les aboutissants doivent être discutés dans le cadre démocratique[249]. Dans cette démarche, le parti écologique se voit influencé par les idées du culturalisme radical et les concepts du post-naturalisme.

Mais si l'on considère que le réel dans son ensemble est historiquement et culturellement construit, alors toute vérité devient relative à une culture, à un contexte ou à un paradigme en particulier. Le savoir perdrait toute signification universelle et se fragmenterait en une multitude d'évaluations similaires à de la fiction. Le monde se morcèlerait en une multitude de natures, et l'humanité en autant de sous-espèces culturelles. Autrement dit, refuser tout concept régulateur de nature aurait pour conséquence de rendre obsolètes les critères classiques de vérité, de justification et de connaissance, scellant un relativisme épistémologique et moral qui rendrait chimérique toute véritable pratique démocratique. Au regard de tels dangers, c'est le naturalisme qui serait nécessaire à l'avenir de l'homme et à la cause écologique et sociale.

Enfin, le verdict changerait encore si l'on prenait en compte plusieurs autres éléments : d'abord, le fait que les interprétations de la science ne sauraient être réduites à un simple mode d'énonciation de la vérité parmi d'autres ; ensuite, que les développements scientifiques et techniques – à condition d'être écologiquement rationnels – sont essentiels à la construction d'une société durable ; et enfin, que l'on ne peut totalement évacuer les critères de l'humanisme anthropocentrique sans vider de leur sens les discours sur l'éthique et la responsabilité. Ces considérations redonnent force et légitimité aux principes de la modernité et au dogme de l'universalité de la science. Elles commandent de distinguer entre les domaines de la culture et de la nature[250].

Ainsi, à mesure que l'on explore la problématique écologique, la question du rapport entre nature et culture resurgit, en réclamant à chaque fois une réponse différente[251]. Épouser la cause de l'écologie suppose d'adopter, tour à tour, et en même temps, le parti pris du culturalisme (en soutenant, à l'instar de la sociologie du milieu, que tout est culturel), le point de vue du naturalisme (en défendant, à la manière de l'écologisme de la Nature, le primat du naturel), et le préjugé du dualisme (en distinguant, comme le fait l'humanisme moderne, deux ordres distincts). Somme toute, une juste position de principe supposerait de défendre à la fois la transcendance de la culture sur la nature, la transcendance de la nature sur la culture, et leur irréductibilité[252]. Cette position peut être effectivement obtenue par la mise en tension paradoxale des perspectives rivales du milieu, de la Nature et de la modernité.

La position de l'homme dans l'ordre du vivant

Nous allons maintenant vérifier que la mise en présence des points de vue contraires est également la seule à même d'offrir une compréhension satisfaisante de la position singulière de l'humain au sein du vivant.

Comme nous avons pu le constater, la question anthropologique ne trouve pas de réponse acceptable dans les résolutions unilatérales : ni dans la tradition dualiste de l'humanisme moderne (qui distingue l'homme du reste du vivant au nom de son exceptionnalité), ni dans la compréhension moniste des mouvements issus de l'écologie profonde (qui naturalise l'homme au nom de sa condition biologique), ni dans l'appréciation dialectique des philosophies du milieu (qui noie les différences entre acteurs, sujets et objets dans l'entrelacs de leurs interdépendances relationnelles). La question anthropologique ne trouve de solution satisfaisante ni dans le postulat de l'exception humaine, ni dans la thèse de l'animalité humaine, ni dans la théorie de l'hybridation sociotechnique de l'humain. Ne pourrait-elle pas en obtenir une dans la mise en tension des postulations contraires ?

Igor Krtolica (2022) signale à ce propos que « la vieille question de "la place de l'homme dans la nature" n'a jamais été aussi actuelle » : « C'est qu'une telle question se trouve prise aujourd'hui dans une injonction contradictoire, suivant laquelle l'humanité serait une espèce à la fois égale et supérieure aux autres espèces ». Et l'auteur d'énumérer, d'une part, les évolutions du savoir qui, dans des domaines aussi divers que la biologie, l'éthologie, la paléoanthropologie ou la philosophie, concourent à faire de l'homme une espèce parmi les autres, puis de recenser, d'autre part, les réflexions issues des mêmes champs de savoirs, qui plaident pour l'unicité, la singularité ou l'exceptionnalité de l'humain au sein de la nature[253]. Ainsi, les connaissances scientifiques actuelles nous confirment que la place de l'homme au sein du vivant ne peut se comprendre qu'à la confluence de visions anthropologiques rivales.

D'un point de vue ontologique, une telle compréhension conduit à refuser deux interprétations réductrices : celle de la modernité dualiste qui rattache l'humain à un ordre séparé du reste du vivant, et celle des écologies radicales qui le réduisent à une espèce naturelle parmi d'autres ou à un collectif pris dans le déploiement de la technique. À égale distance des conceptions opposées, l'humain apparaîtrait comme une énigme, ou comme une question posée, mais dont les possibles resteraient marqués par une inéliminable animalité et colorés par les relations évolutives qui structurent le tissu du vivant[254].

D'un point de vue éthique, la compréhension paradoxale du statut de l'homme permet de formuler une double protestation : elle signifie, à l'encontre de l'humanisme dualiste, le refus du Grand Partage et de l'exploitation purement utilitaire du monde ; et elle exprime, à l'encontre de l'écologie profonde, le refus de relativiser les intérêts vitaux de l'homme ou de lui imposer de nouvelles servitudes au nom de son appartenance à la nature ou au milieu[255].

Ainsi, l'intégration des perspectives opposées que nous préconisons offre non seulement une compréhension anthropologique en phase avec les connaissances scientifiques actuelles, mais elle induit aussi, sur les plans éthique, ontologique et existentiel, des déterminations tout à fait pertinentes d'un point de vue écologique et social.

Un cadre nécessaire à la juste appréciation des problèmes écologiques

La mise en présence des paradigmes concurrents de l'humanisme moderne, de l'écologisme de la Nature et de la sociologie du milieu ne permet pas simplement de formuler des réponses écologiquement convaincantes aux questions fondamentales de la cartographie ontologique, du rapport entre nature et culture, et de la place de l'homme dans l'ordre du vivant ; elle offre plus largement le cadre nécessaire à la juste appréciation des défis environnementaux.

En effet, chaque problématique concrète en matière d'écologie – qu'il s'agisse de biodiversité, de déforestation, de dégradation des écosystèmes marins, de pollution de l'air, de l'eau ou du sol, etc. – implique une multitude d'enjeux enchevêtrés et génère des conflits d'intérêts difficiles à concilier. Pour appréhender correctement cette complexité, il est nécessaire de mobiliser à chaque fois plusieurs perspectives analytiques concurrentes. Se contenter d'un cadre éthique en particulier conduirait à négliger certaines dimensions du problème et à nuire gravement aux intérêts d'une ou plusieurs parties en présence.

Pour illustrer ce point, examinons le cas (discuté notamment par Guha et Alier, 2013) de la coexistence entre tigres et paysans dans le Brahmapoutre[256]. D'un côté, pour défendre les intérêts des populations paysannes frappées de misère, il convient de privilégier le point de vue anthropocentrique. De l'autre côté, pour sauvegarder le tigre, qui est une espèce menacée, il importe de mobiliser des références à caractère pathocentrique ou biocentrique. Les deux visées font appel à des argumentations éthiques différentes, l'une mettant l'accent sur le critère de l'utilité, l'autre sur la valeur intrinsèque du vivant. En pratique, les deux intentions entrent en conflit, car la sécurisation des terres ou leur transformation au profit des hommes compromet la pérennité de la présence du tigre dans son milieu naturel comme, à l'inverse, les mesures de sauvegarde animale entravent l'utilisation des ressources et le développement agricole nécessaires à la survie des populations pauvres. En tout cas, pour poser le problème de façon rigoureuse, et faire ressortir le dilemme qui le traverse, il faut mettre en présence les perspectives opposées de l'anthropocentrisme et du non-anthropocentrisme.

Bien entendu, les défis posés par la coexistence avec les autres vivants varient selon le contexte civilisationnel et les choix de développement opérés par l'homme. Il ne fait pas de doute que les situations de conflit ont tendance à se multiplier et à s'exacerber sous le régime néolibéral. En revanche, une société plus conforme à l'idéal de l'abondance frugale et solidaire aurait à cœur de réduire la pression qu'elle exerce sur l'environnement et limiterait ses périmètres de rivalité avec les autres communautés biotiques.

Par conséquent, les situations de conflit entre l'homme et l'animal ne doivent pas être considérées trivialement comme des impasses dilemmatiques, appelant un arbitrage forcément préjudiciable à l'une ou à l'autre des parties. Elles devraient être interprétées avant tout comme les symptômes d'un état de tension qui montre les limites des arrangements en vigueur, et qui appelle à leur réorientation vers des modèles de coexistence plus durables. En ce sens, il ne serait pas déraisonnable de penser que l'octroi d'arrangements plus favorables aux communautés biotiques puisse être le catalyseur de changements dans les pratiques et l'utilisation des territoires, qui soient également bénéfiques aux humains : « Au regard du faciès extractiviste des activités productives occidentales actuelles, estime Jean-Baptiste Morizot (2017), il est hautement probable que dans beaucoup de cas, des pratiques plus concernées par la cohabitation [avec l'animal] serviraient en même temps la transition des territoires en question vers des pratiques écologiquement plus soutenables et humainement plus vivables ». Morizot discute cette conjecture à partir des cas emblématiques de l'ours, du loup et de l'abeille[257]. Mais « cette hypothèse, précise-t-il, est à mettre à l'épreuve empiriquement à chaque fois », « comme une tendance, non comme une nécessité ou une vérité a priori ».

L'hypothèse énoncée par Morizot, selon laquelle les conflits entre l'homme et l'animal pourraient être résolus de manière plus avantageuse par des changements fondamentaux de pratiques plutôt que par de simples compromis entre intérêts divergents, ne peut être réellement mise à l'épreuve que si l'on donne une égale importance au point de vue de l'homme et à celui de la nature, tout en prenant en compte les interdépendances du milieu. C'est donc en mettant en présence les perspectives concurrentes de l'humanisme, de la Nature et du milieu que des solutions de transformation sociétale en rupture avec les modes d'organisation actuels, pouvant bénéficier à la fois aux communautés humaines et animales, pourraient éventuellement émerger. Toute autre approche ne ferait qu'occulter de telles solutions.

Cependant, il faut reconnaître que dans d'innombrables situations, les conflits d'intérêts entre humains et non-humains ne peuvent être dénoués par l'instauration d'usages favorables aux deux parties. Pour l'homme, la nature restera en partie un territoire inhospitalier qu'il doit domestiquer, et un réservoir de ressources qu'il peut exploiter à loisir, ou dont il a besoin pour subsister.

À cet égard, l'exploitation de l'animal et la consommation de sa viande constituent une pierre d'achoppement morale impossible à lever. D'un côté, en effet, l'intérêt de l'homme, son bien-être, et dans une certaine mesure sa survie, commandent l'appropriation de l'animal et sa mise à mort. Mais, de l'autre côté, rien ne justifie de causer un préjudice fonctionnel ou vital à des êtres vivants qui cohabitent avec nous sur la même Terre. Si on aborde le dilemme uniquement sous l'angle de l'humanisme anthropocentrique, les animaux n'auront pas de statut moral et pourront être traités comme de simples produits de consommation. En revanche, si on évalue le problème à la seule lumière des éthiques pathocentriques, alors la mise à mort de l'animal passera pour totalement injustifiable. Dans un cas, la consommation de viande serait banalisée ; dans l'autre, elle serait stigmatisée sans réserve. Mais dans les deux cas, on ne parviendrait pas à enclencher une dynamique positive de réforme. Cependant, si l'on met en présence les points de vue opposés, et que l'on tient également compte des exigences portées par les autres éthiques de l'environnement, alors la consommation de viande apparaîtrait comme une habitude enracinée, mais moralement problématique, qui ne peut être perpétuée dans les proportions qu'elle revêt actuellement sans causer de graves déséquilibres écologiques, quand bien même elle présenterait des avantages et répondrait à certaines nécessités — ce qui, à tout le moins, conduirait à condamner les méthodes de l'élevage intensif et à faire évoluer favorablement les habitudes alimentaires carnées. La prise en compte des perspectives rivales s'avère là encore nécessaire, et la seule réellement opérante.

Bien entendu, les dilemmes moraux qui émergent autour des questions écologiques ne se limitent pas aux seuls cas de rivalité entre humains et non-humains. Les conflits d'intérêts se nouent sur différents plans : au cœur des communautés biotiques, à l'intérieur des groupes humains, entre le microcosme et le macrocosme, entre les acteurs et les cycles, etc.

Pour ne prendre là aussi qu'un exemple, citons le conflit qui peut naître entre la nécessité de développer des parcs éoliens et la volonté de préserver la beauté du paysage. Il y a là deux impératifs écologiques concurrents, qui peuvent mettre aux prises des protagonistes différents, ou s'imposer à une même conscience, mais qui reposent en tout cas sur des considérations éthiques contrastées : d'un côté, des arguments d'utilité matérielle qui s'autorisent d'un parti-pris anthropocentré (il faut décarboner l'économie et développer des sources d'énergie renouvelable pour l'activité humaine) ; de l'autre, des arguments esthétiques à caractère écocentré (il importe de préserver la nature pour sa beauté et ce qu'elle inspire, ou pour elle-même indépendamment des fins humaines, en évitant de l'encombrer). Le dilemme qui se pose ne peut être correctement exploré et traité que si des perspectives opposées sont mobilisées et confrontées.

Les exemples que nous venons d'évoquer suffisent à établir l'idée générale suivante : les problématiques écologiques doivent être explorées à la lumière des points de vue contrastés de l'humanisme moderne, de l'écologisme de la Nature et de la pensée du milieu afin de faire ressortir la complexité des enjeux, de mettre en évidence les conflits d'intérêt et les choix dilemmatiques qui se posent, de permettre l'émergence de solutions novatrices qui pourraient offrir des arrangements préférables à toutes les parties impliquées et, plus largement, de créer les conditions nécessaires à l'exercice individuel et collectif de la responsabilité.

Conclusion

Dans ce premier volet de notre étude, nous avons entrepris d'examiner les débats qui animent le champ de la réflexion écologique, afin de mieux comprendre les raisons de notre incapacité à soutenir une véritable transformation vers la durabilité. D'un même élan, nous avons cherché à esquisser ce que serait un engagement authentiquement responsable et les conditions qui le rendraient possible, tant au niveau individuel que collectif.

Nous avons rapidement compris que, pour dévier de la trajectoire désastreuse qu'elles suivent actuellement, nos sociétés ne peuvent se contenter des recommandations de l'écologie gestionnaire. Elles doivent engager sans délai des réformes significatives dans le sens préconisé par l'écologie radicale.

- *Le défi du changement radical*

En substance, il s'agirait de mener de front trois sortes de luttes : il faudrait œuvrer à un développement durable et respectueux de l'environnement, faire avancer l'émancipation sociale, et rétablir des liens constitutifs entre l'homme et le reste du vivant. Le premier type de luttes commande d'organiser la décrue de la croissance globale, d'endiguer le déploiement incontrôlé de la technoscience, de brider le pouvoir excessif du complexe militaro-industriel et de réformer les habitudes de consommation, les modes de production et les pratiques de l'État technocratique. La deuxième catégorie de luttes implique de s'attaquer aux inégalités économiques nuisibles aux équilibres socio-écologiques et de vaincre les préjugés culturels de nature sexiste, ethnocentriste ou raciste qui font corps avec l'anthropomorphisme prédateur. Enfin, le troisième type de luttes exige de changer d'attitude envers la nature, de protéger la biodiversité, de mettre un terme à la cruauté envers l'animal et de jeter les bases d'une cohabitation diplomatique avec le vivant.

Ces demandes peuvent paraître ambitieuses, elles n'en sont pas moins nécessaires et urgentes. Le problème est qu'il est difficile de voir comment elles pourraient être mises en œuvre. Comment en finir avec l'obsession de la croissance ? Que faire pour éveiller l'intérêt du commun pour la nature et lui inspirer de l'empathie pour l'animal ? Comment venir à bout des préjugés à l'égard des femmes, des pauvres, des étrangers et des minoritaires ? Par quels moyens briser l'emprise du complexe militaro-industriel, contenir le déferlement de la technique, et réduire le gonflement artificiel des activités économiques ?

La difficulté, comme nous l'avons expliqué, est systémique. C'est tout un ensemble de facteurs, interagissant et se renforçant mutuellement, qui contribuent à sceller l'impasse actuelle de notre civilisation. L'indifférence des élites économiques, l'influence des lobbies techno-industriels et financiers, l'ascendant pris par la rationalité étatique et technocratique, la crise du politique et le délitement des pratiques démocratiques, l'intoxication des esprits par le consumérisme et les valeurs néolibérales, l'emprise des schémas anthropocentriques et dualistes sur les mentalités, voire les fondements métaphysiques de notre civilisation technoscientifique, c'est tout cela, mis ensemble, qui empêchent nos sociétés d'avancer dans le sens du progrès humain et de la durabilité.

- *Un nécessaire changement de mentalités*

Pour sortir de l'impasse actuelle, il est nécessaire de modifier des réalités culturelles enracinées, systémiques et en partie inconscientes de notre monde. Pour que des comportements écologiquement rationnels prennent racine et que des transformations significatives dans les institutions, la gouvernance et les infrastructures puissent se faire, il est indispensable que les ambitions, les valeurs et les schémas de pensée qui prévalent dans nos sociétés industrielles évoluent. Qu'une véritable *métanoïa* soit nécessaire pour réussir la transition vers la durabilité est un fait largement reconnu dans les cercles universitaires et militants. Ce constat, qui est depuis longtemps celui de l'écologie radicale, recueille désormais l'adhésion d'un large éventail d'opinions et de réflexions.

Or, nous ne disposons actuellement d'aucune réponse convaincante à la question de savoir comment susciter concrètement le changement requis de mentalités et de comportements. Aucun des moyens envisagés pour venir à bout de l'irresponsabilité individuelle et collective ne s'est avéré efficace. Ni les interpellations adressées aux sociétés (menaces de la catastrophe, appels au sursaut citoyen, exhortations à la décroissance, incitations à renouer avec la nature, etc.), ni les déconstructions opérées sur le plan symbolique (condamnation du néolibéralisme, dénonciation du système technicien, remise en question des schémas dualistes de la modernité, généalogie des crises de l'anthropocène, etc.), ni les actions concrètes et militantes menées en rupture avec le système établi (projets-pilote de transition, expérimentations de démocratie directe, initiatives citoyennes, actions de résistance en faveur de l'environnement, etc.), n'ont réussi à ébranler les habitudes et les modes de vie installés qui demeurent sourds aux injonctions. Tous les moyens employés s'avèrent dérisoires face à la puissance des forces d'aliénation, et tout à fait anodins au vu de l'avilissement général de notre civilisation. D'ailleurs, les analystes les plus avertis le reconnaissent ; ils savent le caractère largement velléitaire des approches préconisées, et ne voient plus d'autre possibilité que de s'en remettre à la catastrophe et à son pouvoir pédagogique présumé.

Dans ces conditions, il ne faut pas s'étonner que notre monde s'enlise dans le naufrage écologique. Faute d'avoir su dégager, fût-ce sur le plan théorique, une perspective crédible de transformation des mentalités et des comportements dans le sens de la durabilité, nos sociétés sont comme condamnées à la fuite en avant au détriment de l'environnement. Pire encore, elles voient leur détresse récupérée par le système établi qui, progressivement, met en place, à l'ombre de la catastrophe et sous couvert de croissance verte, une administration du désastre qui incline à l'autoritarisme au nom de la rationalité écologique. Ce raidissement, et la perte de souveraineté qu'il implique, sont loin d'être subis à contre-cœur ; ils sont, sinon réclamés, du moins acceptés par des populations désorientées et en quête de protection.

Par conséquent, il faut avoir le courage de reconnaître que les différentes écoles de la pensée écologique – l'écologie gestionnaire, l'éco-modernisme, l'éco-socialisme, l'écologie profonde, l'écologie intégrale, etc. – ont échoué. Malgré la richesse incontestable de leurs contributions, elles ne proposent pas de solutions capables de nous guider sur le chemin ardu de la transition. Aucune d'entre elles ne présente une théorie du changement, une philosophie de vie ou une vision de l'histoire suffisamment percutante pour toucher les consciences et inspirer un renouveau profond et global. Notre monde a indéniablement besoin d'un nouveau paradigme, mais ce paradigme fait défaut.

- *La défaillance de nos systèmes de croyance*

Aucun changement significatif de mentalités ne pourrait se faire aux niveaux individuel et collectif sans opérer sur le plan essentiel des convictions profondes, sans impacter directement les systèmes de croyance et réinvestir notamment la question de Dieu.

En effet, la conception que chacun se fait de sa destinée et de sa place dans le monde, la perception qu'il a de lui-même et de la nature, la forme qu'il donne à ses relations avec ses semblables et les autres êtres vivants, les façons dont il se rapporte au temps, à l'espace, aux ressources et au savoir, tous ces éléments qui déterminent sa conscience écologique sont liés à l'idée qu'il se fait de Dieu. Il existe une corrélation étroite entre, d'une part, notre vision des choses, nos dispositions morales et nos attitudes envers l'altérité, et d'autre part, les réponses conscientes ou informulées que nous apportons à la question de Dieu.

Or, c'est précisément à ce niveau que se situe le véritable point de blocage. Ce sont les idées conscientes ou implicites que nous nous faisons de Dieu (et par voie de conséquence les différentes formes que prend notre conscience écologique) qui nous empêchent d'être à la hauteur du drame systémique en cours. Comme nos analyses l'ont révélé, l'ensemble de nos répertoires philosophico-théologiques sont aujourd'hui dépassés. Les réponses qu'ils apportent à la question de Dieu, et la façon dont ils informent les dimensions fondamentales de notre être-au-monde, ne sont pas proportionnées aux enjeux de notre époque et ne nous aident pas à progresser vers la responsabilité qui nous incombe[258].

Ainsi, les doctrines du théisme – qui affirment l'existence d'un Dieu unique et personnel comme cause transcendante du monde – sont incompatibles avec les impératifs de la durabilité, dans la mesure où elles confortent les lieux communs de l'exceptionnalité humaine et tendent à favoriser des attitudes de domination de la nature ou de mépris du monde.

Les doctrines de l'athéisme, qui concluent à l'absence de Dieu, ou restent indifférentes à la question du divin, ne sont guère préférables. Quoiqu'elles soient démystificatrices dans leurs intentions, et libératrices par leurs critiques, elles ne peuvent pas être le ressort du décentrement radical, du dépassement hors du matériel, du renoncement à la toute-puissance du désir, de l'attention au lointain et de l'amour de la soutenabilité que suppose l'engagement écologiquement responsable. L'athéisme commun aurait plutôt tendance à conforter l'égoïsme étroit et l'indifférentisme calculateur sur lesquels repose le système néolibéral dominant.

Le panthéisme écocentrique configure la Nature comme l'Un, pour mettre fin à la séparation entre l'homme et le reste du vivant – séparation que contresignent aussi bien la religion traditionnelle que l'humanisme athée. Mais il échoue à fonder une éthique de la différence animale, et il induit des biais misanthropes et anti-techniciens qui le rendent impropre à servir de référence aux projets de la transition.

Enfin, le nouveau matérialisme, en comprenant le milieu comme Tiers et en mettant l'accent sur la réalité concrète des processus socio-éco-techniques qui le traversent, cherche à remédier aux carences des écologies dualistes ou holistes. Mais il méconnaît l'altérité de la nature, et il entretient une complicité fâcheuse avec les entreprises d'artificialisation et de manipulation du vivant. Au même titre que le panthéisme, il contresigne la perte du sens de l'homme, de son ambition d'autonomie et de sa responsabilité morale.

Ainsi, quoique chacune des grandes doctrines que nous avons examinées puisse légitimement prétendre avoir investi des perspectives propres, défendu des exigences que nulle autre ne soutient, et comblé des lacunes qui ne l'auraient pas été autrement, toutes engendrent néanmoins des formes de cécité, produisent des déséquilibres et entraînent des dérives qui les rendent impropres à fonder une écologie intégrale. Ni le théisme, ni l'athéisme, ni le panthéisme, ni le nouveau matérialisme, n'offrent en eux-mêmes une position de principe susceptible de correspondre aux défis de notre temps et aux exigences d'une ambitieuse transition écologique et sociale.

- *La nécessité de Dieu*

Pourtant, nos analyses nous ont invariablement conduits à la conviction que Dieu est nécessaire. Seul le sens de Dieu pourrait inspirer au plus grand nombre l'esprit de fraternité, la force de l'espérance, le souci de l'universalité, l'amour du renouveau et la volonté de s'investir à contre-courant des injonctions de l'ordre établi dans la perspective d'un monde durable. Si l'homme contemporain devait rester seul avec lui-même, et indifférent à toute Transcendance, il ne réussirait pas à briser le huis-clos égocentrique dans lequel il s'est enfermé ni à s'ouvrir aux horizons larges et aux multiples dimensions du drame auquel il est mêlé. Sans relation avec un tout-Autre, à partir duquel il pourrait se penser et se reprendre, le sujet contemporain ne cherchera pas à dépasser ses aspirations étroites, ne portera pas une attention suffisante aux générations futures et aux plus vulnérables, restera largement indifférent aux effets de masse et aux injustices structurelles auxquelles il contribue, et négligera l'impérieuse nécessité de rétablir des liens constitutifs avec la nature et les autres formes de vie. Dans les moments d'épreuve, comme dans les simples choix de la quotidienneté, il retombera dans les travers de la mauvaise foi, du repli sur soi et du conformisme qu'encourage le système dominant. Sans Dieu, l'humanité continuera à se perdre dans le nivellement de la grégarité, à se complaire dans le spectacle et la consommation, et à détruire le monde par ses excès technicistes, productivistes et militaristes.

Mais peut-on encore parler de Dieu, et vouloir renouer un commerce avec lui, alors que toutes nos traditions religieuses, et l'ensemble de nos systèmes de croyance actuels, se révèlent défaillants ? Y aurait-il une conception de Dieu qui, contrairement aux idées données par nos répertoires philosophiques et religieux existants, serait proportionnée à l'émergence d'une véritable responsabilité écologique ?

À tout le moins, une référence à Dieu ne pourrait être bénéfique et désirable que si elle permet, produit ou provoque les transformations de mentalités, de valeurs et de représentations que nos analyses ont jugées indispensables à la consolidation de comportements écologiquement vertueux.

Ainsi, l'examen critique et rationnel que nous avons entrepris dans ce premier volume nous permet de proposer un ensemble de conditions que la référence à ce Dieu – dont on éprouve la nécessité – devrait satisfaire pour être féconde à l'ère de l'anthropocène. Cette caractérisation ne présuppose pas l'existence de Dieu. Elle fournit une sorte de cahier des charges que l'idée de Dieu devrait remplir pour être considérée comme salutaire au regard des enjeux de notre siècle. Cette caractérisation nous servira dans la suite de notre travail. Elle peut être présentée autour de sept grands axes ayant pour thème l'engagement, les valeurs, la volonté de puissance, la liberté, le rapport à l'animal, la différence sexuelle, et l'expérience de la limite.

- *Premier critère : l'engagement*

Commençons par rappeler que, même si des évolutions positives se font jour, l'horizon prédominant de notre monde restera celui d'une longue et impondérable épreuve. La catastrophe continuera de former la toile de fond sur laquelle se nouent et se dénouent les intrigues individuelles et collectives.

Dans ces conditions, les postures de l'irresponsabilité que nous avons fustigées pourraient se prévaloir d'être tout aussi rationnelles que celles de la réforme responsable et solidaire.

Lorsque l'avenir est sombre, menaçant, et sans certitudes positives sur la suite, n'est-il pas plus sage de se contenter du présent, de se concentrer sur ce qui respire et fait sens dans ce monde, et de profiter, à l'ombre même des catastrophes qui s'annoncent, des moments de bonheur qui nous sont accordés[259] ?

L'engagement résolu ayant à cœur de changer les choses devra donc lutter contre la pente du repli et du conformisme sécurisant. Un tel engagement – avec ce qu'il implique de remises en cause, d'aléas et de sacrifices plus ou moins conséquents – ne peut être suscité, soutenu dans la durée et guidé à travers les épreuves, par de simples considérations conceptuelles, rationnelles ou morales. Il exige davantage que les ressorts de la bonne volonté et de la sagesse ordinaire. Il suppose une passion, ou une vertu, ou une foi, qui vienne ébranler la condition commune de l'homme et l'ouvre à la responsabilité extraordinaire qui lui incombe. Pour que des individus et des communautés prennent le virage de la transition écologique – alors que la plupart s'en détournent – et pour qu'ils persévèrent dans leur choix malgré les épreuves encourues et la menace des catastrophes qui continuerait de peser sur leurs destinées, il faut qu'ils se sentent personnellement et collectivement concernés par le drame qui les dépasse, comme s'ils étaient interpellés par un Autre et mis en demeure d'agir, ici et maintenant, en vue d'un monde solidaire et durable.

Ce que l'on pourrait alors légitimement attendre d'une relation salutaire à Dieu, c'est qu'elle suscite chez l'homme gagné par la résignation, la désinvolture ou l'égoïsme, le désir de reconquérir une forme de vie socialement plus juste et écologiquement plus vertueuse ; qu'elle éveille en lui à la fois le pessimisme de l'intelligence et l'optimisme de la volonté, la réserve au sens de Jonas et l'audace au sens de Bloch, en favorisant leur combinaison dans un authentique élan de responsabilité.

D'où notre premier critère : l'idée du « Dieu qui sauve » doit inciter l'homme à un engagement résolu, tourné vers le monde et soucieux d'un avenir solidaire et durable, qui reste lucide sur la gravité de la catastrophe écologique, mais qui continue de croire en la nécessité de la réforme radicale et en une issue possible, en dépit de toutes les épreuves.

- *Deuxième critère : les valeurs*

Comme nos analyses ont pu le montrer, la personne ou la société réellement engagée dans le combat écologique se distingue par son dynamisme moral et son ardeur réformatrice. Elle entreprend de renouveler ses pratiques et ses projets, à distance des injonctions de l'ordre néolibéral dominant. Elle pratique une certaine forme de sobriété, qui contraste avec le culte de la croissance, l'obsession de la richesse et la frénésie consumériste qui agitent la société techno-marchande. Elle cultive également une sagesse de la retenue, qui va à l'encontre de l'esprit de prédation et de la soif immodérée de puissance qui gouvernent les ambitions communes. Elle fait siennes les valeurs de solidarité puisqu'elle travaille à réintroduire, dans l'ensemble de ses activités, le sens du collectif, la notion du bien commun et les principes de l'équité. Enfin, elle lutte assidument pour la justice, en s'opposant aux iniquités de classe, de race et de genre, qui ont partie liée avec la faillite écologique, tout comme elle aspire à une distribution équitable des conditions de l'habitabilité sur Terre entre l'humanité présente, les générations à venir et les autres vivants.

Mais le dynamisme moral du sujet véritablement responsable ne néglige pas les nécessités matérielles – celles-ci étant essentielles aux activités de l'homme, à son épanouissement et à la construction même d'une société d'abondance frugale et solidaire. Ainsi, la démarche authentique ne vise pas à étouffer l'égoïsme économique, la volonté de puissance ou la rationalité productiviste ; elle s'emploie à les dégager de leurs ambitions étroites, pour les mettre au service de l'immense chantier de la transition écologique. Plus généralement, la démarche salutaire accorde une égale importance à l'aspiration de l'idéal et au principe de réalité, à l'altruisme bienveillant et à l'amour-propre, à la convivialité active et à l'efficacité instrumentale, etc. Elle s'efforce de conjuguer les exigences opposées dans un effort de développement intégral et solidaire.

D'où notre deuxième critère : l'idée du « Dieu qui sauve » doit donner aux valeurs morales de la sobriété, de la solidarité, de la justice et de la gratuité, un poids comparable aux valeurs matérielles actuellement dominantes de l'utilitarisme et de l'individualisme, et requérir leur dialectisation.

- *Troisième critère : la volonté de puissance*

Les crises de l'anthropocène sont étroitement liées au déploiement de la technique moderne, à ses capacités de transformation, à son implacable logique d'arraisonnement et à l'étendue sans cesse plus profonde des domaines de réalité qu'elle reconfigure. Or, derrière la croissance incontrôlée de la techno-économie marchande, derrière la fièvre productiviste et militariste qui s'est emparée de notre monde, tout comme derrière l'utilisation inconsidérée de la géo-ingénierie et les excès de la manipulation du vivant, se cachent les désirs profondément enracinés en l'homme de la puissance, de la maîtrise et de l'illimitation. Ces forces instinctuelles doivent être contrariées et restructurées. Mais nous pensons qu'elles ne pourraient pas l'être si l'homme contemporain continuait à se complaire dans son arrogance solitaire, en restant sourd à l'appel de la Transcendance.

Pour autant, il ne saurait s'agir de promouvoir un idéal de faiblesse et de frugalité, en renonçant aux aspirations de la grandeur, de la maîtrise ou de la prospérité. L'objectif serait plutôt de contenir les appétits aveugles de la puissance et de la domination, de les détourner des activités prédatrices dans lesquelles elles sont communément investies, de les féconder par des considérations plus vastes, et de les faire servir à des fins plus hautes. Ce n'est que dans ces conditions que des trajectoires techno-économiques alternatives, émancipatrices et soutenables pourraient se dessiner.

D'où notre troisième critère : l'idée du « Dieu qui sauve » doit contrecarrer les appétits de puissance et les désirs de domination qui sous-tendent les activités de la techno-économie, les transfigurer et les réorienter vers des fins plus élevées.

- Quatrième critère : la liberté

Nous avons souligné que le renouvellement de la vie démocratique est indispensable à l'instauration d'un véritable processus de transition. Une démocratie efficace et inclusive est nécessaire pour réintégrer sous le contrôle de la délibération collective les sphères désormais autonomes de la technologie, de l'économie et du domaine militaire. Elle est également cruciale pour renégocier, à tous les niveaux, des règles, des dispositifs et des arrangements sociétaux plus conformes aux exigences de durabilité. Enfin, elle pourrait favoriser l'innovation sociale et encourager l'émergence de nouvelles manières de produire, de consommer et d'habiter la Terre.

Or, le projet démocratique traverse actuellement une crise profonde. Il est bloqué dans une phase de restructuration et d'approfondissement. Il est miné par le désengagement des citoyens, la dissolution du politique dans l'économique et le triomphe de l'hétéronomie de marché. La crise de la démocratie est aussi exacerbée par la prévalence d'un athéisme nivelant et la sacralisation des idoles de la modernité technocratique (telles que l'Individu, le Progrès, la Science, la Croissance, etc.).

Dans ce contexte, une relation renouvelée avec Dieu serait salutaire si elle permet de détrôner les divinités sécularisées de la société techno-marchande, de vaincre l'indifférentisme de masse, et de réengager entièrement l'homme dans le risque et la chance de la prise de responsabilité.

D'où notre quatrième critère : l'idée du « Dieu qui sauve » doit permettre une compréhension renouvelée de l'autonomie-intégration de l'homme, qui soit propice à l'approfondissement de la vie démocratique, à l'engagement des individus, et au rétablissement des liens rompus entre la politique et l'éthique.

- *Cinquième critère : le rapport à l'animal*

Nous avons longuement insisté sur le lien entre le drame écologique actuel et le schéma de pensée dualiste et anthropocentrique de la modernité, dans lequel se trouvent marqués tout à la fois la hiérarchie entre l'esprit et la matière, la séparation entre l'humain et l'animal, et l'ascendant de l'homme sur la femme. Tant que ce cadre conceptuel, et les dualismes qui le structurent, ne sont pas déconstruits, et avec eux les rapports d'exploitation sur lesquels s'est nouée la crise écologique en cours, notre monde continuera de s'enliser dans la catastrophe.

Le schéma de pensée dualiste est particulièrement préjudiciable au rapport entre l'homme et les autres existants : il contribue à lénifier la cruauté envers l'animal, empêche la modification des habitudes alimentaires carnées, et entrave l'émergence de pratiques et d'organisations plus concernées par la cohabitation avec le reste du vivant.

Nous avons montré qu'une juste position du rapport entre l'homme et les autres existants implique de cautionner concurremment les partis pris contraires de l'anthropocentrisme et du non-anthropocentrisme, de manière à marquer à la fois la valeur intrinsèque de l'animal et l'absolue dignité de l'homme, l'appartenance de l'humain à la nature et son irréductible différence.

D'où notre cinquième critère : l'idée du « Dieu qui sauve » doit ouvrir un point de vue non-anthropocentrique, conférer une valeur intrinsèque aux autres existants et réinscrire l'homme au sein du vivant, tout en marquant l'absolue dignité de la créature humaine et la charge singulière de responsabilité qui lui incombe.

- *Sixième critère : la différence sexuelle*

La domination des femmes et celle de la nature sont les manifestations entremêlées d'un même processus culturel d'oppression, qui est enraciné dans les principes du patriarcat et les lieux communs du monothéisme. Aussi, il ne peut y avoir de résolution positive à la crise écologique sans contester le joug patriarcal et la conception naturaliste de la sexualité que défendent les religions monothéistes.

Cependant, il ne suffit pas, comme le font souvent les approches fondées sur l'athéisme, le panthéisme ou le nouveau matérialisme, d'invalider le dualisme hiérarchique ou les relations d'emprise entre l'homme et la femme. Pour bousculer les schémas androcentriques solidement ancrés dans nos mentalités, et ouvrir un horizon relationnel propice à la durabilité écologique et sociale, il faut redonner sens à l'altérité et faire émerger une nouvelle compréhension de la différence sexuelle.

D'où notre sixième critère : l'idée du « Dieu qui sauve » doit soutenir l'émancipation de la femme et ouvrir à une compréhension hospitalière et édifiante de la différence sexuelle, qui favorise la rencontre entre les partenaires du couple humain et leur épanouissement à l'épreuve de l'altérité.

- *Septième critère : l'expérience de la violence*

Le sujet écologiquement responsable fait le choix stratégique de la paix. Il s'oppose au militarisme, au technicisme et au productivisme outrancier, dont les liens étroits conspirent à détruire la planète. Il place les valeurs de fraternité au cœur de ses efforts de réforme. Il privilégie les moyens d'action non-violente comme méthode de transformation sociale. Il œuvre aussi à la promotion des pratiques démocratiques, parce qu'elles sont nécessaires à la formulation, à la négociation et à la mise en place d'une véritable transition.

Nous avons néanmoins considéré que l'engagement écologiquement responsable, en tant qu'il nécessite une rupture qualitative avec l'ordre établi, ne doit pas s'interdire la possibilité de recourir à des formes plus dures de conflictualité, voire de faire usage de violence. La prise d'armes doit être limitée aux situations d'exception, et sous la condition qu'elle puisse modifier le rapport de forces, unir le mouvement de lutte et soutenir l'émergence de nouvelles valeurs au sein de la communauté. Elle doit être assortie de garde-fous nécessaires pour ne pas dégénérer en actes de brutalité, de cruauté ou de terreur. Cependant, l'usage émancipateur de la violence, quelles que soient les conditions dans lesquelles il est assumé, reste un pari hasardeux et difficile à discerner de l'utilisation répressive et pathologique de la force. En définitive, l'opportunité du recours à la violence se noue sur l'indénouable question de savoir si une forme d'action violente peut être compatible avec les idéaux de paix, de justice et d'harmonie universelle qui animent le projet écologique.

Il nous semble que seule une relation à la Transcendance pourrait aider les individus et les groupes engagés dans le combat écologique à se maintenir à égale distance des compromis fâcheux et des risques de dérive dans la violence contreproductive. Seule une relation à Dieu pourrait les inciter à s'élever au-dessus d'eux-mêmes en toutes circonstances, et les soutenir dans la conquête d'un monde durable jusque dans le déchirement des conflits et l'épreuve de la limite où se joue le renouvellement.

D'où notre septième critère : l'idée du « Dieu qui sauve » doit pouvoir inspirer l'homme et le guider efficacement à travers l'épreuve de la limite, les drames de la sécession, l'expérience de la violence, et les événements de rupture et de renouvellement.

- *Une condition-cadre fondamentale : l'intégration des perspectives contraires*

Au cours de notre itinéraire critique, nous avons examiné en détail trois visions fondamentales du monde, trois paradigmes concurrents de pensée et d'action : l'humanisme dualiste, l'écologisme moniste et le nouveau matérialisme. Nous avons montré que la juste approche des défis écologiques nécessite de mettre en présence ces trois perspectives.

En effet, c'est par la confrontation des perspectives opposées que l'on peut appréhender avec rigueur les situations concrètes impliquant un problème écologique, que l'on peut déployer, dans toute leur complexité, les enjeux systémiques, les conflits d'intérêt et les choix dilemmatiques qui se posent, enfin que l'on pourrait concevoir des solutions en rupture avec l'ordre existant, qui soient préférables pour toutes les parties impliquées. C'est en se libérant des erreurs de l'unilatéralité, et en s'ouvrant aux perspectives les plus opposées, avec la hauteur et la profondeur de vue qui s'imposent, que l'homme pourrait accéder à une compréhension concrète de la complexité à laquelle il participe, et répondre en responsabilité de son nouveau statut d'agent géophysique.

Par ailleurs, nous avons souligné que les différentes luttes que suppose le combat écologique s'inscrivent dans des logiques d'engagement dont les soubassements éthiques et métaphysiques divergent sensiblement. Ainsi, les luttes pour le développement durable et la préservation des ressources s'accordent avec une compréhension anthropocentrique et dualiste du monde. Les luttes pour la défense du vivant, de sa diversité et de ses intérêts propres requièrent une vision non-anthropocentrique de la Nature. Enfin, les luttes contre les ségrégations sociales, et pour la reconfiguration des rapports entre humains et non-humains, supposent une déconstruction culturaliste des hiérarchies instituées et une approche constructiviste du milieu. Pour intégrer ces différentes luttes dans un même investissement, axé sur la transformation radicale de la société, il faut nécessairement réunir et surplomber les perspectives rivales de la modernité, de la Nature et du milieu que nous avons explorées.

D'où notre ultime critère : l'idée du « Dieu qui sauve » doit permettre la mise en tension productive des perspectives contraires de l'humanisme anthropocentrique, de l'écologisme écocentré et de la dialectique du milieu, en incitant à leur articulation dans des formes d'activité qui conspirent au développement intégral de l'homme et à la consolidation d'un monde durable.

La figure de Dieu qui répondrait à l'ensemble des requêtes que nous venons de formuler serait proportionnée aux défis de l'anthropocène. Elle serait, à proprement parler, celle du Dieu qui sauve, parce qu'elle donnerait à ceux qui l'honorerait de déployer leurs possibilités les plus généreuses, de s'élever à la hauteur de leur responsabilité et de contribuer à l'avènement d'un monde inclusif et durable.

Nous savons que cette figure doit rassembler et excéder les conceptions du théisme et de l'athéisme, du panthéisme et du nouveau matérialisme. Dans le second volet de notre travail, nous verrons qu'elle ne correspond pas au Dieu Amour que le pape François place au fondement de son écologie intégrale. Mais nous montrerons qu'elle pourrait être réappropriée par une relecture critique et sans concessions des Écritures historiques.

Ainsi, la possibilité réelle d'un renouveau pourrait se dessiner. Elle passerait par la prise de conscience que les livres de la Torah, de l'Évangile et du Coran ne cautionnent pas les figures de Dieu que prônent les traditions actuellement dominantes du monothéisme, mais qu'elles proposent une compréhension plus aiguisée du divin et appellent à une expérience plus exigeante de la foi. Cette prise de conscience ne procèderait pas d'une interprétation étroitement subjective des Écritures, mais d'une relecture littérale, critique et plus rigoureuse des textes et de l'histoire de leur appropriation.

L'idée de Dieu qu'il s'agit de remettre à l'honneur, la conception édifiante de la foi qui lui correspond et la lecture stimulante des Écritures révélées qui la cautionnerait, pourraient émouvoir, bousculer et mobiliser un grand nombre de personnes. La nouvelle perspective parlerait potentiellement à tous : aux croyants et aux athées, aux riches et à ceux pour qui le quotidien est synonyme de survie, aux aires culturelles dominées par le monothéisme et aux autres civilisations. Elle pourrait être le ferment d'une espérance vierge de toute fraude, une source de renouveau pour chaque personne, et le catalyseur d'une responsabilité à la hauteur des enjeux auxquels notre monde est confronté.

Notes

[1] Nous prenons pour hypothèse et acquis que les théories anthropo-céniques du bouleversement écologique sont fondées. Autrement dit, nous nous en tenons au consensus scientifique tel qu'il est exposé dans les rapports successifs des organismes internationaux du GIEC (Groupe d'Experts Intergouvernemental sur l'Évolution du Climat), de l'UICN (l'Union Internationale pour la Conservation de la Nature) ou du PNUE (Programme des Nations Unies pour l'Environnement).

[2] C'est plus largement la Terre, en tant qu'écosystème vivant, qui est en danger. Bien entendu, la planète finira par se reconstruire, quelle que soit l'ampleur des destructions anthropiques, tout comme elle l'a fait par le passé à la suite des grandes convulsions qui l'ont affectée. Mais, à chaque cataclysme majeur, à chaque fois que la vie sur Terre a été profondément perturbée, la biosphère est restée exsangue pendant des millions d'années.

[3] Les dégradations écologiques sont des facteurs de violence, parce qu'elles pèsent sur d'autres déterminants, plus fondamentaux, d'ordre socio-économique, politique ou démographique. Le lien entre dégra-dations écologiques et violence dépend donc du contexte, mais il est d'autant plus étroit que les territoires affectés par le changement

environnemental présentent des conditions économiques et sociales difficiles, des niveaux élevés d'inégalité et de pauvreté, une forte dépendance à l'égard des ressources renouvelables, ou de grandes défaillances en matière de gouvernance politique. Dans de tels contextes, le facteur environnemental devient un « catalyseur » ou un « accélérateur » de conflits. En sens inverse, les conflits exacerbent les déséquilibres structurels existants et renforcent le lien entre changement écologique et belligérance. Apparaît ainsi un cercle vicieux qui enferme les sociétés les plus fragiles et les plus durement touchées par les changements écologiques dans un piège de violence, de vulnérabilité et de ruine environnementale (cf. Buhaug & von Uexkull, 2021). Pour un tour d'horizon de la littérature portant sur la question du lien entre crise écologique et violence, cf. Koubi, 2019 : 343-360. Depuis 2014, les rapports du GIEC consacrent plusieurs chapitres aux risques conflictuels à venir.

[4] L'écoumène désigne la partie de la surface terrestre qui est habitée ou habitable par les êtres humains.

[5] Nous nous rapprochons de seuils critiques au-delà desquels l'ensemble du vivant pourrait être désorganisé et s'effondrer. Dans une étude qui fait référence, Rockström et al. (2009) ont identifié neuf processus déterminant ensemble la stabilité de la biosphère. Chaque processus est lié à une frontière de sécurité qu'il ne faut pas dépasser pour que l'humanité puisse continuer à vivre dans un écosystème sûr. D'ores et déjà, quatre limites de sécurité ont été franchies : celles qui concernent le système climatique, la biodiversité génétique, les cycles biogéo-chimiques de l'azote et du phosphore, et l'artificialisation des éco-systèmes. Trois sont sur le point de l'être : celles relatives aux ressources en eau douce, à l'introduction de nouvelles entités dans l'environne-ment, et à l'acidification des eaux océaniques. La pollution par aérosols atmosphériques n'a pas encore fait l'objet de quantifications à l'échelle planétaire. Seule la concentration de l'ozone stratosphérique demeure en-deçà de sa valeur limite.

[6] La transition écologique désigne une mise en action concrète du concept de développement durable. Selon une définition communément admise, elle désigne « une évolution vers un nouveau modèle éco-nomique et social qui apporte une solution globale et pérenne aux grands enjeux environnementaux de notre siècle et aux menaces qui pèsent sur

notre planète. Opérant à tous les niveaux, la transition écologique vise à mettre en place un modèle de développement résilient et durable qui repense nos façons de consommer, de produire, de travailler et de vivre ensemble » (Oxfam France, 2022).

[7] Nicholas Stern a très tôt défendu l'attractivité de la transition écologique sur le plan économique : « La transition vers une économie à faible émission de carbone peut être riche en innovation et en créativité, et produire une augmentation du niveau de vie dans tous les domaines pertinents » ; elle constitue « une voie de développement et de croissance très attrayante en soi : plus propre, plus paisible, plus efficace, moins encombrée, moins polluée, plus biodiversifiée, etc. » (Stern, 2015).

[8] Le rapport 2018 du GIEC sur les impacts du réchauffement climatique conclut qu'aucun pays n'est aujourd'hui en mesure d'atteindre les objectifs du défi le moins contraignant, celui d'une hausse de température de 2° C (Allen et al., 2018). Dans son rapport de 2021, le Climate Action Tracker (CAT) arrive à des conclusions similaires : « La date cible la plus importante [fixée par l'accord de Paris] est 2030, date à laquelle les émissions mondiales doivent être réduites de 50 %, mais les gouvernements sont loin d'avoir atteint cet objectif. Nous estimons qu'avec les mesures actuelles, les émissions mondiales seront à peu près au niveau d'aujourd'hui en 2030, et que nous émettrons deux fois plus que ce qui est nécessaire pour atteindre la limite de 1,5° C » (CAT, 2021).

[9] Le rapport de l'Évaluation mondiale de l'IPBES sur la Biodiversité et les Services Écosystémiques, daté de mars 2018, lance une énième mise en garde. Les 550 experts qui y ont contribué dénoncent les excès grandissants du développement techno-économique actuel, alertent du danger mortel que projette l'empreinte écologique croissante de l'homme, déplorent le déclin massif de la biodiversité, et appellent à infléchir une trajectoire planétaire devenue folle. Ce rapport renouvelle des avertissements anciens. Il documente aussi la gravité de la catastrophe en cours, et montre le bien-fondé des alertes qui ont été lancées depuis des décennies sans être suivies d'effets. En 1992 déjà, 1500 scientifiques, dont 102 Prix Nobel, avaient signé un appel alarmant, baptisé *World Scientists' Warning to Humanity*, dans lequel ils affirmaient : « Si

nous voulons éviter de grandes misères humaines, il est indispensable d'opérer un changement profond dans notre gestion de la Terre ».

[10] L'opposition entre « écologie superficielle » (*shallow ecology*) et « écologie profonde » (*deep ecology*) a été introduite par Arne Næss (1973 : 95-100). De façon assez similaire, Yves Citton a récemment opposé « écologie gestionnaire » et « écologie radicale » : la première entend « économiser nos ressources afin de produire de façon plus soutenable les modes de vie qui ont fait notre bonheur depuis le décollement du développement industriel » ; la seconde s'efforce de « revaloriser les liens qui nous attachent les uns aux autres ainsi qu'à notre environnement, ce qui implique de combattre nos addictions actuelles aux fétiches de la croissance consumériste » (2014 : 156). À nos yeux, les deux terminologies, celle introduite par Arne Næss, et celle plus récente d'Yves Citton, sont équivalentes.

[11] L'anthropocène – c'est-à-dire « l'âge de l'homme » ou « l'ère de l'humain » – traduit l'idée que nous sommes entrés dans une nouvelle ère géologique, une ère dans laquelle l'influence de l'être humain sur la géologie et les écosystèmes, à travers les effets conjugués de la démographie, de la technologie et de la consommation, est devenue significative. Il est coutume de faire débuter cette ère avec la révolution industrielle.

[12] Gérald Hess résume assez bien ce qui caractérise l'une et l'autre approche : « Depuis plusieurs décennies, deux champs de la réflexion normative bien distincts se sont constitués autour de la préservation de l'environnement : celui de l'éthique environnementale (désigné dans la suite de l'article par le sigle EE) et celui de l'écologie politique (désigné ci-dessous par le sigle EP). Ils relèvent de traditions de pensée fort différentes, tant par leur questionnement, leurs présupposés ou leurs enjeux respectifs. Somme toute, pour l'EE la protection efficace de l'environnement s'appuie sur la considération morale envers la nature et les raisons qui la fondent ; pour l'EP, elle passe par une émancipation sociale, économique et institutionnelle à l'égard d'une rationalité techno-scientifique d'ordre capitalistique ». L'auteur précise à juste titre que « l'EP et l'EE, en dépit d'indiscutables divergences, peuvent parfaitement se compléter l'une l'autre, tirant parti de ce que chacune d'elles tend à négliger » (Hess, 2017).

[13] La conception de la responsabilité que l'on retient ici s'accorde avec celle qu'en donne François Ost : « L'idée de responsabilité suggère d'emblée que nous sommes interpellés, tenus de fournir une réponse (…). Un lien est donc établi, par l'idée de responsabilité, entre un comportement et ses effets. Traditionnellement, dans la pensée éthique et dans son institutionnalisation juridique, ce lien a été configuré dans l'horizon du passé. La responsabilité se ramène alors à l'imputabilité, et se charge, presque immanquablement, d'une connotation répressive (…). Cette connotation, à la fois passéiste et négative, de la responsabilité-imputabilité "n'est pas à la hauteur du problème posé par les mutations de l'agir humain à l'âge de la technique", observe Ricœur. Pour y répondre, il faudra que l'idée de responsabilité se tourne résolument vers l'avenir : plutôt qu'à rechercher les coupables d'actions passées, elle servira à définir le cercle des personnes solidairement tenues de missions nouvelles (…). Le débat se déplace : de la faute subjective, dont on établit l'imputabilité, il passe au risque créé dans un horizon d'avenir indéterminé et à l'égard d'une catégorie abstraite de personnes. C'est l'idée de "mission confiée" qui prend alors le dessus et dont le langage ordinaire révèle la trace, dès lors qu'il entend aussi la responsabilité au sens d'une "charge qu'on assume, d'un poids que l'on prend sur ses épaules" » (Ost, 2003 : 269-270).

[14] Loin de se reconnaître dans un type unique de croyance et de rapport au divin, nos sociétés se distinguent au contraire par la prolifération des convictions et des postures qui s'affirment aux côtés des religions établies ou en opposition avec elles. Mais, pour l'essentiel, cette multiplicité reste dans l'orbite de quelques positions fondamentales. En schématisant davantage, on pourrait considérer que le théisme et l'athéisme constituent les deux modes du rapport à Dieu vis-à-vis desquels les autres conceptions prévalentes dans nos sociétés se situent et se structurent.

[15] L'anthropocentrisme est une doctrine ou une attitude philosophique qui considère l'homme comme le centre de référence de l'univers. En contraste, une perspective non-anthropocentrique est une manière de voir le monde qui ne place pas les êtres humains au centre de la réalité et qui accorde une importance égale aux autres formes de vie et aux entités naturelles. Au lieu de considérer les intérêts, les besoins et les valeurs humaines comme prédominants, une perspective non-anthropo-

centrique reconnaît l'interconnexion et l'interdépendance de tous les êtres vivants et de l'environnement naturel dans son ensemble.

[16] On pourrait distinguer avec Paul Ricœur (1990) deux approches différentes de la connaissance et de la vérité, celle du savoir absolu et celle de l'herméneutique du témoignage. La première suppose l'existence d'une vérité objective et universelle qui peut être atteinte de manière définitive et certaine. Cette approche consacre une conception statique et transcendante de la connaissance, qui reste détachée des contextes particuliers et des expériences individuelles. En revanche, l'herméneutique du témoignage reconnaît l'irréductible dimension de subjectivité, d'évolutivité et de relativité de la connaissance humaine. Elle met l'accent sur l'interprétation des récits et des expériences humaines, comme moyens d'accéder à la vérité et de comprendre le monde. Elle souligne le rôle de l'investissement existentiel dans la quête de compréhension et de vérité. Elle consacre une conception différentielle et personnelle de la connaissance.

[17] Le « solutionnisme » qui imprègne fortement la mentalité des élites dirigeantes considère que, pour chaque problématique, il existe une solution d'ordre technologique (Morozov, 2014).

[18] Les manquements et les contrevérités dont se nourrit l'optimisme technologique ont été pointés par de nombreux analystes (cf. Jeanneau, 2020 et Aggeri, 2020).

[19] Le même type d'objection peut être formulé à l'encontre des technologies numériques, des nanotechnologies et des techniques de fabrication de l'énergie dites propres.

[20] La géo-ingénierie est un ensemble de méthodes et de techniques visant à modifier délibérément le système climatique et environnemental de la Terre à grande échelle, dans le but d'atténuer les effets du changement écologique. Ces techniques sont souvent divisées en deux catégories : la géo-ingénierie solaire, qui cherche à réduire l'impact du rayonnement solaire sur la Terre, et la géo-ingénierie de capture et de stockage du carbone, qui envisage de retirer le dioxyde de carbone de l'atmosphère pour réduire les concentrations de gaz à effet de serre.

[21] L'étude de Forrest Clingerman et al. présente un cadre synthétique utile pour l'évaluation éthique des démarches de géo-ingénierie et de réduction des émissions polluantes (2018 : 2-23). De son côté, Alain Robock (2008) énumère 20 raisons pour lesquelles l'utilisation de la géo-ingénierie pourrait être malavisée.

[22] « Si l'existence d'une île, d'une nation, d'une ville ou d'une région agricole était menacée par le réchauffement climatique, la question que se poseraient ses dirigeants ne sera plus de savoir si la géo-ingénierie est une option, mais quels pourraient en être les effets, positifs et négatifs, et comment elle pourrait être mise en œuvre (...). Quiconque est capable de faire voler une flotte d'avions à haute altitude pourrait vraisemblablement tenter de modifier l'atmosphère de la planète, et ce pour une fraction de ce coûterait une approche fondée sur la réduction des émissions de dioxyde de carbone. Mais il y a un problème : personne ne connaît le coût des effets secondaires potentiels de la géo-ingénierie, qui sont inconnus et parfois inconnaissables, et il pourrait y avoir de graves répercussions politiques et juridiques, lorsque quelqu'un commence à jouer à Dieu avec le climat... » (Wagner & Weitzman, 2012).

[23] L'association GreenFaith considère que les droits des peuples indigènes sont particulièrement menacés : « Les programmes d'élimination du carbone, tels que le boisement et la bioénergie avec captage et stockage du carbone (BECCS), s'ils étaient mis en œuvre à grande échelle, nécessiteraient d'énormes quantités de terres. Les gouvernements nationaux pourraient bien convoiter les terres traditionnelles des peuples indigènes à de telles fins. Bien que ces terres soient souvent protégées par la loi, les gouvernements ont souvent été réticents ou incapables d'appliquer ces protections lorsqu'ils ont été confrontés à des demandes d'accès de la part de l'industrie extractive et des lobbies agro-industriels » (Clingerman et al., 2018 : 31).

[24] Cet effet pervers correspond à ce que les économistes appellent une situation d'aléa moral (Lin, 2013).

[25] « Le discours sur la négation du problème, le climato-scepticisme, a quasiment disparu de la sphère médiatique, mais le déni a basculé vers une excessive facilité à régler le problème par la seule technique » (Jancovici, cité par Baïetto, 2022).

[26] La technologie est notamment indispensable pour soigner ses propres effets dommageables, gérer ou réparer les dégâts écologiques qu'elle produit (tels que les déchets nucléaires, les produits chimiques, etc.).

[27] Le terme collapsologie est un néologisme inventé par Pablo Servigne et Raphaël Stevens (2015). Il désigne un courant de pensée centré sur l'hypothèse de l'« effondrement (*collapse*, en anglais) » des systèmes socio-écologiques.

[28] De nombreux collapsologues présentent l'épuisement des ressources fossiles comme l'élément déclenchant de la catastrophe annoncée. Or, les climatologues estiment que notre monde serait décimé sous les effets destructeurs de l'exploitation des énergies fossiles bien avant que celles-ci ne s'épuisent. Pour ne pas dépasser l'objectif des 2° C de réchauffement en 2100, il faudrait laisser sous terre les deux tiers des réserves de pétrole, de gaz et de charbon économiquement exploitables (Jakob & Hilaire, 2015). Autrement dit, le capitalisme fossile n'a pas « atteint ses limites », il n'est pas « à bout de souffle », et il n'est pas « sur le point de s'effondrer » comme le prophétisent les collapsologues, et c'est bien là le drame de la situation.

[29] Est-il étonnant de voir nombre d'adhérents aux thèses de l'effondrement sombrer dans des formes douloureuses d'angoisse et de repli sur soi ? « La conséquence pratique [de la collapsologie], c'est un sentiment d'accablement tenace qui conduit tout droit, à l'avenant, au cynisme, au nihilisme ou à l'aquoibonisme ; soit le revers exact de l'extension généralisée de l'innocence volontariste » (Zitouni, 2018).

[30] Dupuy considère qu'il est rationnel d'être catastrophiste au vu des risques qui pèsent sur la survie des écosystèmes terrestres et de l'espèce humaine. Il estime qu'il faut croire en la possibilité du pire, pour le prévenir avant qu'il ne se produise. Il faut, selon lui, imaginer que « l'impossible est devenu certain » - comme l'énonce le sous-titre de son essai – pour restaurer la nécessité d'agir.

[31] L'heuristique de la peur fait référence à une stratégie de responsabilisation, qui confère à la peur une valeur pratique de lucidité, et en fait un guide pour l'action. De façon lapidaire, l'approche consiste à faire peur aux hommes pour les inciter à agir de manière éthiquement

responsable, protégeant ainsi l'humanité actuelle et future contre les catastrophes.

[32] Le principe éthique élaboré par Hans Jonas dans son ouvrage *Le Principe Responsabilité* (publié en 1979) met l'accent sur notre responsabilité envers les générations futures et envers l'environnement. Il commande d'agir de façon que les effets de notre action soient compatibles avec la permanence d'une vie authentiquement humaine sur Terre. Le principe éthique de Ernst Bloch, développé dans son œuvre majeure du même nom, publiée entre 1954 et 1959, envisage l'espérance comme une force utopique, mais également comme une force concrète qui émerge des contradictions du présent et pousse les individus à travailler pour un avenir plus juste et plus égalitaire. Tandis que le principe jonassien met l'accent sur la prise de conscience des conséquences à long terme de nos actions, et sur notre devoir de préserver l'avenir pour les générations futures, le principe blochien se concentre sur la force transformative de l'espérance dans la construction active d'un avenir meilleur. Jonas recommande la réserve et la modération dans nos actions, alors que Bloch met en avant la vision utopique et l'audace.

[33] Le terme prométhéisme tire son nom de Prométhée, un personnage de la mythologie grecque qui a apporté le feu aux humains contre la volonté des dieux. Dans un sens général, le prométhéisme désigne tout mouvement ou système de pensée qui valorise l'ingéniosité humaine, l'autonomie individuelle, la conquête de l'espace, la domination du monde, et l'amélioration de la condition humaine par le biais de la science et de la technologie.

[34] Frédéric Neyrat donne un exemple éloquent de ce genre de comportements. En utilisant des voitures 4 x 4 climatisées pour se préserver des dangers de la route et se prémunir des désagréments de la chaleur, les automobilistes se protègent dans leur sphère individualisée. Mais ils portent par là-même atteinte aux équilibres plus vastes dont ils ont besoin pour survivre : l'augmentation des cylindrées et de la consommation d'énergie ayant un impact négatif sur l'environnement et la sécurité routière. Ainsi, les humains apeurés « s'autodétruisent en détruisant le monde » (Neyrat, 2008 : 77, 94).

[35] Rappelons que la responsabilité se comprend ici comme une charge que les acteurs individuels et collectifs doivent assumer pour l'avenir, en prévenant ou réparant les conséquences dommageables de leurs agissements, sans préjuger de savoir s'il s'agit de responsabilité pour faute ou pour risque.

[36] WWF France énumère, sur son site internet, sept domaines différents où des actions concrètes peuvent être engagées au niveau individuel pour la protection de l'environnement : s'alimenter différemment, optimiser sa consommation énergétique, se déplacer autrement, limiter ses déchets, réduire son empreinte numérique, choisir ses matériaux de construction et d'ameublement, et mieux gérer sa consommation d'eau (www.wwf.fr/agir-au-quotidien). Des mesures similaires avaient été préconisées dès 1975 par la Fondation Dag Hammarskjöld : « Limiter la consommation de viande, plafonner la consommation de pétrole, utiliser les bâtiments de façon plus économe, produire des biens de consommation plus durables, supprimer les voitures particulières, etc. »

[37] Descola énumère quelques actions de nature politique ou symbolique, qui sont à la portée de tous, et que chacun devrait engager pour la sauvegarde de l'environnement : « En tant que citoyen, d'abord, alerter, alerter, alerter sans cesse l'opinion publique et les responsables politiques sur les risques climatiques et sur l'appauvrissement du monde qui résulte de l'érosion de la biodiversité ; prôner et pratiquer, par l'action et l'abstention, la frugalité énergétique individuelle et collective ; cesser de croire que l'exercice de ma liberté de consommer, de me déplacer, de produire, d'aménager – au prix d'une empreinte écologique croissante – est plus important que l'intérêt collectif des occupants, humains et non humains, de la planète ; remettre en cause les paradigmes sur lesquels s'appuie notre modèle de développement, en particulier l'idée absurde d'une croissance économique ininterrompue dans un monde aux ressources finies ; lutter contre l'absence persistante de la prise en compte des coûts écologiques de production et de transport dans la fixation du prix des marchandises. Tout cela, et bien d'autres choses encore, est à notre portée comme locataires de la maison commune » (2017 : 80-81).

[38] Ces manœuvres ont été analysées et décrites dans différents travaux : Bandura, 2002, 2007, 2015 ; Gifford, 2011 ; Hamilton, 2012 ; ou Peeters et al., 2019.

[39] Si l'ordre techno-économique établi et ses valeurs sont florissants, c'est parce qu'une écrasante majorité de citoyens, y compris parmi les classes défavorisées, y adhère et y trouve son intérêt. En sens inverse, cependant, en offrant aux masses une part de l'abondance matérielle qu'il délivre, fût-ce avec beaucoup d'inégalités et au prix de coûts humains et environnementaux exorbitants, le système en place neutralise le besoin de changement, consolide son emprise et assure sa pérennité. Karl Marx avait noté quelque chose de similaire en lien avec la lutte des classes : « Plus la classe ouvrière augmente et renforce la puissance qui lui est hostile, plus s'adoucissent les conditions dans lesquelles il lui sera permis de travailler à un nouvel accroissement de la richesse bourgeoise, au renforcement de la puissance du capital, contente qu'elle est de forger elle-même les chaînes dorées avec lesquelles la bourgeoisie la traîne à sa remorque » (Marx, 1849 : 197).

[40] Le drame écologique échappe aux principes convenus de la responsabilité juridique sur plusieurs fronts. Tout d'abord, le désastre en cours implique une part essentielle d'involontaire, étant la conséquence non voulue des activités humaines. Ensuite, les dommages écologiques se prêtent mal à la demande d'imputabilité, car leurs causes sont multifactorielles et ne peuvent que rarement être rattachées à des personnes en particulier ; les préjudices sont aussi difficiles à faire valoir, puisqu'ils revêtent l'apparence d'externalités négatives plutôt que de dommages directs causés à des victimes en particulier et à leurs patrimoines. De plus, le drame écologique excède le périmètre social à l'intérieur duquel se déploie habituellement le jeu de la responsabilité : particulièrement problématique à cet égard est l'absence de lien effectif entre les principaux responsables – que sont les humains, les générations présentes et les populations les plus riches – et les premières victimes – que sont les non-humains, les générations à venir, et les populations les plus vulnérables. Enfin, le phénomène écologique comporte une dimension irréductible d'incertitude et d'inintelligibilité : c'est un événement hors norme, trop grand et trop complexe pour être appréhendé à sa juste valeur par le savoir et l'imagination.

[41] Pascal Diethelm et Martin McKee (2009) ont identifié cinq traits caractéristiques des entreprises du déni : l'invocation de complots, l'appel à de faux experts, l'utilisation sélective des données scientifiques, la mise en exergue de ce qui demeure pour la science indécidable ou inconnaissable, enfin l'altération des faits et l'utilisation de sophismes argumentatifs et logiques.

[42] Clive Hamilton qualifie ce type d'inférence de « vœu pieux » et estime que « les nations, ainsi que les individus, passent habituellement par cette phase, ou s'y enlisent » (2012).

[43] La question du juste taux d'actualisation a été longuement débattue par les économistes. Emblématique à cet égard est la controverse qui a opposé Nicholas Stern (pour qui le taux d'actualisation doit être bas pour favoriser les investissements en faveur de l'environnement) à William Nordhaus (qui privilégie un niveau de taux plus élevé). Pour une discussion générale de la problématique, cf. Caney, 2014.

[44] La nature diffuse de la responsabilité écologique, et le sentiment d'irresponsabilité qu'elle fait naître, favorisent aussi la tendance qu'ont les individus à rejeter la faute sur les autres et sur les instances collectives (cf. Cripps, 2013 : 119-124 ou Sinnott-Armstrong, 2005). Accuser l'État, les grandes entreprises, les magnats de la finance, le capitalisme ou le système, d'être coupables de l'impasse écologique actuelle peut être vu comme un mécanisme fallacieux d'exonération, qui permet aux individus de se décharger à bon compte de la part de responsabilité qui leur incombe. C'est là « un moyen efficace, quoique souvent indéfendable, de nier sa propre culpabilité en matière écologique » ; « c'est une forme de désengagement moral par lequel nous rejetons notre responsabilité par rapport au problème ou à sa solution » (Hamilton, 2012 : 234).

[45] François Ost rappelle que « depuis la modernité au moins, les questions de justice se pensent dans les termes du contrat, de la symétrie et de la réciprocité » : « Notre conception de la justice est quasiment exclusivement contractualiste – procédurale » ; elle est fondée sur les principes du simple échange contractuel et de la discussion rationnelle entre égaux. Dans notre tradition, la responsabilité à l'égard de l'avenir peine à prendre forme parce qu'il manque les conditions qui feraient des générations futures des partenaires d'un échange contractuel : « font

défaut en effet la symétrie de la situation et la réversibilité des rôles, l'équilibre des prestations et la réciprocité des services ». Ainsi, le contractualisme, qui est au principe de notre conception moderne du droit et de la justice, « s'avère un obstacle dès qu'il s'agit de fonder des obligations à l'égard de nations pauvres et éloignées et, a fortiori, des générations futures » (Ost, 2018).

[46] Sivan Kartha et al. (2020) estiment qu'entre 1990 et 2015, les 1 % les plus riches – soit environ 63 millions de personnes ayant plus de 8000 euros de revenus mensuels – étaient responsables de 15 % des émissions de CO_2. En contraste, les 50 % les plus pauvres – environ 3,1 milliards de personnes – n'étaient responsables que de 7 % des émissions cumulées.

[47] Il serait illusoire de penser que les populations privilégiées puissent se convertir à la vertu écologique au nom des droits de l'homme ou de la solidarité qu'elles devraient témoigner aux déshérités et aux plus vulnérables : « Quand on voit l'océan d'indifférence dans lequel se noient des dizaines de milliers de réfugiés en Méditerranée, comment espérer mobiliser en invoquant le paysan du Bangladesh chassé de chez lui par la montée des eaux ? » ; « Qui, à part dans les pays concernés, se souvient du cyclone Bhola (au moins 300.000 morts au Bangladesh en 1970), du typhon Nina (170.000 morts en Chine en 1975) ou du cyclone Nargis (130.000 morts en Birmanie en 2008) ? Et en Europe, qu'est-ce qu'ont changé les 70.000 morts de la canicule de 2003 ? » (Fressoz, 2018).

[48] « J'appelle "supraliminaires" les événements et les actions qui sont trop grands pour être encore conçus par l'homme » (Anders, 2010 : 71). Face à de tels événements, « face à l'idée de l'apocalypse, notre âme déclare forfait » (Anders, 2001, 300).

[49] Rappelons que nous faisons pour l'instant abstraction du poids contraignant que les réalités techno-économiques peuvent représenter pour certaines catégories de populations. Derrière les résistances à la cause écologique, et sous les manœuvres d'exonération de responsabilité, se cache parfois non pas une défaillance de la sensibilité écologique ou morale, mais la nécessité économique dans laquelle se trouvent des individus dont les moyens de subsistance entrent en contradiction avec la bonne conduite écologique (Soper, 2001).

[50] Pour une présentation générale des concepts et des formes de greenwashing, cf. de Freitas Netto et al. 2020.

[51] Dans cet article (2009), Chakrabarty tire de façon radicale les conséquences de l'avènement de l'anthropocène. Il note que parler d'anthropocène, c'est reconnaître que l'humanité est devenue une « force géophysique » (première thèse). Cette évolution signe la ruine de la distinction opérée par l'humanisme classique entre histoire naturelle et histoire humaine (deuxième thèse). Partant, il devient impératif de combiner les sciences naturelles et les humanités pour élaborer une nouvelle histoire planétaire, dans laquelle l'homme ne serait plus considéré seulement comme un sujet historique, mais aussi comme une espèce (troisième thèse). Ce développement remet en cause l'idée de compréhension historique et condamne l'homme à une irréductible part d'inintelligibilité (quatrième thèse).

[52] De nombreux analystes en restent malheureusement à ce niveau de réalité. Ainsi, comme nous l'avons indiqué, François Ost considère que l'essor de la responsabilité à l'égard des générations à venir est entravé par deux types d'obstacle : « d'une part le fait que notre conception de la justice est quasiment exclusivement contractualiste – procédurale, supposant dans chaque cas l'accord de partenaires égaux dans la discussion (obstacle contractualiste) –, d'autre part le fait que notre culture contemporaine se décline quasi exclusivement au présent, sinon au registre de l'instant, témoignant d'une amnésie à l'égard du passé et de myopie à l'égard du futur, ce qui rend difficilement pensable une communauté de destin entre générations présentes, passées et futures (obstacle instantanéiste) ». Pour surmonter ces obstacles, Ost propose « d'élargir la logique contractualiste-procédurale à un modèle de la transmission (où l'expérience d'égalité se rétablit sous la forme de la transitivité plutôt que de la réciprocité) et de restaurer un sens de la dialectique historique qui, tout en témoignant de ce que le présent est affecté tant par le passé que par le futur, montre aussi qu'il se nourrit de la fécondation réciproque de la mémoire et du projet ». Ainsi, Ost pense pouvoir fonder un sens de responsabilité à l'égard des générations futures à partir de l'humanité même du sujet et de sa revendication moderne à l'autonomie. Il prétend réussir à faire advenir la responsabilité élargie dont notre monde a besoin, sans que celle-ci ne soit imposée « du dehors, d'un commandement de Dieu, par exemple, ou

d'une ontologie de la vie comme chez Jonas ». Mais, en fait, sa proposition reste toute théorique et sans modalité effective à même de la faire passer dans le réel. Ost ne nous dit pas comment le paradigme temporel et juridique qu'il ébauche pourrait être traduit dans la réalité de la pensée, des institutions et des comportements. Il dessine un modèle adapté à une meilleure gouvernabilité du commun, mais ne nous dit pas comment susciter les changements de mentalités et d'attitudes profondes nécessaires à l'adoption de son innovation.

[53] La formule entre guillemets est empruntée à Henri Bergson, 1992 : 330.

[54] Déclaration faite dans une entrevue accordée à la suite de la publication du Principe de Responsabilité (cité par Boissinot, 1999).

[55] « La responsabilité humaine que Jonas place au cœur de son mythe est en fait triple. Elle porte d'abord sur le monde. L'homme doit être responsable de son agir et de ses conséquences, en dépit de la complexité des affaires mondaines, de l'extrême limitation de ses prévisions et d'une incertitude qui semble être son lot, surtout, comme cela semble être le cas aujourd'hui, si elles sont désastreuses. Au-delà de cette responsabilité mondaine, qui se tient dans les limites du savoir et du pouvoir humain, se dessine une responsabilité plus essentielle envers la transcendance, responsabilité qui n'est pas loin de notre cœur, écrit Jonas, en citant le Deutéronome, 30,14. Nos actes ont un impact immédiat sur le royaume éternel ; nous sommes responsables du devenir de celui-ci sans que nous puissions nous en décharger. Nous détruire serait ipso facto détruire le projet divin. Quoique Jonas juge suffisants ces deux types de responsabilité pour accomplir notre devoir (*task*), il insiste sur une troisième dimension, à savoir celle à l'égard de l'"impalpable effet de retour" qu'un Dieu souffrant et menacé peut exercer sur les hommes. Inquiétant l'aventure divine, Auschwitz serait ainsi la cause même de la détresse contemporaine. En somme, conclut-il, "nous tenons littéralement le futur de l'aventure divine en nos mains et nous ne devons pas Le trahir, même si nous nous trahissons nous-mêmes" » (Boissinot, 1999 : 157-8).

[56] Les climatologues Will Steffen, Paul Cruzen et l'historien John McNeill (2007) ont proposé le terme de « Grande accélération » pour désigner la progression exponentielle que présentent depuis les années

1950 les courbes figurant les tendances historiques de l'activité humaine et de l'évolution physique du système terrestre (cf. aussi Steffen et al., 2015).

[57] L'équation présente un certain nombre de défauts. Premièrement, elle ne capte pas les effets non linéaires qui peuvent causer l'effondrement brutal des écosystèmes. Deuxièmement, elle introduit un « effet population » qui influe de manière unique et mécanique sur l'environnement, sans tenir compte des fortes inégalités de niveaux de vie entre individus ni des différences de responsabilité qui en découlent. Enfin, l'équation ignore le rôle déterminant joué par les entreprises et la finance dans le drame écologique en cours, ainsi que l'impact sur la biosphère des conflits armés, qu'ils soient liés ou non à la compétition pour les ressources. Pour une revue exhaustive des critiques adressées à l'équation IPAT, cf. Angus et Butler, 2014 : 79-83.

[58] On parle d'effet rebond lorsqu'une amélioration de l'efficacité énergétique conduit à une augmentation inattendue de la consommation d'énergie plutôt qu'à la réduction prévue. Ce phénomène se produit lorsque les économies réalisées grâce à une utilisation plus efficace de l'énergie incitent les consommateurs à utiliser davantage d'énergie ou à l'appliquer dans de nouvelles activités.

[59] Les questions les plus pressantes concernent l'alimentation (près de 30 % de la population mondiale est aujourd'hui en situation d'insécurité alimentaire, cf. FAO et al., 2021) ; la préservation des terres (près de 20 % des sols cultivables et 30% des forêts sont déjà dégradés, cf. FAO, 2021) ; l'accès à l'eau et sa qualité (20 % de la population mondiale vit actuellement dans des régions où l'eau fait physiquement défaut et 11 % n'a pas accès à l'eau potable à domicile, cf. UNESCO, 2019) ; la gestion des déchets (dont la production pourrait augmenter de 70 % d'ici 2050 si rien n'est fait, cf. Kaza et al., 2018), ou encore la question des migrations (le nombre de migrants dans le monde était d'environ 281 millions en 2020, soit trois fois plus qu'en 1970, cf. McAuliffe et Triandafyllidou, 2022).

[60] Selon les calculs de l'association Global Footprint Network.

[61] On peut faire aussi référence à la productivité primaire nette de la Terre (PPN). La PPN mesure la quantité d'énergie disponible pour les consommateurs de premier ordre, net des pertes induites par la respi-

ration des plantes. On estime que l'humanité accapare déjà 20 à 30 % de cette productivité. Si l'ensemble des humains devaient vivre selon les standards occidentaux, alors la quasi-totalité de la production primaire nette des écosystèmes terrestres serait appropriée par l'homme, ne laissant guère d'espace de développement ou de survie aux autres espèces vivantes (Smil, 2011).

[62] Pour une présentation récente de ce point de vue, cf. Angus et Butler (2014).

[63] Le WRI préconise d'engager cinq axes d'actions et de transformations. Il faut (i) contenir la croissance de la demande alimentaire en limitant le gaspillage et en réduisant l'écart entre les régimes alimentaires des pays riches et des pays pauvres, (ii) accroître la production globale par des gains de productivité sans élargir la superficie des terres cultivées, (iii) protéger et restaurer les écosystèmes naturels, (iv) augmenter les ressources halieutiques par une meilleure gestion de la pêche et des systèmes d'aquaculture, (v) réduire les émissions de gaz à effet de serre provenant de la production agricole grâce aux technologies et à des méthodes agricoles innovantes. Cet ensemble d'interventions suppose (i) de modifier les modes de production agricole : il est notamment préconisé d'adopter des approches holistes fondées sur une gestion intégrée des écosystèmes agricoles et de développer des systèmes de production diversifiés et plus adaptés aux contraintes environnementales locales et aux savoir-faire traditionnels ; (ii) de faire évoluer les modes de consommation des populations riches, de manière à limiter les consommations excessives de produits animaux et à réduire les gaspillages ; (iii) de se départir de l'orthodoxie économique libérale : il est ainsi recommandé de développer des politiques publiques fortes et ambitieuses, de susciter une coopération accrue entre producteurs et entreprises agroalimentaires, société civile et gouvernements, mais aussi de faire usage de financements publics pour développer la recherche systémique et étoffer les infrastructures des pays pauvres. Ce que le WRI affirme implicitement est qu'il ne peut y avoir de solution aux défis alimentaires dans le respect des exigences du développement durable, sans une remise en cause plus ou moins importante des modes de consommation ayant cours dans les pays riches et un changement substantiel des politiques poursuivies en matière de développement agricole et de coopération internationale.

[64] Le pape François écrit dans le même sens : « Accuser l'augmentation de la population et non le consumérisme extrême et sélectif de certains est une façon de ne pas affronter les problèmes » (*LS* 44).

[65] Dès les premiers mots de son étude consacrée aux aspects économiques du changement climatique, Nicholas Stern estime que « les émissions de gaz à effet de serre (GES) sont des *externalités* et représentent la plus grande *défaillance* de marché que le monde ait connu » (2008, nous soulignons). Dans un registre moins académique, Gernot Wagner et Martin Weitzman déclarent (2012) : « Réduisez le problème climatique à l'essentiel, et il apparaîtra évident que le réchauffement de la planète relève fondamentalement d'une *défaillance de marché* : les sept milliards d'êtres humains que nous sommes sont des "*passagers clandestins*" sur une planète qui se réchauffe ». Le « passager clandestin » est celui qui ne fait pas sa part de chemin pour réduire ses émissions de gaz à effet de serre, tout en espérant bénéficier des efforts que feront les autres.

[66] Le dilemme du prisonnier, formulé en 1950 par Albert Tucker, caractérise, en théorie des jeux, une situation où deux acteurs concurrents ont intérêt à coopérer, mais où, en l'absence de communication suffisante et de confiance entre eux, chacun choisit, sur la base de décisions rationnelles, et en vue de son propre intérêt, de trahir l'autre.
L'exemple classique du dilemme du prisonnier implique deux suspects arrêtés par la police et placés dans des cellules séparées. Chacun a deux choix : coopérer avec l'autre en restant silencieux (coopération) ou trahir l'autre en confessant le crime (défection). Les conséquences possibles dépendent des choix de chacun :
- Si les deux coopèrent, c'est-à-dire s'ils gardent le silence, ils bénéficient tous les deux d'une peine réduite.
- Si l'un coopère en gardant le silence tandis que l'autre trahit en confessant, celui qui trahit obtient une réduction de peine ou est libéré, tandis que celui qui a coopéré reçoit une peine plus lourde.
- Si les deux trahissent en confessant, ils reçoivent tous les deux des peines modérées.
Dans ces conditions, chaque prisonnier est incité à trahir l'autre pour minimiser sa propre peine, quelle que soit l'action de l'autre. Comme les deux choisissent de trahir, ils finissent par obtenir un résultat pire que s'ils avaient tous deux coopéré. C'est le dilemme : bien que la meilleure

solution globale soit la coopération, les individus ont des incitations à agir de manière égoïste, ce qui conduit à un résultat sous-optimal pour l'ensemble. « Le dilemme du prisonnier incarne l'idée fondamentale (notamment en économie) selon laquelle la confrontation des intérêts individuels ne débouche pas nécessairement sur l'intérêt collectif » (Eber, 2018 : 53). Un modèle de « dilemme du prisonnier climatique » a été formalisé par Stephen DeCanio et Anders Fremstad (2013). Pour une revue récente du concept, voir Carrozzo Magli et Manfredi (2022). Le modèle trouve un cas significatif d'application dans le rapport bilatéral entre les deux plus grands émetteurs que sont les États-Unis et la Chine (Sunstein, 2007 ; Maréchal, 2013).

[67] Ce type de comportement est courant sur la scène internationale. Wagner et Weitzman (2012) expliquent le phénomène comme suit : « Pourquoi un pays devrait-il réduire ses émissions de carbone alors qu'il sait que ses réductions ne seront qu'une goutte d'eau dans l'océan en regard du problème climatique – et que les autres pays ne demandent pas à leurs citoyens de payer leur juste part ? ». De son côté, Amitav Ghosh note que les pays qui consomment le plus de combustibles fossiles sont ceux qui détiennent le plus de pouvoir au niveau international, et qu'en ce sens, toute augmentation de la consommation fossile correspond à une augmentation de pouvoir, comme le prouve la récente montée en puissance de la Chine et de l'Inde. Il n'est donc pas étonnant que les pays développés rechignent à réduire leur consommation d'énergie fossile et que les pays en développement s'empressent d'en consommer toujours davantage (2018 : 142-3).

[68] Pierre Dardot et Christian Laval (2015) ont notamment montré que ce n'est jamais la caractéristique intrinsèque d'un bien qui le fait rentrer dans la catégorie des communs, mais la nature des actions qui s'y appliquent et lui donnent forme. Ce que la science économique considère comme un problème de gestion de biens et d'aménagement du marché renvoie essentiellement à un ensemble de rapports sociaux dont les biens sont partie prenante et à la façon dont les acteurs se rapportent à ces biens. Autrement dit, derrière les dimensions propres à l'organisation et à l'animation du marché – dimensions qu'il ne s'agit pas d'ignorer – se tiennent des questions ayant trait aux agents économiques, au type de rapport que ceux-ci entretiennent avec la nature, et aux valeurs qui déterminent leur comportement.

[69] Elinor Ostrom (2010), prix Nobel d'économie en 2009, a montré que les solutions traditionnellement envisagées pour la gouvernance des biens communs – celle bureaucratique de l'État, et celle du marché et de la propriété privée – ne sont pas les seules envisageables ni forcément les meilleures. Dans certaines conditions qu'elle a contribué à identifier, les groupes humains ont la capacité de gérer de manière durable les ressources naturelles dont ils dépendent directement, par le biais d'arrangements institutionnels qu'ils produisent par voie délibérative.

[70] La stratégie de répétition, également connue sous le nom de jeu itératif, est une approche dans laquelle le dilemme du prisonnier est joué à plusieurs reprises entre les mêmes individus. Contrairement à une seule interaction où il peut être rationnel de trahir, dans un jeu itératif, les participants ont l'opportunité de prendre en compte les conséquences à long terme de leurs actions. La stratégie de répétition permet aux participants de voir les conséquences à long terme de leurs actions et peut encourager la coopération mutuelle pour maximiser les gains cumulés au fil du temps.

[71] La théorie des externalités traite des effets indirects, externes au marché, produits par les activités économiques d'individus ou d'entreprises. Ces effets, appelés externalités, peuvent être positifs ou négatifs et affecter des tiers. Un exemple d'externalité négative est la pollution émise par une usine qui affecte la santé des habitants des environs sans que ces derniers ne soient indemnisés pour les dommages subis. Pour traiter les externalités, les économistes proposent généralement de recourir à la réglementation, à la taxation ou aux subventions, ou encore à des marchés de droits de pollution (il s'agit de systèmes où les gouvernements attribuent des droits d'émission à un niveau global maximum, puis les distribuent aux entreprises ; ces dernières peuvent échanger ces droits entre elles, ce qui est censé créer un marché pour la réduction de la pollution).

[72] Pour un aperçu d'ensemble de la théorie économique des biens communs et des solutions envisageables, cf. Combes et al. (2016).

[73] La stratégie de l'OCDE sur la croissance verte (2009) est emblématique à cet égard. Elle s'appuie sur les principes suivants : (i) donner une valeur au capital naturel en tant que facteur de production et de croissance, en éliminant les subventions aux énergies fossiles, et en

conférant par le biais d'écotaxes ou de permis négociables un prix à la pollution et à la surexploitation des ressources naturelles rares, (ii) ouvrir le régime de la propriété intellectuelle et des brevets aux domaines de l'environnement, (iii) promouvoir l'établissement d'une finance verte performante à même de favoriser la transition écologique, (iv) soutenir temporairement le développement de l'innovation et la mise en œuvre de technologies vertes, à travers l'investissement public et des aides ciblées au secteur privé.

[74] En décrivant des cas pratiques, Mandle et al. (2019) cherchent à montrer « comment des politiques et des mécanismes de financement, mis en œuvre dans le monde réel, dans une diversité de contextes, ont pu contribuer à garantir et renforcer les services écosystémiques et les bénéfices offerts par le capital naturel dans une perspective de croissance verte inclusive » (2019 : 7).

[75] « Au sein de l'Union Européenne, en particulier, les émissions de CO_2 ont atteint un pic à la fin des années 1970. Grâce aux progrès technologiques, aux efforts déployés pour diminuer l'intensité énergétique de l'appareil productif, mais aussi en raison du poids croissant des services dans l'économie, elles ont, depuis, diminué d'environ 25 %, tandis que les États membres ont continué à prospérer » (Madeline, 2022).

[76] Cf., par exemple, Daumas (2020).

[77] Parmi les autres facteurs qui contrarient le découplage, il faut mentionner : l'augmentation du coût environnemental marginal d'extraction (c'est-à-dire le fait que le processus d'extraction des ressources tend à devenir plus intensif en énergie à mesure de l'exploitation du stock disponible, ce qui entraîne une augmentation du coût environnemental par unité extraite) ; l'impact sous-estimé des services (dont l'empreinte écologique n'est pas toujours prise en compte, alors qu'elle s'ajoute à celle des biens, au lieu de la remplacer) ; le potentiel limité du recyclage (qui nécessite une quantité importante d'énergie et de matières premières vierges, et qui ne pourra jamais servir l'ensemble des besoins d'une économie en expansion) ; une évolution technologique insuffisante et inadaptée qui ne mitige pas suffisamment les pressions sur l'environnement. Pour plus de détails sur l'ensemble de ces points, cf. Parrique et al. (2019).

[78] Jason Hickela et Giorgos Kallis (2020) parviennent aux mêmes conclusions : « En examinant les études pertinentes sur les tendances historiques et les projections des modèles, nous découvrons que : (1) il n'existe aucune preuve empirique que le découplage absolu de l'utilisation des ressources puisse être obtenu à l'échelle mondiale dans un contexte de croissance économique continue, et (2) il est très peu probable que le découplage absolu des émissions de CO_2 soit effectué à un rythme suffisamment rapide pour empêcher un réchauffement climatique de plus de 1,5° C ou 2° C, même dans des conditions politiques "optimistes". Nous concluons que la croissance verte est probablement un objectif erroné et que les décideurs doivent rechercher des stratégies alternatives ».

[79] Citons, à titre d'exemple, le Glasgow Financial Alliance for Net Zero (GFANZ), initiative lancée en 2021 et rassemblant aujourd'hui 450 sociétés du secteur financier avec plus de 130 milliards de dollars d'actifs sous gestion. Les membres de la coalition s'engagent à promouvoir la réduction des émissions de GES dans tous les domaines économiques, en conformité avec l'Accord de Paris, à travers des plans d'actions transparents dont les résultats peuvent être évalués.

[80] « Le néolibéralisme n'est pas une facilité de langage, ni un vocable paresseux remplaçant une véritable analyse critique, c'est un véritable mouvement idéologique qui a profité d'une conjoncture favorable pour réhabiliter l'horizon d'une société de marché, c'est-à-dire d'une société entièrement gouvernée par l'intérêt matériel et la concurrence, autrement dit le marché autorégulateur au sens de Polanyi » (Laville, 2006).

[81] Selon différents observateurs, l'inaction en matière écologique remonterait précisément aux années 1980. À cette époque, le problème écologique était déjà suffisamment documenté pour justifier une action politique d'envergure. Mais c'est à ce moment-là que le monde occidental a pris un virage néolibéral, sous l'impulsion américaine et anglo-saxonne : « Nous n'avons pas pris les mesures nécessaires pour réduire les émissions parce qu'elles sont fondamentalement en contradiction avec le capitalisme déréglementé, qui était l'idéologie dominante pendant toute la période où nous nous sommes efforcés de trouver une issue à cette crise (…). Ce problème n'aurait peut-être pas été insurmontable s'il s'était présenté à un autre moment de notre histoire. Mais notre grand malheur collectif est que la communauté scientifique a posé son

diagnostic décisif sur la menace climatique au moment précis où [l]es élites [gouvernantes] jouissaient d'un pouvoir politique, culturel et intellectuel plus illimité qu'à aucun autre moment depuis les années 1920. En effet, les gouvernements et les scientifiques ont commencé à parler sérieusement de réductions radicales des émissions de gaz à effet de serre en 1988 – l'année exacte qui a marqué l'avènement de ce que l'on a appelé la "mondialisation" » (Klein, 2018). « Cette tragédie, nous ne l'avons pas inventée, elle est le résultat du fait qu'on n'a pas agi dans les années 1980 » (Latour et Schultz, 2022b).

[82] Les exceptions à cette vieille matrice sont principalement la Chine et les économies productrices d'énergie fossile.

[83] « Plus de la moitié des émissions de gaz à effet de serre est attribuable aux dix pour cent les plus riches de la population mondiale. Autrement dit : plus de la moitié de l'énergie consommée vise à satisfaire les besoins des riches. Ajoutons l'énergie gaspillée à fabriquer des armes (pour défendre les intérêts des riches) et des produits à obsolescence programmée (pour augmenter les profits des riches), ainsi que le gaspillage de près de la moitié de la production alimentaire mondiale (dû surtout à la course au profit instituée par les riches) » (Tanuro, 2018).

[84] L'effet préjudiciable des inégalités sur l'environnement est amplifié par des dynamiques secondaires qui opèrent par le biais de différents canaux de transmission. Éloi Laurent (2015) en identifie cinq : (i) l'inégalité, en concentrant les richesses aux mains d'un petit nombre, oblige à un surcroît d'activités économiques et de pollution pour répondre aux besoins du reste de la population ; (ii) l'inégalité accroît l'irresponsabilité écologique des plus riches ; (iii) l'inégalité, en affectant notamment la santé des individus, aggrave l'impact des chocs écologiques ; (iv) l'inégalité entrave les capacités d'action collective nécessaires à la préservation des ressources naturelles ; (v) l'inégalité réduit la sensibilité des plus modestes aux enjeux écologiques et limite la possibilité de compenser socialement les éventuels effets régressifs des politiques environnementales.

[85] « [Le] terme décroissance n'est pas un concept savant, mais un terme du langage courant qui fédère celles et ceux qui souhaitent une réduction de la taille physique du système économique (moins de capacité de

prélèvement de ressources naturelles, moins de rejets polluants) pour des raisons écologiques, sociales et démocratiques » (Bayon, 2010 : 14).

[86] L'usage du terme « décroissance » suscite le débat au sein même du mouvement qui s'en réclame. Nombreux lui préfèrent l'expression « objection de croissance », en référence à « objection de conscience ». Certains lui ajoutent les qualificatifs de « soutenable », « conviviale » ou « équitable » (Kallis, 2011). Paul Ariès préfère parler « d'écologisme des pauvres ». Jean Gadrey recourt au concept de « post-croissance ». Serge Latouche considère que « pour parler de façon rigoureuse, nous devrions parler d'a-croissance comme on parle d'a-théisme ».

[87] Dans un sens assez similaire, Dipesh Chakrabarty (2009) s'interroge : « Doit-on donc dire que la période qui va de 1750 à aujourd'hui a été une période de liberté, ou doit-on la caractériser plutôt comme l'anthropocène ? L'anthropocène constitue-t-elle une critique des récits de la liberté ? L'impact géologique des êtres humains est-elle le prix dont nous payons notre poursuite de la liberté ? D'une certaine façon, il faut dire que oui ».

[88] Cet idéal trouve son expression concrète dans les Objectifs du Millénaire pour le Développement, qui ont été approuvés en septembre 2000 à l'ONU par tous les pays du monde et toutes les grandes institutions internationales. À travers ces objectifs, la communauté internationale déclare son ambition de réduire la pauvreté, la faim dans le monde et la mortalité infantile et maternelle, de garantir l'accès à l'enseignement pour tous, de contrôler et gérer les épidémies et les maladies, d'abolir la discrimination entre les sexes, d'assurer un développement durable et d'établir des partenariats à l'échelle mondiale.

[89] Alain Papaux (2013) parle à ce propos de « dilemme » et de la nécessité de choisir entre « l'affirmation de l'égalité universelle des droits, mais alors [avec] la renonciation à notre mode de vie occidental non extensible à tous les habitants de la planète, d'une part » et « le maintien de ce monde, mais le renoncement à l'égalité juridique de principe de tous les humains en termes de droits économiques et sociaux singulièrement, d'autre part ».

[90] Bruno Latour insiste sur l'enrichissement qu'apporterait la reconstitution d'un rapport non-exclusivement utilitaire à la nature : « Le problème avec les idées de sacrifices et de renoncements qui vont avec

[celles de décroissance et de limite planétaire] est qu'on ne prend que la moitié du dispositif : on tend à rester dans les simplifications que charrie la notion de production, laquelle simplifie tout. Le fait de n'utiliser la forêt amazonienne que pour en extraire de l'or, c'est une version extraordinairement appauvrie de ce qu'il y a dans la forêt amazonienne. Et donc de la façon de vivre avec elle et de l'aider à vivre. C'est pourquoi je préfère le terme de prospérité à celui de décroissance » (Latour et Schultz, 2022b).

[91] L'expression apparaît dans plusieurs ouvrages consacrés à la décroissance : *La décroissance heureuse - La qualité de vie ne dépend pas du PIB* (Pallante, 2011), ou encore *Plaidoyer pour une décroissance heureuse* (Kallis et al., 2023).

[92] Les différentes approches proposées ont chacune leurs avantages et leurs limites. Nous choisissons de ne pas les discuter, car la question des modalités de mise en œuvre n'est pas le principal obstacle à la transition écologique. On pourrait toutefois citer les propositions de Serge Latouche à titre d'illustration. L'auteur formule un cadre d'intervention en « 8 R » (Réévaluer, Reconceptualiser, Restructurer, Redistribuer, Relocaliser, Réduire, Réutiliser, Recycler) qu'il oppose aux innombrables « sur » du modèle capitaliste actuel (surdéveloppement, surpêche, surpâturage, surconsommation, etc.). Les huit objectifs en R créent un « cercle vertueux » de sobriété, et enclenchent « une dynamique vers une société autonome sereine et conviviale de prospérité sans croissance ». L'approche implique « des ruptures bien concrètes » : « protectionnisme écologique et social, législation du travail, limitation de la dimension des entreprises, etc. Et en premier lieu la "démarchandisation" de ces trois marchandises fictives que sont le travail, la terre et la monnaie » (Latouche, 2015). Tout aussi tranchée est la stratégie d'action formulée par la conférence de Barcelone de 2010 sur la Décroissance économique pour la durabilité écologique et l'équité sociale. La stratégie se décline en dix propositions : promotion des monnaies locales et sans intérêts ; semaine de travail de trois jours ; moratoire sur les méga-infrastructures ; réduction de la publicité ; limitation des activités d'extraction ; réutilisation des logements vides et développement de la cohabitation ; revenu inconditionnel ; revenu maximum ; incitations à l'innovation frugale ; nouveaux statuts pour l'action

collective à but non lucratif. On peut se référer aussi à Kallis (2017) et Kallis et al. (2023).

[93] L'État aurait notamment à charge d'instituer des systèmes de redistribution et de protection plus conformes aux exigences de l'équité inter- et intragénérationnelle, de contrecarrer le consumérisme débridé et les activités les plus préjudiciables à l'environnement par des politiques volontaristes et des réglementations contraignantes, mais aussi de compenser par les mesures nécessaires les externalités négatives qui émanent des réformes de la transition.

[94] On peut songer ici à la conception andine du « bien vivre » (buen vivir), que le gouvernement bolivien d'Evo Morales a voulu mettre à profit en 2006 pour s'affranchir des modèles néolibéraux et socialistes de « développement ». Le bien vivre repose fondamentalement sur la complémentarité entre, d'une part, la possibilité d'accéder aux biens matériels et d'en jouir, et de l'autre, la satisfaction personnelle d'ordre affectif, subjectif et spirituel, en harmonie avec la nature et en communion avec les êtres humains : « Le "bien vivre" constitue une critique explicite du modèle occidental considéré comme individualiste, non seulement parce qu'"on ne peut pas vivre bien si les autres vivent mal", mais aussi parce qu'il s'oppose au "mieux vivre" (vivir mejor) ou au simple "bien-être" qui se réduisent l'un et l'autre – selon les auteurs du Plan – à la seule accumulation de biens matériels. "Bien vivre" est donc un concept holistique et cosmocentrique, qui comporte non seulement une dimension matérielle mais aussi des aspects affectifs et spirituels qui incitent à vivre en harmonie avec la nature – avec la *Pachamama* – et à participer à la communauté de tous les humains selon le principe de la *conviviencia* (cohabitation, coexistence, faculté de vivre ensemble) » (Rist, 2013).

[95] « Car le capitalisme est, aujourd'hui, ce qui empêche, notre Grand Empêchement (…). Être anticapitaliste, cela veut dire : s'opposer à la production artificielle de la rareté, au contrôle et aux enclosures, aux "prédations d'externalités" » (Neyrat, 2007).

[96] Titre de son article paru dans la revue *Politique* du 1er février 2010.

[97] Il existe une diversité de modèles capitalistes, ayant des soubassements institutionnels et des dynamiques de développement différents. Par opposition au capitalisme d'État, le capitalisme néolibéral met

l'accent sur la primauté du marché et la réduction de l'intervention gouvernementale dans l'économie. Il prône la déréglementation, la libéralisation des échanges, la privatisation des entreprises publiques et la réduction des dépenses publiques.

[98] Pourtant, le capitalisme se distingue aussi par sa nature fondamentalement dynamique et sa capacité à se renouveler de manière continue de l'intérieur. Ne pourrait-il pas évoluer sous la pression des opinions publiques, des réglementations étatiques et des risques environnementaux croissants, jusqu'à rendre ses assises idéologiques et ses modes de fonctionnement compatibles avec l'exigence environnementale ? La question que nous posons ici n'est pas de savoir si la crise écologique peut être résolue par la croissance verte et l'approfondissement des tendances actuelles du néolibéralisme, mais si le capitalisme peut se transformer radicalement pour répondre aux enjeux de notre siècle. Autrement dit, peut-on imaginer qu'un système capitaliste puisse orienter l'évolution de long terme des sociétés humaines, parce qu'il fonctionnerait sous contrainte de rentabilité contenue, serait enraciné localement et aurait intégré des principes de solidarité et d'utilité sociale ? Pour audacieuse qu'elle soit, l'hypothèse a été esquissée par Jean Haëntjens (2021). Selon lui, le mouvement de verdissement du capitalisme devrait s'accélérer sous l'effet conjugué des incitations gouvernementales, de la baisse drastique des coûts d'abattement et de la pression exercée par les structures académiques et institutionnelles (qui sont largement acquises à la cause écologique). En même temps, le capitalisme, dont l'univers est aujourd'hui fragmenté, et qui est à la recherche d'un second souffle, trouverait dans l'écologisme l'inspiration et les critères d'un profond renouveau. Ainsi, se dessinerait une alliance inédite entre l'écologie et le capitalisme – que l'auteur qualifie « de mariage du siècle » –, dont l'avènement serait porteur de changements effectifs dans les sociétés. Nous pensons qu'il y a tout lieu de se méfier de ces prédictions, compte tenu de la capacité inouïe du système actuel à retourner ses contradictions en sa faveur et à assimiler les expériences alternatives qui le mettent en cause, tout en se prétendant écologiquement responsable, alors même qu'il poursuit sa logique d'accumulation primitive au milieu des destructions écologiques les plus flagrantes. C'est ce que l'épisode, non encore achevé, de la croissance verte démontre de façon lamentable. Aussi, s'il peut être en quelque façon

pertinent de parler d'un « mariage du siècle » entre capitalisme et écologie, ce serait dans un sens ironique – un sens que René Riesel et Jaime Semprun auraient pu donner à l'expression, s'ils l'avaient utilisée, lorsqu'ils évoquent « la tentative de réorganisation bureaucratique-écologique » qu'opère le système capitaliste en place pour imposer une « régulation autoritaire de l'économie au nom de la rationalité écologique » (2008 : 31-6).

[99] Pour Latour (2007), également, il ne s'agit pas de relativiser l'ampleur de la transformation à entreprendre, mais de signifier au contraire qu'elle est plus radicale que ce que laisse entendre le discours révolutionnaire et antisystème commun : « Jusqu'ici la radicalité en politique voulait dire qu'on allait révolutionner, renverser le système économique. Or la crise écologique nous oblige à une transformation si profonde qu'elle fait pâlir par comparaison tous les rêves de "changer de société" (…). Il s'agit de transformer minutieusement chaque mode de vie, chaque rivière, chaque maison, chaque moyen de transport, chaque produit, chaque entreprise, chaque marché, chaque geste… J'ai l'impression que l'époque demande des modifications de l'intellect qui dépassent de très loin les pâles utopies de nos éminents prédécesseurs ».

[100] Dans son cours donné en 1992-1993 au Collège de France, Pierre Bourdieu (2017) a montré que toute société peut être définie par un équilibre instable entre des logiques symboliques contradictoires, capitalistes et non-capitalistes. C'est cet équilibre, et la façon dont il se distribue dans les différents champs de la société, qu'il s'agirait de renégocier, moyennant de nécessaires ruptures, dans un sens qui soit écologiquement pertinent.

[101] Paul Ariès rappelle que « le bilan humain et écologique du socialisme réellement existant est au moins aussi terrible que celui du capitalisme ultralibéral » (2005 : 27).

[102] En bousculant les frontières politiques traditionnelles, le nouveau régime écologique ouvre la voie à d'éventuels accords et coalitions entre parties prenantes de différents bords. Il devient non seulement possible, mais aussi impératif, de forger des alliances inédites en vue d'objectifs et de résultats concrets – des alliances, potentiellement ponctuelles, qui chercheraient à inclure des acteurs d'horizons divers et à s'étendre au monde non-humain. Bruno Latour met ainsi l'accent sur la recom-

position du paysage politique national. Il cite l'exemple de ceux « qui se revendiquent de droite » mais « peuvent nourrir des relations intéressantes au vivant », et inversement, ceux « qui se disent de gauche » mais « dont on découvre qu'ils sont réactionnaires » (2022a). Pierre Charbonnier insiste, quant à lui, sur le chamboulement de l'ordre étatique international : « Le changement climatique est en train de faire exploser une par une toutes les strates de la réflexivité politique moderne. C'est par exemple le cas de la juxtaposition des souverainetés nationales et territoriales, déjà mise en doute par le risque nucléaire, et qui apparaît comme un curieux vestige du passé lorsqu'il s'agit de réguler les structures productives et marchandes globales pour espérer atteindre les objectifs fixés par le GIEC en matière d'émissions de gaz à effet de serre » (Charbonnier, 2020 : 391). De son côté, Baptiste Morizot évoque le démantèlement de la frontière entre humains et non-humains, la fin du « grand partage ontologique et topologique » entre l'homme (considéré seul comme fin) et le reste du vivant (exploité comme simple moyen). Il appelle au développement d'une « cohabitation diplomatique » avec les autres vivants, et à l'instauration avec eux de « relations politiques complexes et fragiles » sur le modèle d'« alliances multi-spécifiques » (Morizot, 2017).

[103] Si l'on entend malgré tout utiliser le terme de « classe » pour qualifier le collectif qui incarne la cause écologique sur la scène politique, cette classe « ne ressemble[rait] en rien, ou presque, à une classe entendue en son sens socio-économique classique » : « Les riverains d'installations dangereuses, les victimes des dispositifs extractifs, les usagers alternatifs du sol, les commoners, les scientifiques et pédagogues, et bien d'autres dont les expériences se diffractent encore en fonction de leur genre et de leur race, composent avec la terre un collectif difficilement comparable à une classe dominée, tout simplement parce que ce n'est ni l'expérience de l'exploitation ni l'identification collective à une condition ou une identité commune, ni même la simple condition de victime, qui les rassemble » (Charbonnier, 2020 : 415).

[104] C'est le cas notamment de l'Europe qui, depuis 1990, a réduit ses émissions de gaz à effet de serre d'environ un tiers. Mais l'effort que celle-ci doit encore consentir est considérable : les émissions de GES de l'européen moyen s'élèvent toujours à plus de 8 tonnes par habitant, soit quatre fois plus qu'en Inde (cf. UNEP, 2021).

[105] Les valeurs portées par la mondialisation néolibérale imprègnent également l'esprit des défavorisés et des déshérités : « La culture du pauvre n'est pas différente de celle du riche, ils doivent partager le même monde, ce monde qui a été édifié pour le plus grand bénéfice de ceux qui ont de l'argent » (Seabrook, J., cité par Latouche, 2008). Le modèle dominant exerce un attrait particulièrement puissant sur les populations des pays émergents, avec « des millions d'Indiens et de Chinois des classes moyennes et de leurs dirigeants qui aspirent aux idéaux consuméristes des sociétés occidentales gourmandes en énergie » (Chakrabarty et al., 2017).

[106] Herbert Marcuse avait noté le point il y a près d'un demi-siècle : « La bourgeoisie et le prolétariat sont toujours les classes principales. Mais le développement de ce monde a altéré leur structure et leur fonction, au point que désormais elles ne semblent plus être historiquement des agents de transformation sociale. Dans les secteurs les plus évolués de la société contemporaine, un intérêt puissant unit les anciens adversaires pour maintenir et renforcer les institutions » (1964 : 19).

[107] Une autre raison de se méfier de l'anticapitalisme est que l'histoire et les formations socio-économiques auxquelles il se réfère ne permettent pas à elles seules d'appréhender la réalité de l'homme entré dans l'anthropocène. Comme le souligne pertinemment Dipesh Chakrabarty, « il ne s'agit certes pas de nier que le changement climatique a profondément à voir avec l'histoire du capital, mais la critique du capital ne suffit pas pour aborder les questions concernant l'histoire humaine dès lors que s'est fait sentir la présence menaçante de l'anthropocène ». Le bouleversement écologique en cours, poursuit l'auteur, ne découle pas uniquement de l'industrialisation productiviste et des modèles de société prodigues en énergie que le capitalisme a créés. D'autres facteurs y contribuent, qui ont trait « à l'histoire de la vie sur cette planète, avec la façon dont différentes formes de vie se lient les unes aux autres, et avec la façon dont l'extinction massive d'une espèce peut constituer un danger pour une autre espèce ». Se posent ainsi tout un ensemble de problématiques qui ont à voir avec l'histoire de la vie en général, avec les interdépendances entre espèces et, ajoutons-le, avec les rapports d'altérité que l'homme entretient avec les autres formes d'existence. Ces aspects n'intéressent guère l'anticapitalisme, dont le discours se concentre sur l'histoire politique récente des sociétés humaines. Pour penser

réellement la crise écologique actuelle, conclut Chakrabarty, il faut raisonner à la fois sur deux registres qui entretiennent une certaine tension entre eux : « la perspective planétaire et la perspective mondiale ; l'histoire profonde et l'histoire consignée ; la pensée de l'espèce et les critiques du capital » (2008). Il est donc important de ne pas laisser des mots d'ordre réducteurs occulter la complexité des problématiques propres de l'anthropocène ou offusquer la question fondamentale du rapport de l'homme à la nature et aux autres vivants. Nous ne manquerons pas d'ailleurs d'aborder ces questions essentielles dans la suite de notre réflexion.

[108] Serge Latouche, par exemple, considère qu'il faut « travailler à une société fondée sur la qualité *plutôt que* sur la quantité, sur la coopération *plutôt que* sur la compétition, à une humanité *libérée de l'économisme* se donnant la justice sociale comme objectif » (2003b). À ses yeux, « l'altruisme *devrait prendre le pas sur* l'égoïsme, la coopération *sur* la compétition effrénée, le plaisir du loisir *sur* l'obsession du travail, l'importance de la vie sociale *sur* la consommation illimitée, le goût du bel ouvrage *sur* l'efficience productiviste, le raisonnable *sur* le rationnel, le relationnel *sur* le matériel, etc. » (2008 : 143, nous soulignons).

[109] Il est bien entendu que pour être adressés, les problèmes de la pauvreté et de la faim dans le monde exigent un grand effort de redistribution, des investissements massifs dans de nombreux domaines et des changements profonds dans les modes de fonctionnement du système économique dominant. Mais ces problèmes nécessitent aussi la poursuite de l'effort productiviste et des gains supplémentaires de productivité.

[110] L'effort qu'il reste à déployer à ce niveau est dantesque. D'après le GIEC, les émissions de CO_2 des seules infrastructures énergétiques existantes liées aux énergies fossiles consumeraient le budget carbone résiduel pour 1.5° C, si ces infrastructures étaient utilisées tout au long de leur durée de vie. Pour respecter l'objectif climatique, il faudrait arrêter totalement l'usage du charbon d'ici 2050 et réduire ceux du pétrole et du gaz respectivement de 60 % et 70 % par rapport aux niveaux de 2019. L'électricité devra aussi être quasi entièrement décarbonée (IPCC, 2022).

[111] Comme le soulignent à juste titre Dominique Bourg et Aurélien Papaux, « penser l'écologie, c'est en premier lieu nécessairement penser la technique » (2016) ; c'est réfléchir sur ce qui constitue le propre de la technique moderne et penser les défis qu'elle soulève sous un jour éthique et en termes de responsabilité.

[112] Le Manifeste Écomoderniste publié en 2015 par un collectif d'« écopragmatistes et écomodernistes » stipule que « les êtres humains devraient utiliser leurs pouvoirs sociaux, économiques et technologiques croissants pour améliorer la vie des individus, stabiliser le climat et protéger le monde naturel » (Asafu-Adjaye et al., 2015).

[113] L'albédo est une mesure de la réflexion de la lumière solaire sur une surface, exprimée en pourcentage. Un albédo de 0 % signifierait que la surface absorbe toute la lumière qui la frappe, tandis qu'un albédo de 100 % indiquerait que la surface réfléchit toute la lumière incidente et n'en absorbe aucune. La géo-ingénierie portant sur l'albédo vise à augmenter la réflectivité des surfaces terrestres pour contribuer à refroidir la planète.

[114] Les destructions environnementales causées par la guerre sont effroyables. On se souvient des millions de tonnes d'agent Orange déversées sur les terres vietnamiennes, des incendies d'hydrocarbures et des déversements colossaux de pétrole dans la mer pendant la première guerre d'Irak, des bombardements massifs de sites pétrochimiques durant le conflit du Kosovo, etc.

[115] C'est dans le giron militaire que sont nés l'ordinateur, l'appareil photo numérique, le moteur à réaction, les pneus en caoutchouc synthétique, le GPS, les satellites, les drones, le micro-ondes… des inventions qui ont été rapidement adoptées par le monde civil.

[116] Gilbert Hottois explique que la technique est devenue « une force déstabilisatrice de la nature humaine » : « L'important, c'est de reconnaître que l'humanité n'est plus considérée ici comme une essence, une nature stable, donnée (même si elle est vouée à s'accomplir, à se parfaire au fil symbolique de l'Histoire) mais une *species technica*, un nœud plastique de possibles inanticipables parce que techniques » (Hottois, 1984 : 113).

[117] Pour une présentation de la nébuleuse transhumaniste, de son histoire et de son parti-pris philosophique, cf. Hottois (2018) et Folscheid et al. (2018).

[118] « La Raison se comporte à l'égard des choses comme un dictateur à l'égard des êtres humains : il les connaît dans la mesure où il les manipule. (…) Dans cette métamorphose, la nature des choses se révèle toujours la même : le substrat de la domination. (…) La nature disqualifiée devient la matière chaotique, objet d'une simple classification, et le moi tout-puissant devient simple avoir, identité abstraite » (Adorno & Horkheimer, 1974 : 27).

[119] Pour décrire le foisonnement technologique moderne, Susanna Lindberg (2016b) a recours à une métaphore végétale : « Il semblerait plus pertinent de comparer la technologie contemporaine à une sorte de végétation qui croît partout où elle peut, s'adapte tant bien que mal à tous les terrains qu'elle découvre, mais ne sait pas ce qu'elle devient, ni pourquoi. Une innocence, une inconscience et parfois une certaine toxicité végétales caractériseraient ainsi la luxuriance de la technologie moderne ».

[120] Pour Gilbert Hortois, l'avènement de la « technoscience » marque le tournant à partir duquel les sciences et les techniques cessent d'opérer dans le souci de dévoiler la vérité (celle-ci étant réputée inaccessible au savoir humain), pour ne plus se préoccuper que de la seule transformation du réel. Avec ce tournant, la tendance de la technique moderne à l'auto-accroissement s'accentue et les processus d'anthropisation et de domination du monde dans son ensemble s'intensifient (2004 : 143).

[121] L'histoire de la technique – ponctuée par des étapes telles que la transition du bois au charbon, la découverte du pétrole, le développement de l'industrie de l'automobile, etc. – est plurielle et irréductible à toute téléologie. À l'instar des autres dimensions de l'histoire humaine, elle est pleine de contingences, de coïncidences et d'accidents (cf., par exemple, Kobiljski et al. 2016).

[122] Paul Goodman (1974) insistait déjà sur « les possibilités multiples qu'offre [la technologie existante] dans le choix de l'énergie, des matières premières, du site, de l'outillage, avec en outre un excédent pour assurer les transitions et renouveler l'outillage ». Le système technologique n'est pas monolithe ; il présente d'innombrables fissures, et

laisse des marges de manœuvres, qui permettent des usages alternatifs des objets techniques. En mettant à profit ces possibilités, Goodman estime notamment qu'« on pourrait décentraliser au lieu de centraliser, avec très probablement une efficacité équivalente ».

123 Cela étant dit, quelle que soit la volonté qui s'en empare, et les bienfaits qui peuvent en résulter, le déploiement de la technique continuerait d'avoir une dimension aliénante et des visées dominatrices contre lesquelles il faut lutter. Aussi, bien qu'il soit impensable d'envisager le démantèlement complet de notre appareillage technologique moderne, tant au niveau individuel que collectif, il reste légitime de lier cette idée à une quête radicale d'émancipation, à une expérience « de retrouvailles avec des contraintes matérielles sans intermédiaire » et de confrontation avec des « problèmes vitaux que la liberté peut seule poser et résoudre » (Riesel et Semprun, 2008 : 44).

[124] Les « conventions de citoyens » proposées par Jacques Testart en sont un exemple. « En quelques mots, la Convention Citoyenne est une procédure de participation qui combine une formation préalable (où les citoyens étudient), une intervention active (où les citoyens interrogent) et un positionnement collectif (où les citoyens rendent un avis) » (www.sciencescitoyennes.org). Notons que la technologie peut elle-même contribuer à renforcer le rôle joué par les citoyens dans les débats et les prises de décision. Il est d'usage de regrouper sous le terme de « Civic Tech » (pour « Civic Technolgy ») l'ensemble des procédés, outils et technologies qui permettent d'améliorer le fonctionnement démocratique des sociétés, d'accroître le pouvoir du citoyen ou de rendre un gouvernement plus ouvert.

[125] Les travaux de Yuk Hui nous invitent à repenser les technologies dans leur diversité et leur localité, en faisant valoir la pluralité des rapports culturels et mythologiques avec la technique que sont susceptibles d'entretenir les différents systèmes anthropologiques de l'humanité. Hui préconise le développement d'une multiplicité « de *cosmotechniques* », de techniques qui seraient inscrites dans l'ordre cosmique et moral propres à chaque milieu ou société, et « qui différeraient les unes des autres en termes de valeurs morales, d'épistémologies et de formes d'existence ».

[126] Pourtant, certains analystes soutiennent que le contexte écologique actuel requiert des modalités de gestion politique qui ne sont pas d'essence démocratique. Dipesh Chakrabarty est l'un d'eux. Dans son fameux article que l'on a déjà évoqué (2009), il note que l'anthropocène marque un changement fondamental dans la façon dont l'homme peut appréhender sa situation et son histoire. Tant que l'être humain pouvait se penser comme le protagoniste d'une histoire indépendante du devenir naturel de son espèce, il pouvait saisir sa réalité historique de l'intérieur, « à travers des réflexions critiques sur ses propres expériences et celles des autres (c'est-à-dire des acteurs historiques) ». Mais maintenant qu'il est devenu inséparablement sujet historique et sujet naturel, l'être humain ne peut plus se comprendre de la même façon. En tant qu'espèce, il n'a pas de lui-même la compréhension intime qu'il peut avoir de son être comme acteur historique. L'homme ne peut avoir l'expérience intérieure d'un devenir dont il n'est pas l'artisan ; il ne peut en avoir qu'une connaissance extérieure par le biais des sciences de la nature.

Par conséquent, estime Chakrabarty, nous devons faire confiance aux scientifiques et suivre leurs directives. Nous sommes collectivement obligés d'appliquer des solutions politiques dictées par l'expertise scientifique – des solutions qui ne peuvent ni provenir du débat démocratique ni lui être soumises. Par suite, deux options se présentent. Ou bien l'humanité se conforme au principe de précaution, à travers la constitution d'« un sens partagé de la catastrophe », et consent à une approche dirigiste de la politique inspirée par les scientifiques. Ou bien, étant incapable de se convertir au catastrophisme éclairé, elle devra subir les vicissitudes de la nécessité et s'adapter aux conditions que les économistes s'emploient à qualifier.

L'analyse de Chakrabarty est pertinente dans ses prémisses, mais fautive dans les conclusions anti-démocratiques auxquelles elle parvient. L'auteur a raison de souligner que l'histoire humaine est devenue insé-parable de l'histoire naturelle, et que cela induit un déficit d'intel-ligibilité. Mais, par la suite, il reste pris dans une vision naturaliste du monde, qui le conduit à des déductions erronées. Chakrabarty reconduit le clivage introduit par la modernité occidentale entre nature et société, sans le questionner. Il considère que le domaine de la « nature », et notamment tout ce qui a trait à l'histoire évolutive de la Terre et du vivant, ne relève pas de la politique, mais de la seule connaissance que peuvent apporter les sciences réputées neutres de l'environnement. Par conséquent, c'est à la science, et non au débat démocratique, qu'il confère de déterminer la conduite à suivre en matière d'écologie. Ce raisonnement à caractère scientiste ou naturaliste se retrouve dans toutes les thèses qui jugent la pratique démocratique inapte à soigner les maux qui affectent notre Terre malade – des thèses qui disent en substance : « Supposons que vous soyez un patient qui requiert des soins intensifs ; préférez-vous que les décisions touchant à votre santé soient prises par un médecin ou par une commission démocratique ? » (David Shearman et Joseph W. Smith, cités par Laurent, 2013).

Ce type de raisonnement en reste à une compréhension objectiviste de la science ; il fait abstraction de la part d'interprétation, de construction et de création sociale qu'implique l'activité technoscientifique et qui appelle un traitement politique. Toutefois, il convient de se garder du relativisme épistémologique radical, qui réduit la science à une croyance ou à une fiction parmi d'autres. Il s'agit simplement de rappeler que le problème écologique nous confronte, plus que toute autre, à la complexité des systèmes qui nous habitent, dans lesquels nous vivons, et avec lesquels nous devons renégocier un nouveau modus vivendi, et que, par conséquent, les questions environnementales ne donnent pas prise à des certitudes objectives, à des prédictions parfaites ou à des connaissances neutres qui seraient indépendantes des représentations, des préférences et des choix humains. Le domaine de l'écologie reste traversé par l'incertitude et inextricablement mêlé à des questionnements d'ordre social, économique et technique. Dans un tel contexte, l'expertise scientifique demeure indispensable pour éclairer la complexité des phénomènes en cours, pour déterminer les données fondamentales des problèmes posés, pour circonscrire les tendances, les mutations et les contraintes en présence, ou encore pour éprouver la pertinence des directions suivies. Mais la formulation des problèmes et la détermination des réponses n'en requièrent pas moins de façon essentielle le débat, la négociation, l'arbitrage et l'exercice d'une responsabilité au sens le plus fort du terme. C'est pourquoi le cadre démocratique, et les principes de délibération et d'indétermination qui le définissent, restent incontournables.

[127] Les défaillances de la souveraineté collective exacerbent la crise écologique, dans la mesure où elles retardent la mise en place des mesures de transition, renforcent les comportements de « passager

clandestin » et laissent aux instances économiques et bureaucratiques le soin de réguler la marche de la société. En sens inverse, l'enjeu écologique complique l'agenda des réformes politiques à entreprendre, puisqu'il est nécessaire de refonder le projet d'autonomie qui définit la démocratie, indépendamment de la recherche de l'abondance matérielle à laquelle il a été historiquement associé, et qu'il faut aussi réintégrer aux processus de la délibération collective les questions soulevées par les activités économiques et technoscientifiques, qui ont été imprudemment laissées aux seules régulations du marché. Crise écologique et crise démocratique s'avèrent ainsi inextricablement liées.

[128] Herbert Marcuse portait, il y a près d'un demi-siècle déjà, un jugement autrement plus radical : « La démocratie n'existe aujourd'hui dans aucune des sociétés existantes, pas même dans celles qui se disent démocratiques. Ce qui est établi, c'est une certaine forme démocratique très limitée, illusoire, pleine d'inégalités, alors que les vraies conditions de la démocratie restent encore à créer » (1968 : 37).

[129] L'État pourrait susciter le renouveau. Il pourrait contribuer à organiser, animer et garantir la vie démocratique, en favorisant l'implication de tous les citoyens dans les décisions les concernant, mais aussi engager des initiatives multiples autour des valeurs de solidarité, d'égalité, de liberté, et bien entendu d'écologie. Cela étant dit, la transition ne saurait relever d'un messianisme de l'État. Elle doit impliquer l'ensemble des forces vives de la société, et être formulée dans un rapport critique avec les sphères institutionnelles et la mise aux normes que celles-ci tendent à imposer. C'est au creuset d'un jeu démocratique irrésolu, se développant à égale distance de la soumission à l'État et du refus de l'État, que la transition écologique trouverait au mieux sa juste formulation.

[130] On distingue habituellement deux grandes stratégies de problématisation politique des communs : une stratégie socio-économique qui les caractérise en termes d'arrangements institutionnels, et une stratégie socio-politique qui les détermine à partir de l'activité qui les institue (Sauvêtre, 2016). La première s'efforce de compléter le système représentatif par des formes de démocratie participative, et développe « des configurations [de gestion des communs] complémentaires et partiellement alternatives aux formes marchandes et publiques propres au capitalisme contemporain ». En contraste, la seconde approche

cherche à instituer de nouvelles pratiques d'autogouvernement et se présente comme « la base d'un dépassement [du] capitalisme et d'une véritable révolution devant aboutir à un nouvel ordre social » (Weinstein, 2015).

[131] On lira avec intérêt le numéro de juin 2022 de la revue *Esprit* consacrée au sujet.

[132] Giorgos Kallis (2011) estime que le mouvement de décroissance pourrait précisément se généraliser suivant le schéma évoqué ici : « Les crises et les bouleversements qui affectent ce qui était perçu comme la direction normale des choses ouvrent des fenêtres d'opportunité pour le changement. Comme le dit Wallerstein (2010, 141) : "Lorsque le système est loin de l'équilibre, de petites mobilisations sociales peuvent avoir de très grandes répercussions". (…) Des initiatives modestes, mais qui s'accumulent créent progressivement une nouvelle réalité et concrétisent les avantages d'une autre façon de faire les choses. La nouvelle histoire culturelle, et les pratiques et espaces sociaux alternatifs et libérés qui l'incarnent, relient des personnes disparates, au-delà de leurs intérêts, et génèrent un mouvement social de pensée et de pratique. Au fur et à mesure que les espaces libérés se développent, les gens prennent des initiatives et les dirigeants (anciens et nouveaux) suivent et réagissent (Korten, 2008). (…) Un mouvement se développe pour étendre cette nouvelle histoire culturelle alternative, construire des alliances avec d'autres histoires culturelles et mouvements similaires, et dans le vide ouvert par la crise actuelle, créer une alternative convaincante et populaire ».

[133] Le cas de l'Économie Sociale et Solidaire (ESS) est intéressant à cet égard. Jean-Marie Harribey (2002) rappelle que cette économie se tient à l'interface de l'État et des entreprises : loin de constituer une troisième voie autonome, elle dépend en partie des subsides publiques et cohabite aux côtés d'une économie capitaliste dont elle préserve la logique. Matthieu Hély et Pascale Moulévrier remettent en question sa spécificité : l'ESS constitue à leurs yeux « la forme dominée d'une économie dominante », « un secteur consubstantiel au capitalisme depuis la fin du XXe siècle » (2013 : 9). Serge Latouche récuse l'idée qu'elle puisse constituer une alternative au modèle dominant, car « elle ne porte pas vraiment atteinte à l'imaginaire économiste dans ses racines mêmes et

néglige le caractère systémique de l'ethos dominant » (Latouche, 2003a).

[134] L'expérience française de la Convention Citoyenne pour le Climat mérite d'être évoquée ici parce qu'elle dit assez clairement le jeu de dupes dans lequel se laissent prendre les citoyens, les experts et les médias. Constituée en octobre 2019, la Convention avait pour vocation de donner la parole aux citoyens français pour qu'ils décident de mesures de lutte contre le changement climatique. « [La Convention] a pour mandat de définir une série de mesures permettant d'atteindre une baisse d'au moins 40 % des émissions de gaz à effet de serre d'ici 2030 (par rapport à 1990) dans un esprit de justice sociale. Décidée par le Président de la République, elle réunit cent cinquante personnes, toutes tirées au sort ; elle illustre la diversité de la société française. Ces citoyens s'informent, débattent et préparent des projets de loi sur l'ensemble des questions relatives aux moyens de lutter contre le changement climatique » (site officiel de la Convention). L'expérience suscite un incontestable engouement dans les sphères militantes, académiques et réformatrices. En juin 2020, au terme de ses travaux, la Convention formule 149 propositions autour de 5 thématiques : alimentation et agriculture, habitat et logements, emploi et industrie, aménagement et transports, modes de vies et de consommation. Le Président de la République s'engage à ce que ces propositions soient soumises « sans filtre » soit à référendum, soit au vote du Parlement, soit à application réglementaire directe. Mais deux ans plus tard, le bilan est sans appel : seules 15 propositions ont été retranscrites dans le respect du « sans filtre », et 134 n'ont pas été reprises.

[135] Pierre Souyri (1983) écrivait, il y a près de quarante ans : « Les campagnes alarmistes déclenchées au sujet des ressources de la planète et de l'empoisonnement de la nature par l'industrie n'annoncent certainement pas un projet des milieux capitalistes d'arrêter la croissance. C'est le contraire qui est vrai. Le capitalisme s'engage maintenant dans une phase où il va se trouver contraint de mettre au point tout un ensemble de techniques nouvelles de la production de l'énergie, de l'extraction des minerais, du recyclage des déchets, etc., et de transformer en marchandises une partie des éléments naturels nécessaires à la vie. Tout cela annonce une période d'intensification des recherches et de bouleversements technologiques qui exigeront des

investissements gigantesques. Les données scientifiques et la prise de conscience écologique sont utilisées et manipulées pour construire des mythes terroristes qui ont pour fonction de faire accepter comme des impératifs absolus les efforts et les sacrifices qui seront indispensables pour que s'accomplisse le nouveau cycle d'accumulation capitaliste qui s'annonce ».

[136] René Riesel et Jaime Semprun radicalisent cette interprétation. Dans leur essai *Catastrophisme, administration du désastre et soumission durable*, ils développent, sur un ton enjoué et ironique, une vision sombre du monde contemporain. Ils estiment que l'effervescence catastrophiste qui agite nos sociétés a pour principal effet de conforter le système en place et d'amener par conséquent les désastres tant redoutés. Le catastrophisme – que les experts, les gouvernements, les associations, les institutions internationales et les médias alimentent parfois avec la meilleure foi du monde – sert à renforcer l'embrigadement des masses et à asseoir leur soumission, en vertu de l'administration rationnelle du désastre et de la survie collective. Mais le renforcement de la société technocratique – avec la grégarisation, le consumérisme et le productivisme insensé qui la caractérisent – aggrave les déséquilibres socio-écologiques existants et précipite un désastre réel, « bien différent de tout ce que le catastrophisme peut annoncer de pire » : « En achevant de saper toutes les bases, et pas seulement matérielles, sur lesquelles elle reposait, la société industrielle crée des conditions d'insécurité, de précarité de tout, telles que seul un surcroît d'organisation, c'est-à-dire d'asservissement à la machine sociale, peut encore faire passer cet agrégat de terrifiantes incertitudes pour un monde vivable. On voit par là assez bien le rôle effectivement joué par le catastrophisme » (2008 : 12).

[137] En 1978, André Gorz présentait déjà l'alternative : « Ou bien nous nous regroupons pour imposer à la production institutionnelle et aux techniques des limites qui ménagent les ressources naturelles, préservent les équilibres propices à la vie, favorisent l'épanouissement et la souveraineté des communautés et des individus : c'est l'option conviviale ; ou bien les limites nécessaires à la préservation de la vie seront calculées et planifiées centralement par des ingénieurs écologistes, et la production programmée d'un milieu de vie optimal sera confiée à des institutions centralisées et à des techniques lourdes. C'est l'option techno-fasciste,

sur la voie de laquelle nous sommes déjà plus qu'à moitié engagés : "Convivialité ou techno-fascisme" » (1978 : 23).

[138] Dès le début de nos analyses, nous avons nous-même soutenu que, dans le contexte des sociétés individualistes modernes, l'agitation de la menace écologique n'était pas de nature à renforcer la responsabilité ni la volonté d'agir (comme le supposent les théories du catastrophisme éclairé et de l'heuristique de la peur), mais qu'elle tend à renforcer la dérobade morale généralisée.

[139] Cité par Belaïch, 2019.

[140] En utilisant la terminologie des classes sociales, on pourrait estimer que l'écologie pacifique est une idéologie de petits bourgeois, une posture que peuvent se permettre ceux qui ont le temps, le confort et des intérêts étroits à préserver. C'est ce que pense Ronnie Lee, membre fondateur de l'Animal Liberation Front, condamné en 1986 à la prison pour activisme violent : « Le pacifisme total est une philosophie immorale : la violence est le seul langage que ces gens [les bourreaux des animaux] comprennent. C'est peut-être une dure réalité à comprendre pour les idéologues pacifistes du mouvement dont la préoccupation de non-violence a beaucoup à voir avec leurs origines dans les classes moyennes » (cité par Dénecé, 2021).

[141] « À mon humble avis, déclare Theodore Kaczynski, surnommé Unabomber, l'utilisation de la violence (exemple : contre la réalisation de l'utopie d'une société technologique inhumaine), c'est de l'auto-défense. Certains peuvent en débattre, bien sûr. Si vous pensez que c'est immoral et inadéquat, alors vous devriez éviter TOUTE utilisation de la violence. Mais j'ai une question pour vous dans ce contexte : quel genre de violence a causé le plus de dégâts dans l'histoire de l'humanité ? La violence autorisée par les États (la société, la civilisation, l'idéologie) ou la violence non autorisée, employée par des individus ? » (cité par Guidère, 2010 : 67).

[142] La pratique juridique reflète, à sa manière, l'indolence de l'autorité politique ou son incapacité à agir en matière écologique. Le constat que Corinne Lepage (2008) a dressé il y a plus d'une décennie est toujours d'actualité : « Qu'il s'agisse des éléments naturels, de la lutte contre les pollutions et les nuisances, de la gestion des risques, des activités dangereuses et aujourd'hui du climat, les textes se sont multipliés. Et

pourtant, le droit de l'environnement reste un droit largement inefficient, non pas par défaut de règles, mais plutôt par mauvais vouloir systématique de les appliquer et par une forme d'organisation plus ou moins volontaire de leur inefficience (…). Ce constat peut être observé tant au niveau national que, plus sévèrement encore, au niveau international ».

[143] À l'heure où j'écris ces lignes, l'horreur à Gaza n'en est sans doute qu'à ses débuts. L'alignement de l'Occident, de ses centres de pouvoir, de ses médias et d'une large part de ses citoyens sur les positions israéliennes – soutenant l'injustice, le militarisme et la colonisation – montre à quel point nos boussoles politiques, idéologiques et morales sont détraquées. Il est stupéfiant de constater que certains partis verts aient également pris fait et cause pour l'anti-écologisme. Les réactions de l'ordre dominant, de ses institutions et de ses valets présagent la manière dont le Nord et les élites dirigeantes comptent traiter – et traitent déjà – le Sud global et ses populations parias, confirmant le glissement de nos systèmes de gouvernance vers l'écofascisme.

[144] Comme nous le rappelle Cornélius Castoriadis, il serait tout aussi réducteur de considérer que « l'homo œconomicus est un produit de la culture capitaliste, que de dire que la culture capitaliste est une création de l'homo œconomicus » : « Il ne faut dire ni l'un ni l'autre. Il y a chaque fois homologie et correspondance profonde entre la structure de la personnalité et le contenu de la culture, et il n'y a pas de sens à prédéterminer l'une par l'autre » (1987 : 41).

[145] Le même point de vue a été exprimé par Paul Goodman dans sa réflexion sur la société américaine. C'est « le système organisé américain », affirme-t-il, qui a « envahi la personnalité des gens », « sapé l'indépendance d'esprit et par conséquent tari l'invention spontanée de finalités nouvelles ainsi que l'aptitude à imaginer des moyens originaux ». « En désintégrant les communautés et en confrontant l'individu isolé aux mécanismes écrasants de la société tout entière, [le système] a détruit l'échelle humaine et privé les citoyens d'associations faciles à diriger et pouvant servir de cadre expérimental » (Goodman, 1974).

[146] L'écosophie est un concept qui englobe à la fois une philosophie et une pratique visant à repenser la relation entre l'homme et la nature dans un cadre holistique. Son objectif est de promouvoir un mode de vie en

adéquation avec les écosystèmes, mettant en avant la responsabilité environnementale, la durabilité, et la reconnaissance de l'interconnexion entre tous les êtres vivants. L'écosophie propose une approche intégrée de l'écologie, de la politique, de l'économie et de la spiritualité, avec pour ambition de construire un monde plus équilibré et respectueux de la biodiversité.

[147] *Métanoïa* est un terme de grec ancien qui signifie « conversion » ou « changement profond de mentalité ». Souvent utilisé dans un contexte religieux, il qualifie, dans un sens plus général, un changement radical de pensée, de croyances ou de comportements, impliquant une prise de conscience profonde et une nouvelle orientation dans la vie.

[148] De même, Vaclav Havel s'adressant au Congrès américain : « Sans une révolution globale dans la sphère de la conscience humaine, rien ne changera pour le mieux, même dans la sphère de notre existence humaine, et la catastrophe vers laquelle notre monde se dirige – qu'elle soit écologique, sociale, démographique ou plus largement civilisationnelle – sera inévitable » (discours publié dans le Washington Post du 22 février 1990).

Cornélius Castoriadis souligne de son côté l'ampleur inédite des changements de mentalités à opérer, et le formidable travail de création collective à entreprendre pour sortir de la crise civilisationnelle que nous traversons : « Ce qui est requis est une nouvelle création imaginaire d'une importance sans pareille dans le passé, une création qui mettrait au centre de la vie humaine d'autres significations que l'expansion de la production et de la consommation, qui poserait des objectifs de vie différents pouvant être reconnus par les êtres humains comme valant la peine. [...] Telle est l'immense difficulté à laquelle nous avons à faire face. Nous devrions vouloir une société dans laquelle les valeurs économiques ont cessé d'être centrales (ou uniques), où l'économie est remise à sa place comme simple moyen de la vie humaine et non comme fin ultime, dans laquelle donc on renonce à cette course folle vers une consommation toujours accrue. Cela n'est pas seulement nécessaire pour éviter la destruction définitive de l'environnement terrestre, mais aussi et surtout pour sortir de la misère psychique et morale des humains contemporains » (1996).

[149] C'est au fond à la même difficulté que Herbert Marcuse s'est heurté lorsqu'il a cherché à penser la manière de faire advenir une nouvelle utopie : « Pour développer les nouveaux besoins révolutionnaires, il faut d'abord supprimer les mécanismes qui maintiennent les anciens besoins. Mais pour supprimer les mécanismes qui maintiennent les anciens besoins, il faut d'abord qu'il y ait le besoin de supprimer les anciens mécanismes. C'est exactement le cercle en présence duquel nous nous trouvons, et je ne sais pas comment on en sort » (1968 : 35-6).

[150] Michel Magny lance un appel similaire au sursaut citoyen : il appelle à « retrouver ce trésor perdu de l'action politique (…) pour tenir la catastrophe en échec (…) et redécouvrir que la Terre est cet espace où nous pouvons agir ensemble, faire société et construire un monde commun avec tous les vivants » (2021 : 352-3). Mais compte tenu de tout ce qu'il a pu lui-même dire sur le caractère hégémonique du système en place et sur la difficulté à s'en affranchir, on ne voit pas sur quelle base un tel appel est formulé, ni comment il pourrait prendre forme.

[151] Dans un article consacré au rapport entre écologie et théologie, John McCarthy (2008) signale que de nombreux penseurs, aussi divers que le prélat Jean Zizioulas, le philosophe Erazim Kohák, l'écologiste Max Oelschlaeger ou le géographe Michael Williams, s'accordent à dire qu'il ne peut y avoir de réponse sérieuse au problème écologique sans considérations théologiques.

[152] Lynn White était de cet avis. En conclusion de son célèbre article *Les racines historiques de notre crise écologique* (1967) – une crise dont il fait porter la responsabilité à la religion chrétienne –, il affirme que « puisque les racines du mal sont en majeure partie de nature religieuse, le remède doit être avant tout religieux ». Sur ce point, le pape François lui donne raison. Dans l'encyclique *Laudato si'* qu'il consacre à l'écologie, François interprète le drame environnemental comme « une crise éthique, culturelle et spirituelle de la modernité » (2015 : §119) ; il reconnaît que cette crise n'est pas étrangère à la chrétienté, et tente de lui apporter une réponse.

[153] En mettant l'accent sur la modernité, nous n'entendons pas minimiser l'importance des autres temporalités qui façonnent l'anthropocène et ses crises. Pour comprendre le drame écologique actuel, James Scott (2021) estime nécessaire de remonter aux premières grandes étapes de

l'autodomestication de l'homme : l'utilisation du feu, la sédentarité, l'agriculture, l'écriture et l'invention de l'État. Les chercheuses Donna Haraway et Anna Tsing (2016) insistent, de leur côté, sur le rôle joué par la conquête coloniale et le développement du modèle d'exploitation raciale des « plantations ». Elles suggèrent d'utiliser en lieu et place d'anthropocène le terme de « plantationocène », que reprendra à son tour le chercheur Malcom Ferdinand (2019). D'autres auteurs insistent sur le rôle premier du capitalisme et introduisent le concept de « capitalo-cène » (Moore 2016). Enfin, des chercheurs comme Roger Gottlieb (2006) soulignent que la « violence écologique » existe, à des degrés divers, dans toutes les cultures humaines, et pas seulement dans la société occidentale moderne. « Toutes ces précisions, estime Éric Macé (2022), sont justes mais elles ne devraient pas conduire à occulter ce qui constitue la "grande bifurcation" qui a conduit au moment anthropocène contemporain : le passage, à partir du XVIe siècle, de mondes cosmo-logiques prémodernes dont la pression anthropique n'était ni expo-nentielle ni d'échelle planétaire, à une modernité occidentale dont la trajectoire et l'impérialisme mondialisé ont conduit à cette pression anthropique exponentielle mondialisée ».

[154] Dans l'introduction de son ouvrage *Manières d'être vivant*, Baptiste Morizot résume ainsi les grandes étapes qui conduisent à l'exclusivisme anthropocentrique de l'époque contemporaine : « Il aura suffi que le judéo-christianisme fasse fuir Dieu de la "Nature" (c'est l'hypothèse de l'égyptologue Jan Assmann) pour la rendre profane, puis que la révolution scientifique et industrielle transforme la nature restante (*phusis* scolastique) en matière dépourvue d'intelligences, d'influences invisibles, à disposition de l'extractivisme, pour que l'humain se retrouve en cavalier solitaire dans le cosmos, entouré de matière bête et méchante. Le dernier acte impliquait de tuer la dernière affiliation : seul face à la matière, l'humain restait néanmoins en contact vertical avec Dieu, qui le sanctifiait comme sa création (théologie naturelle). La mort de Dieu induit cette terrible et parfaite solitude, qu'on pourrait appeler le huis-clos anthropo-narcissique » (2020 : 3).

[155] Il convient de noter que notre analyse fera désormais appel à d'autres disciplines que l'écologie politique, sur laquelle elle s'est appuyée jusqu'à présent. Elle se tournera en particulier vers l'éthique environ-

nementale et la sociologie du milieu, qui s'intéressent directement aux questions que nous soulevons.

[156] Schaeffer mentionne un quatrième trait constitutif de la thèse de l'exception humaine : le fait de considérer que l'homme, en tant source de la connaissance objective, ne peut pas être connu par les mêmes approches cognitives que celles qui donnent à connaître les autres êtres vivants et la nature inanimée. La connaissance de ce qui est proprement humain exige une voie d'accès et un type de savoir différents de l'approche objectiviste et externaliste. D'où la séparation entre sciences naturelles et sciences humaines et sociales.

[157] Pour Philippe Descola, « c'est l'imputation par les humains à des non-humains d'une intériorité identique à la leur » qui constitue la norme des sociétés animistes (Descola, 2005 : 183).

[158] Estelle Zhong-Mengual et Baptiste Morizot (2018) estiment que la vision moderne de la nature est sous-tendue par une dichotomie implicite – qu'ils qualifient de « grand partage de l'enchantement » – entre la science et les arts : « Ce grand partage (…) postule implicitement que la science seule pourra apporter des savoirs sur le monde vivant, et que par l'opération d'objectivation qui les constitue, ceux-ci produiront nécessairement un effet de désenchantement des phénomènes vivants, toujours plus réduits à des mécanismes causaux dépourvus de significations, d'intentionnalité, de téléologies locales, d'influences invisibles. Les arts, eux, auront le privilège de produire de l'enchantement de l'expérience, par l'usage de l'imagination, de l'évocation, mais il se fera au prix d'une interdiction fondamentale de prétendre produire à l'égard du vivant des savoirs vrais, c'est-à-dire des représentations fiables du monde qui valent pour une re-description collective partagée et une boussole de l'action. (…) La grande violence de ce partage, c'est d'abord qu'il est erroné ; surtout, il condamne toute description des prodiges bien visibles dans les relations écologiques, les héritages évolutionnaires, les formes de communications éthologiques, les myriades d'intelligences non anthropomorphes qui peuplent la Terre, à rester des fables : tout savoir qui restitue ses puissances d'enchantement au vivant tombe hors du savoir, tout art qui prétend s'en emparer reste en dehors de la vérité ». On rappellera à ce propos que Derrida explique l'indifférence de la philosophie occidentale à l'égard de l'animal – que seule la poésie a su accueillir et penser – par ce même partage essentiel des modes de

connaissance : « Car la pensée de l'animal, s'il y en a, revient à la poésie, voilà une thèse, et c'est ce dont la philosophie, par essence, a dû se priver » (2006 : 23).

[159] « Je pense, écrivait Pyle, que l'une des plus grandes causes de la crise écologique est l'état d'aliénation personnelle par rapport à la nature dans lequel vivent de nombreux individus ». « L'extinction de l'expérience [de la nature], ajoutait-il, ne se résume pas à la perte des bienfaits personnels d'une stimulation naturelle. Elle se traduit également par un cycle de désaffection dont les conséquences peuvent être désastreuses. Tandis que les villes et les banlieues en expansion renoncent à leur diversité naturelle et que leurs habitants vivent dans un éloignement grandissant de la nature, la sensibilité et le goût reculent. Il en découle une apathie à l'égard des problèmes écologiques et, inévitablement, une dégradation accrue de l'habitat commun ».

[160] Morizot en donne une illustration éloquente : « Un enfant nord-américain entre 4 et 10 ans est capable de reconnaître et distinguer en un clin d'œil expert plus de mille logos de marques, mais n'est pas en mesure d'identifier les feuilles de dix plantes de sa région » (2020 : 19).

[161] Pour une grande part de l'humanité, la nature n'est plus un milieu de vie, ni un cadre de référence. Or, les hommes dont l'existence est peu liée à la Terre s'habituent à sa dégradation progressive. Au fil du temps, ils s'acclimatent à l'état délabré de leur environnement naturel et le considèrent comme normal, oubliant qu'il s'agit là d'une condition dégradée. Ce phénomène d'oubli a été qualifié par Robert Pyle de « syndrome de la référence changeante », et par Peter H. Kahn, d'« amnésie environnementale » (1999).

[162] Il n'est pas anodin de rappeler que certains analystes ont rapproché l'affaiblissement du sens de la relation de l'individu avec son environnement non-humain à un trouble mental. Harold Searles (1986) a été un précurseur en ce domaine : « [Cela est] un fait jusqu'ici bien trop ignoré de la littérature psychiatrique et psychanalytique, à savoir que la névrose et la psychose affectent non seulement la vie intime et relationnelle du sujet mais aussi sa relation avec son milieu non humain » (Durieux, 2020).

[163] « On pourrait, ajoute Anne Bourgain, allonger presque à l'infini la liste de ce qu'une humanité soucieuse et jalouse de son propre, pour

reprendre les termes de Derrida, refuse d'emblée à ce qu'elle appelle abusivement l'animal en général, l'animal avec un grand A, sans même prendre le temps de déplier cette question forcément complexe » (2009 : 59). Ginette Michaud (2009) note que cette « liste jamais close de prédicats » prouve par « son indétermination », « sa fragilité à pouvoir établir » le propre de l'homme sur « des fondements inébranlables, fût-ce un seul ».

[164] Ce n'est que depuis 2015 que le Code civil français reconnaît l'animal comme « un être vivant doué de sensibilité », et non plus comme un « bien meuble » (nouvel article 515-14).

[165] L'éthique climatique, l'éthique environnementale et l'éthique animale convergent sur la nécessité de réduire considérablement la consommation des produits issus de l'exploitation animale. « Autrement dit, le végétarisme et le véganisme se présentent comme des modes de vie éthiques pour toute personne préoccupée par les effets de l'élevage sur la pollution des sols, de l'air et de l'eau, sur l'utilisation des terres et de l'eau douce, sur l'eutrophication, sur l'acidification, sur la réduction de la biodiversité, sur le changement climatique et sur la souffrance animale » (Bourban et Broussois, 2020). De plus, les régimes trop riches en produits d'origine animale, notamment en viande rouge, sont nocifs pour la santé : ils favorisent l'obésité, le diabète et l'apparition de maladies cardiovasculaires. Toutefois, d'un point de vue environnemental, un monde sans élevage ne serait pas optimal : un régime végétalien généralisé nécessite plus de terres pour nourrir une population donnée qu'un régime végétarien ou qu'un régime carné modéré. Les simulations montrent que l'optimum écologique correspond à un régime alimentaire contenant entre 9 et 20 g / j de protéines d'origine animale (ce qui est également cohérent avec les apports de 25-30 g / j conseillés par l'Organisation mondiale de la santé). Ce seuil correspond à la quantité d'animaux qui peuvent être nourris en utilisant seulement les surfaces agricoles non cultivables et les coproduits végétaux non consommables par l'homme (INRAE, 2019).

[166] Richard Twine (2012) définit le « complexe industriel-animal » comme « un ensemble partiellement opaque et multiple de réseaux et de relations entre le secteur (agricole) des entreprises, les gouvernements et la science publique et privée. Avec ses dimensions économiques,

culturelles, sociales et affectives, il englobe un large éventail de pratiques, de technologies, d'images, d'identités et de marchés ».

[167] Au sein des sociétés modernes, la mise à mort de l'animal et la consommation de sa chair ont rempli – et continuent de remplir – des fonctions de différentiation et de hiérarchisation. Ainsi, la consommation de viande a longtemps été un marqueur de rang social dans la société occidentale, et cela reste en partie vrai aujourd'hui. De même, la mise à mort des animaux dans le cadre de la chasse (longtemps réservée à quelques privilégiés) était le symbole de la supériorité acquise par ceux qui avaient le droit de la pratiquer sur ceux (et sur toutes celles) qui n'y avaient pas accès. Cela étant dit, la démocratisation de la chasse et l'industrialisation de l'élevage, en désindividualisant le rapport à l'animal et à la consommation de sa chair, rendent la fonction de « réduction du sauvage » moins opérante. Dès lors que le rapport direct à l'animal mis à mort disparaît, sa domination et sa destruction ne peuvent plus servir de moyens efficaces pour l'affirmation distinctive de l'homme, de son rang ou de sa puissance. Paradoxalement, la généralisation de la consommation de viande à travers l'industrialisation de la filière animale pourrait rendre la lutte contre l'exploitation des animaux et les changements d'habitudes alimentaires plus aisés.

[168] « Par cette activité négatrice, l'homme modèle sa propre image, se façonne un visage nouveau, refoule autant qu'il le peut, ce fantasme de l'état de nature où, sauvage encore, il n'avait pas fait l'expérience de ce potentiel capable de le tirer hors de son animalité » (Burgat, 1993).

[169] On ne peut manquer de rappeler ici le propos décisif de Claude Lévi-Strauss (1979) : « J'ai le sentiment que toutes les tragédies que nous avons vécues, d'abord avec le colonialisme, puis avec le fascisme, enfin les camps d'extermination, cela s'inscrit non en opposition ou en contradiction avec le prétendu humanisme sous la forme où nous le pratiquons depuis plusieurs siècles, mais, dirai-je, presque dans son prolongement naturel, puisque c'est, en quelque sorte, d'une seule et même foulée que l'homme a commencé par tracer la frontière de ces droits entre lui-même et les autres espèces vivantes, et s'est ensuite trouvé amené à reporter cette frontière au sein de l'espèce humaine, séparant certaines catégories reconnues seules véritablement humaines d'autres catégories qui subissent alors une dégradation conçue sur le même modèle qui servait à discriminer entre espèces vivantes humaines

et non humaines. Véritable péché originel qui pousse l'humanité à l'autodestruction. Le respect de l'homme par l'homme ne peut pas trouver son fondement dans certaines dignités particulières que l'humanité s'attribuerait en propre, car, alors, une fraction de l'humanité pourra toujours décider qu'elle incarne ces dignités de manière plus éminente que d'autres. Il faudrait plutôt poser au départ une sorte d'humilité principielle : l'homme, commençant par respecter toutes les formes de vie en dehors de la sienne, se mettrait ainsi à l'abri du risque de ne pas respecter toutes les formes de vie au sein de l'humanité même ».

[170] Titre d'un entretien accordé le 02 septembre 2015 au site Ballast (www.revue-ballast.fr).

[171] Jean-Baptiste Vuillerod (2021) développe une version plus globale de l'argument en lien avec la pensée de Theodor Adorno. L'auteur montre que le motif de la domination de la nature trace une transversale dans l'ensemble de la philosophie adornienne, et permet de penser dans un cadre commun l'exploitation du travail, le patriarcat, le racisme, le spécisme et les diverses formes de destruction environnementale.

[172] Voir, par exemple, Marconde, 2011 ; Gnanadason, 2005 ; Eaton, 2005.

[173] Il n'est pas question ici de restreindre la généalogie de la crise écologique et l'histoire de la domination de l'homme sur la nature au judéo-christianisme. Les historiens de l'environnement ont clairement mis en évidence la complexité et l'ancienneté de la relation qui lie l'homme à son milieu naturel, montrant combien la question écologique excède toute histoire en particulier (cf., en sus des références citées précédemment, Williams, 2003).

[174] La Genèse n'invite-t-elle pas l'homme à « soumettre la terre » et à « dominer sur les poissons de la mer, sur les oiseaux du ciel et sur tous les animaux qui peuplent l'Univers » (Gn 1,28) ? Jusqu'à récemment, l'Église catholique donnait une interprétation assez littérale de ces passages. Ainsi, Paul VI dans sa lettre encyclique *Populorum progressio* écrit : « "Emplissez la terre et soumettez-la" : la Bible, dès sa première page, nous enseigne que la création entière est pour l'homme, à charge

pour lui d'appliquer son effort intelligent à la mettre en valeur, et, par son travail, la parachever pour ainsi dire à son service » (1967 : §22).

[175] Pour une histoire de cette critique, cf. Boiuma-Prediger (1995 : 2-5).

[176] « Les monothéismes ont aspiré vers le haut et monopolisé toutes les relations de l'humain à son milieu vivant individuant. Ils ont coupé tout lien horizontal avec les esprits des lieux, les populations animales, les montagnes, les rivières, les nymphes, les dryades. Ils ont tranché tous les vecteurs énergétiques immanents, symboliques et informationnels, ou plutôt, ils les ont verticalisés depuis l'humain, vers un Dieu tout puissant là-haut (…). Avec la Renaissance, on assiste aux prémices de l'affaiblissement de ce lien vertical : la focale se centre sur les affaires humaines. Cet affaiblissement du lien avec le Créateur est probablement une émancipation, mais elle ne sut pas recréer ce qu'il avait tranché : les liens horizontaux. Et c'est comme socius fermé exclusif que l'humain est devenu le centre » (Morizot, 2018).

[177] Sur ce sujet, on lira avec intérêt la critique de McFague, S. (1987). *Models of God: Theology for an Ecological, Nuclear Age.*

[178] De nombreux courants du monothéisme contemporain considèrent que les changements environnementaux sont, d'une manière ou d'une autre, voulus par Dieu, et que la contribution humaine n'a que peu d'effet sur le programme divin (cf., par exemple, Peifer et al., 2014).

[179] Les considérations portées sur la question de la géo-ingénierie sont caractéristiques à cet égard. D'un côté, de nombreuses institutions religieuses condamnent ces technologies, parce que leur utilisation reviendrait à « jouer à Dieu » ou à « interférer dans les affaires de Dieu ». À l'opposé, d'autres courants religieux mettent l'accent sur la lieutenance conférée à l'humain sur le monde : c'est alors la domination de l'homme sur la nature et la libre utilisation de ses capacités technologiques qui se trouvent justifiées par la référence à Dieu (Clingerman, 2012). Pour une discussion plus générale de la thématique du « jouer à Dieu », cf. Clingerman & O'Brien (2014).

[180] La pensée apocalyptique classique est très vivante en Amérique, où elle se nourrit du fondamentalisme protestant. Plusieurs études montrent que les chrétiens américains qui adhèrent à des théologies fortement orientées vers la fin des temps sont moins susceptibles que les autres

citoyens américains de soutenir les politiques visant à lutter contre le changement climatique (Barker et Bearce, 2013).

[181] Il existe de nombreux travaux empiriques sur ce sujet. Pour une revue synthétique de la littérature, cf. Morrison et al., 2015. Dans ce même article, les auteurs soutiennent, sur la base d'une enquête d'opinion, que l'appartenance religieuse est un facteur explicatif des différences d'implication face au changement climatique, même après avoir décompté les effets des facteurs sociodémographiques.

[182] Dans son ouvrage de référence, *Introduction à l'athéisme moderne*, Cornelio Fabro retrace l'histoire de l'athéisme moderne suivant le processus de « résolution athée du principe de l'immanence ». Dans cette histoire, il repère différentes étapes et plusieurs points forts : « le doute, radical, volontaire, de Descartes, la possibilité d'une morale athée de Bayle, la priorité de l'acte sur le contenu de Locke-Hume, le caractère absolu de la raison de l'illuminisme déiste, le « Je pense » transcendantal dans le développement de Kant jusqu'à Hegel, le volontarisme absolu de Schopenhauer-Nietzsche, l'humanisme radical depuis Feuerbach jusqu'à Sartre, l'évolutionnisme émergent absolu depuis Darwin jusqu'à Morgan-Alexander-Whitehead... » (1999 : 836).

[183] L'athéisme moderne englobe un ensemble de perspectives philosophiques contemporaines qui nient l'existence de Dieu ou d'entités divines. L'athéisme moderne justifie généralement son rejet de la croyance en Dieu par des arguments rationnels, scientifiques ou philosophiques. Il inclut souvent une critique des institutions religieuses et de leur influence sur la société, ainsi qu'une valorisation de la raison, de la science et de l'éthique laïque dans la compréhension du monde et la prise de décisions morales. L'athéisme moderne est donc aussi un système de valeurs vécues, celui d'une liberté qui assume sa tâche humaine face à son destin.

[184] Si les idéologies athées sont indéniablement en perte d'assurance, l'athéisme continue néanmoins, sous une forme séculière, à façonner le monde contemporain dans sa réalité quotidienne. Jean-Paul II (1988) en faisait le constat au moment même où le bloc soviétique s'effondrait : « Si les idéologies, nées des combats sociaux et des utopies athées du XIXème siècle (...) tendent à stagner ou à s'affaiblir (...), cependant, une vague de sécularisation s'est étendue à travers le monde. Elle se

manifeste dans les sociétés de consommation par l'hédonisme, le pragmatisme et la recherche de l'efficacité, sans égards pour les normes éthiques, par la méconnaissance du caractère sacré de la vie. Tout ceci conduit trop souvent au relativisme moral et à l'indifférence religieuse. En substance (…), on peut dire qu'il y a moins d'athées déclarés, mais beaucoup de non-croyants, beaucoup de personnes qui vivent comme si Dieu n'existait pas et qui se situent en dehors de la problématique foi - non-croyance, Dieu ayant comme disparu de leur horizon existentiel ».

[185] Si la démocratie est donc aujourd'hui en crise, poursuit Gauchet, c'est parce qu'elle fait face à des dysfonctionnements liés à sa croissance, et plus précisément à l'érosion des fonctions de la souveraineté collective provoquée par la vague de fond des revendications individuelles : « [Cette vague de fond] s'en est prise au principe du pouvoir en général et partout. Elle a universellement sapé les bases de l'autorité du collectif au nom de la liberté (...). Elle a fait passer au premier plan l'exercice des droits individuels, jusqu'au point de confondre l'idée de démocratie avec lui et de faire oublier l'exigence de maîtrise collective qu'elle comporte » (2013 : 40). Autrement dit, le triomphe des droits de l'homme et des valeurs libérales à travers l'essor de l'individualisme de masse a eu pour effet involontaire et négatif de ruiner la fonction de maîtrise collective inhérente au projet démocratique, laissant le champ libre à la domination des processus techno-économiques. Aujourd'hui, les libertés individuelles sont plus fortes que jamais, mais l'impuissance politique est patente. Resterait alors à trouver les moyens de reconstruire un régime d'autonomie collective efficace : « [La démocratie] est en pleine possession de ses instruments, mais elle ne sait toujours pas véritablement s'en servir. L'étape principale reste à venir » (Gauchet, 2017).

[186] De nombreux analystes établissent d'ailleurs un parallèle entre l'ordre dominant de l'économie néolibérale et l'ordre hétéronome de la religion. Frédéric Lebaron (2019) considère que les deux ordres sont comparables dans la mesure où chacun d'eux instaure un régime hégémonique autonomisé dont la configuration détermine des rapports de domination et des modes de vie spécifiques. Il parle en ce sens « d'homologie fonctionnelle » entre l'économique et le religieux : les fonctions d'autorité et de régulation accaparées par l'économique dans les sociétés contemporaines étant homologues aux rôles joués par le religieux dans le corps social traditionnel. Pour Latouche (2006), « c'est

l'articulation de deux phénomènes qui permet de parler véritablement d'une "religion de l'économie" » : « l'existence d'un culte quasiment universel et transhistorique pour la valeur incarnée (or, argent, biens précieux…) » et « l'avènement, avec l'émergence de la modernité, d'une foi nouvelle dans le progrès et ses corollaires (la technique, la science, la croissance) ».

[187] Contrairement à l'humanisme traditionnel, qui peut être associé à des idéaux humanistes compatibles avec la religion, l'humanisme athée rejette toute référence à une autorité divine ou à des doctrines religieuses dans sa quête d'amélioration de la condition humaine. Rejetant les dogmes religieux et les superstitions, l'humanisme athée célèbre la valeur intrinsèque de l'humanité et cherche à promouvoir le bien-être humain en se basant sur la raison, l'éthique laïque et la science. Il affirme que les êtres humains ont la capacité de progresser, de s'épanouir et de trouver un sens à leur vie en s'appuyant sur leurs propres ressources intellectuelles, morales et sociales, ainsi que sur les connaissances scientifiques.

[188] Dans la conclusion de son encyclique *Caritas in veritate* (2009), Benoît XVI écrit : « L'humanisme qui exclut Dieu est un humanisme inhumain. Seul un humanisme ouvert à l'Absolu peut nous guider dans la promotion et la réalisation de formes de vie sociale et civile – dans le cadre des structures, des institutions, de la culture et de l'ethos – en nous préservant du risque de devenir prisonniers des modes du moment ».

[189] Nous continuons à employer le terme Nature même si, comme le précise Émilie Hache, certains écologistes sont réticents à l'utiliser parce qu'il représente à leurs yeux « un outil conceptuel qui a toujours été mobilisé pour disqualifier, détruire et maltraiter les non-humains comme les humains » ; ces derniers parlent plutôt « de réchauffement climatique, de biodiversité, d'inégalités, d'hypothèse Gaïa, etc. » (2019, 11).

[190] L'hypothèse combine l'approche de James Lovelock, qui insiste sur les aspects de régulation globale du système-Terre, et celle de Lynn Margulis, qui traite des phénomènes d'endosymbiose et de la continuité des êtres traversés par les microbes.

[191] Gaïa est le nom de la divinité grecque de la Terre mère et nourricière.

[192] L'homéostasie fait référence à la capacité d'un organisme biologique ou d'un écosystème vivant à maintenir un état d'équilibre interne stable malgré les changements externes.

[193] Le terme « biotique » fait référence à tous les facteurs vivants d'un écosystème (y compris les organismes eux-mêmes, tels que les plantes, les animaux, les bactéries, etc.). Le terme « abiotique » désigne les facteurs non vivants de l'écosystème (y compris des éléments tels que la température, l'humidité, la lumière du soleil, le pH du sol ou de l'eau, les minéraux, etc.). Ensemble, les composants biotiques et abiotiques interagissent pour former un équilibre dynamique dans un écosystème, influençant la distribution des espèces, leur abondance et leur évolution.

[194] Deux aspects de l'hypothèse Gaïa ont été particulièrement contestés : « Le premier est que pour de nombreux scientifiques, comme le biologiste Richard Dawkins, il est inadmissible de reconnaître en Gaïa une entité vivante. Le second aspect controversé est le caractère téléologique de l'hypothèse, puisque Lovelock affirme, ou insinue, que les êtres vivants ont un comportement altruiste et régulent des paramètres cruciaux du fonctionnement de la planète. Là encore, ses critiques l'ont persiflé en se demandant si les organismes se réunissaient en assemblée pour délibérer » (Federeau, 2020).

[195] On peut citer, entre autres, Abram, 1990 ; Callicott, 2011 ; Dutreuil, 2014 ; Latour, 2015 ; Midgley, 2001 ; Primavesi, 2000 ; Stengers, 2009.

[196] « L'agent moral est celui dont les actions peuvent être évaluées en termes de bien et de mal, caractérisées de bonnes ou mauvaises. Le patient moral est celui dont les actions qu'il subit de la part d'un agent moral peuvent également être sujettes à une évaluation morale et caractérisées de bonnes ou mauvaises. Par exemple, l'humain adulte normal est à la fois un agent et un patient moral : ses actions et celles qu'il subit peuvent être évaluées moralement. On peut le blâmer ou le féliciter d'avoir commis tel acte, et on peut également blâmer ou féliciter quelqu'un d'autre d'avoir commis tel acte sur lui. Les humains bébés, enfants et handicapés mentaux, par contre, ne sont pas des agents moraux : c'est ce que l'on veut dire lorsque l'on précise qu'ils ne sont pas responsables de leurs actes. Mais ils restent des patients moraux auxquels il est « mal », par exemple, d'infliger une souffrance injustifiée » (Jeangène Vilmer, 2008 : 19-20).

[197] L'ouvrage de Gérald Hess *Éthiques de la nature* (2018) offre une cartographie détaillée des différentes éthiques environnementales, suivant une classification un peu différente de celle que nous adoptons.

[198] L'éthique pathocentrique place la souffrance des êtres sensibles, notamment des animaux, au centre de ses préoccupations morales. Cette approche accorde une grande importance au bien-être des individus capables de ressentir la douleur et le plaisir. Elle s'attaque, en particulier, aux pratiques qui infligent de la souffrance ou du préjudice aux animaux, comme l'expérimentation animale, l'élevage intensif, la chasse, etc.

L'éthique biocentrique accorde une valeur intrinsèque à tous les êtres vivants et à la nature dans son ensemble, au-delà de leur utilité pour les êtres humains. Elle reconnaît la valeur morale des plantes, des animaux, des écosystèmes et même des éléments non vivants de l'environnement. Elle valorise l'interdépendance des différents éléments de la nature et la nécessité de préserver la biodiversité et l'intégrité des écosystèmes.

[199] Par exemple, les approches globales, axées sur la régulation des cycles de la planète, accordent une importance décisive au monde microscopique, mais ignorent les questions relatives à l'intégrité des individus en tant que tels. Les autres approches font le contraire : elles sont indifférentes au monde microscopique, mais se soucient de la vie des êtres vivants et tiennent compte de leur contribution à la santé des écosystèmes.

[200] Sur le conflit des éthiques de la Nature, cf. Afeissa (2012), notamment le chapitre « Comme chiens et chats. Le conflit fratricide entre éthique environnementale et éthique animale ».

[201] « Si la transformation des comportements [relève] d'une éducation qui demande essentiellement à être d'ordre sentimental, on comprend aussi qu'une éducation esthétique, en particulier aux arts plastiques, puisse y contribuer de façon décisive » (Gens, 2016).

[202] Cela dit, en l'absence d'intimité avec la Nature, les développements scientifiques et les considérations symboliques d'ordre éthique, politique ou juridique continueraient à remplir un rôle essentiel dans l'éveil des consciences et l'édification des comportements. Activité scientifique et appréciation esthétique auraient finalement vocation à être associées, afin de permettre une meilleure lisibilité du vivant et de

promouvoir une attitude plus respectueuse à l'égard de la vie naturelle comme telle (Gens, 2016).

[203] Il s'agit de montrer que « ces vivants habitent des territoires comme les autres cohabitants que nous sommes, avec leur géopolitique propre, leur sens du territoire, leur manière d'occuper le terrain, de cartographier les points clés, d'être *chez soi*. C'est-à-dire qu'ils ont leur propre logique d'existence, leurs nécessités et besoins, leurs manières d'être vivants, leurs relations et tissages avec la communauté biotique, leurs mœurs (aménagements immatériels du territoire), leurs modes de communication intra et interspécifiques (marquages, chants, frontières, attitudes, messages chimiques), leur plasticité comportementale qui leur permet de s'ajuster aux actions des autres, leurs dispositifs propres de pacification (territorialité, évitement, ségrégation de niche…) et leurs alliances vitales spécifiques avec d'autres espèces (mutualismes, facilitations, coopérations…) – c'est-à-dire leurs us et coutumes » (Morizot, 2017).

[204] La pensée diplomatique de Baptiste Morizot se veut résolument relationnelle, ce qui devrait nous inciter à situer sa pensée du côté des philosophies du milieu que l'on abordera par la suite. Cependant, son affiliation revendiquée à l'écocentrisme, et le peu d'attention qu'il accorde à la question de la technique, le rapprochent, en revanche, des écologies de la Nature.

[205] Baptiste Morizot (2017) rend compte du changement de paradigme opéré par les permaculteurs et les agro-écologues en ces termes : « Si loin du paradigme adamique du combat pour civiliser la terre par la charrue, mater les ennemis de la récolte, et gagner son pain à la sueur de son front ; si tranquillement coulés dans des alliances fines avec ce qu'ils cultivent, cherchant à transformer les nuisible de l'un en adjuvants de l'autre. Ce n'est pas dire que tout est rose : les nuisibles à certaines cultures existent, le parasitisme et la prédation existent. C'est simplement la manière de se rapporter à ces phénomènes vivants qui change, et donc les pratiques agricoles et économiques liées : si on les comprend comme des malédictions au destin humain de maximiser la production, ils sont des nuisibles en soi ; si on les comprend comme des partenaires cohabitants pris avec nous dans des relations politiques fines et complexes, envers lesquels il faut inventer des alliances, minimiser ou détourner les discordes, affiner les relations multiples, convertir les compétitions en mutualismes, alors on passe d'un état de guerre avec

son exploitation à un état d'alliances complexes, plus soutenables pour les uns et les autres, avec sa communauté agroécologique ».

[206] Dipesh Chakrabarty (2009) fait remarquer que les effets globaux et irréversibles de l'anthropisation de la nature nous ont fait brutalement prendre conscience de « l'altérité de la planète ». L'homme, en créant les conditions qui mettent en jeu sa propre survie, découvre que la Nature est non pas indépendante, mais « totalement indifférente à [ses] desseins et à [ses] finalités ».

[207] La *wilderness* est la nature native, libre de tout artifice, et immaculée de corruption humaine. William Cronon (2009) voit en elle « l'antithèse naturelle et édénique d'une civilisation artificielle qui a perdu son âme, un espace de liberté qui nous permet de renouer avec la vraie nature que nous avons cédée aux influences corruptrices de nos vies artificielles. Elle est, par-dessus tout, l'ultime paysage permettant une existence authentique qui allie la grandeur sacrée du sublime à la simplicité primitive de la Frontière ; c'est le lieu où l'on peut voir le monde tel qu'il est en réalité et ainsi nous voir tels que nous sommes également, ou comme nous nous devrions d'être ».

[208] De ce point de vue, les cultures dites « primitives » paraissent plus « évoluées » que celles de l'Occident moderne, parce qu'elles conçoivent d'emblée la socialisation de façon écologiquement plus inclusive. La conception andine de la communauté est souvent présentée comme un modèle du genre : « Elle englobe en effet les personnes, mais aussi les êtres vivants non humains, tels que les animaux ou les plantes, ainsi que certains éléments non vivants, en particulier les monts et montagnes ou encore les esprits des défunts. Ces communautés sont en outre propres à un territoire donné, qui les définit et auquel il est accordé des attributs spécifiques. Ainsi, les conceptions originelles de la Pacha Mama permettent de la représenter comme une manière de se penser comme faisant partie d'une vaste communauté sociale et écologique, elle-même insérée dans un contexte environnemental et territorial. La Pacha Mama n'est donc pas un simple synonyme, ou une idée analogue à la conception occidentale de la nature : il s'agit d'une vision plus ample et plus complexe » (Gudynas, 2012).

[209] Dans son ouvrage précurseur, *Le contrat naturel*, Michel Serres préconise d'ajouter au contrat exclusivement social un contrat naturel

« de symbiose », qui ferait de tous les êtres naturels des sujets de droits et inaugurerait une nouvelle façon d'habiter la Terre.

[210] En septembre 2008, l'Équateur modifie sa constitution pour reconnaître à la Terre-Mère, ou Pacha Mama, le droit inaliénable à l'existence, au maintien de ses cycles vitaux et à sa restauration. En 2010, la Bolivie adopte à son tour une loi de la Terre-Mère (Ley de Derechos de la Madre Tierra) qui cautionne la conception indigène ancestrale de la nature comme un être vivant. En 2017, la Haute Cour de justice de l'État d'Uttarakhand en Inde reconnaît le Gange et l'un de ses affluents, le fleuve Yamuna, ainsi que les glaciers himalayens Gangotri et Yamunotri, comme « des entités vivantes ayant le statut de personne morale », dans l'espoir de lutter contre la pollution qui les ravage. La même année, la Nouvelle-Zélande attribue la qualité de sujet de droits, d'abord à la rivière Whanganui, puis au Mont Taranaki, dans le cadre du processus de réconciliation avec les populations Maori. Toujours en 2017, le Parlement de Victoria, en Australie, adopte une loi reconnaissant le fleuve Yarraen comme entité vivante indivisible. En avril 2018, la Cour suprême de Colombie érige la partie de l'Amazonie tapissant son territoire en sujet de droits. Partout dans le monde, des initiatives vont dans le même sens. Les pays du Nord ne sont pas en reste : depuis 2006, plus d'une douzaine de municipalités aux États-Unis ont adopté des régulations accordant des droits à la nature, en écho à des revendications formulées dès les années 1970.

[211] C'est en particulier le cas des interprétations systémiques et cybernétiques de l'hypothèse lovelockienne de Gaïa, où la Terre est considérée comme un être vivant ressortissant à un ordre cosmique autonome et supérieur à l'espèce humaine. Dans ce cas, la Nature révèle à l'humanité un ordre clair et stable qu'il s'agit de retrouver pour une vie bonne et un épanouissement mutuel.

[212] Caractéristiques à cet égard sont les thèses de l'écosophie de Naess, qui situe la « réalisation de Soi » dans un processus progressif d'identification avec tous les aspects de la Nature (Afeissa, 2020). Tout aussi significatif est l'accent spiritualiste marqué de nombreux écrits écologistes (dont ceux d'Anders, d'Illich ou de Gorz), qui insistent sur l'insuffisance de l'approche matérielle des questions écologiques et

« cherchent à ré-enchanter [le monde] au moyen d'approches personnalistes et/ou romantiques » (François, 2012).

[213] Michel Maffesoli va dans le même sens : « On retrouve là l'animisme de longue mémoire. Un paganisme revêtant une forme contemporaine. La *deep ecology* pourrait en être la version paroxystique. *Paganus* » (2010 : 16).

[214] La naturalisation de l'homme exclut toute caractérisation spécifiquement humaine, et ne permet qu'une distinction en termes de niveaux et de seuils. Le langage humain, par exemple, ne se distingue plus du mode de communication des autres espèces par des fonctions propres. Toutes les caractéristiques du langage humain sont considérées présentes, ne serait-ce qu'à l'état d'ébauche, chez de nombreuses autres espèces animales. La différence réside dans les niveaux plus ou moins élevés de développement et de sophistication que certaines fonctions acquièrent chez l'homme et chez ses parents sur l'arbre de l'évolution.

[215] Les civilisations dites primitives nous montrent d'autres manières de vivre avec l'animal que celles proposées par les éthiques environnementales contemporaines. Les travaux d'anthropologues tels que Philippe Descola, Tim Ingold, Barbara Glowczewski, Eduardo Viveiros de Castro, ou Florence Brunois-Pasina sont riches d'enseignements à cet égard.

[216] Par ailleurs, tant que la « rupture ontique » n'a pas été complètement subvertie, toutes sortes de ségrégations intra-humaines restent possibles sur la base d'arguments naturalistes : « Les défenseurs de la cause animale, note Hicham-Stéphane Afeissa (2021), ne semblent pas se rendre compte que leur argumentation reconduit volens nolens la logique de l'infra-humanisation et de la déshumanisation qui est au cœur des discours racistes, xénophobes, colonialistes, homophobes etc. ».

[217] Jean-Christophe Bailly (2007 ou 2015) est l'un de ceux qui a le plus insisté dans ses ouvrages sur l'étrangeté radicale des animaux. Il évoque les mondes autres et silencieux dans lesquels vivent les bêtes sauvages, et depuis lesquels leur regard s'adresse à nous comme une énigme : « Le contact avec l'animal est toujours vacillant, la rencontre raconte et même stipule la différence : la différence est là comme un abîme et cet abîme est infranchissable » (2007 : 15).

[218] Le modèle relationnel de la cohabitation diplomatique, tel que décrit par Baptiste Morizot (2017), semble répondre à ces exigences. Se situant à égale distance de l'ontologie dualiste des Modernes et de l'hybridation des acteurs investis dans le milieu, l'approche diplomatique cherche à concilier l'intrication des formes de vie et leur irréductible différence : « La diplomatie est un type de récit qui entend accepter une relation constitutive avec des autres, mais sans résorber leurs altérités – qui les maintienne, tout en reconnaissant l'inextricabilité des entrelacs qui nous lient à eux ». Toutefois, l'attachement exclusif de Morizot à l'éco-centrisme et à l'ontologie relationnelle nous semble impropre à fonder la différence entre l'homme et le reste du vivant, et donc à asseoir réellement le paradigme diplomatique qu'il défend. Au-delà de cette éventuelle incohérence, c'est la question de savoir comment promouvoir la pensée diplomatique, et susciter les changements de mentalités qu'elle implique, qui demeure chez Morizot, comme chez d'autres chercheurs, sans réponse convaincante.

[219] La déclaration a été adoptée en 2010 à Cochabamba (Bolivie) lors de la Conférence mondiale des peuples autochtones sur le changement climatique et les droits de la Terre-Mère. Elle a été appuyée par 241 collectifs du monde entier. Le projet de déclaration comprend un préambule et quatre articles. Le préambule reconnaît le rôle de la Terre comme source de vie, dénonce les abus dont elle souffre, et appelle à prendre des mesures pour y mettre fin. L'article 1 envisage la Terre comme une communauté indivisible d'entités interdépendantes. L'article 2 précise les droits de la Terre-Mère et de tous les êtres qui la composent. L'article 3 énonce les devoirs de l'homme envers la Terre-Mère, à commencer par le devoir de la respecter et de vivre en harmonie avec elle. L'article 4 donne la définition des termes clés.

[220] William Cronon (2009) pousse la logique de la *wilderness* à la limite, pour en montrer l'absurdité : « Si la nature meurt parce que nous y entrons, alors le seul moyen de la sauver c'est de nous supprimer (…) Si la *wilderness* est tout ce qui doit être sauvé et si notre simple présence la détruit, alors l'unique solution à apporter à notre propre non-naturalité, la seule manière de protéger de l'humanité qui la profane la terre sacrée de la *wilderness* serait de recourir au suicide ».

221 « Le terme français de "milieu" a ceci d'intéressant qu'il désigne à la fois le centre et l'environnement, l'entre et l'autour, le medium et l'umwelt » (Petit, 2015).

222 Certaines écologies de type mystique, comme celles que l'on trouve chez Arne Naess ou dans le Tao de l'écologie, mettent également l'accent sur la relation entre les éléments vivants. Mais elles ne relèvent pas à proprement parler d'une approche ontologique relationnelle, parce qu'elles figent aussitôt les relations qu'elles valorisent au sein d'un tout holistique originel qui détermine de façon essentialiste les êtres et les choses. En revanche, dans l'approche authentiquement relationnelle, les liens entre les entités vivantes ou écologiques se transforment, en transformant les formes de vie elles-mêmes, au gré d'un devenir qui a l'allure de l'histoire (Morizot, 2018).

223 L'ontologie substantialiste et l'ontologie relationnelle constituent deux perspectives philosophiques radicalement différentes sur la nature de l'existence et de la réalité. La première met l'accent sur les entités individuelles autonomes, tandis que la seconde insiste sur les relations interdépendantes entre ces entités. Dans le cadre de l'ontologie substantialiste, explique Arturo Escobar, « nous nous considérons comme des sujets autosuffisants qui sommes face à ou vivons dans un monde composé d'objets également autosuffisants que nous pouvons manipuler librement ». C'est là une conception foncièrement anthropocentrique et dualiste. En revanche, dans un cadre d'ontologie relationnelle, « les mondes biophysiques, humains et surnaturels ne sont pas considérés comme des entités séparées ». « La division entre nature et culture n'existe pas et encore moins celle de l'individu et de la communauté » : « l'individu n'existe pas, il existe en revanche des personnes en lien permanent avec l'ensemble du monde humain et non-humain » (Escobar, 2018 : 74-75).

224 À proprement parler, on ne devrait même pas dire que les organismes « interagissent » avec leur milieu, pour ne pas laisser entendre qu'ils seraient isolables de ce dernier. Comme le précise Félix Guattari, ce sont plutôt des interactions : « Parler d'interaction entre les organismes et le milieu nourrit de fausses idées, parce qu'un organisme est une inter-action » (1989 : 33).

[225] Toutefois, le statut accordé à la relation varie d'un auteur à l'autre, d'une école à l'autre. Pour Gilbert Simondon, par exemple, la relation acquiert « valeur d'être » : elle « est une modalité de l'être ; elle est simultanée par rapport aux termes dont elle assure l'existence » (2005 : 32). Dans ce cas, les êtres individuels ne disparaissent pas. Ils ne sont pas dissous dans les processus et les relations qui les constituent. Ouverts à l'émergence d'événements nouveaux, ils sont dotés de capacité « auto-poétique » ou « auto-immune », c'est-à-dire de la capacité de se construire dans l'interaction constante avec leur environnement et les autres acteurs (Lindberg, 2016a : 96-109). Mais Karen Barad est plus radicale. Elle ne parle pas d'« interaction » mais d'« intra-action » : « Contrairement à l'"interaction" habituelle, qui suppose qu'il existe des organismes individuels distincts qui précèdent leur interaction, la notion d'intra-action reconnaît que des organismes distincts ne précèdent pas leur intra-action, mais qu'ils émergent au contraire de celle-ci » (2007 : 33). Appréhender le réel en termes d'intra-activité, c'est donner l'antériorité aux processus sur les déterminations, sur les organismes et sur le milieu.

[226] Il convient de signaler ici les travaux précurseurs d'Augustin Berque sur les paysages. À l'encontre de la modernité fonctionnaliste qui exclut le sujet du paysage et réduit l'environnement à un système d'objets manipulables, Berque développe une « pensée du milieu » qui ne sépare plus entre le sujet et l'environnement que celui-ci aménage et se représente : « La société aménage son environnement selon la représentation qu'elle s'en fait ; et réciproquement : elle le perçoit et (se) le représente en fonction des aménagements qu'elle en fait. (…) La représentation que l'homme se fait de son milieu n'atteint jamais à l'objectivité pure : elle fait elle-même partie du milieu qu'elle représente (…). Le milieu est donc, par essence, une relation : la relation méso-logique. Dire que le milieu est à la fois naturel et culturel, collectif et individuel, subjectif et objectif, revient à dire qu'il faut essayer de le penser dans sa dimension propre ; laquelle n'est ni celle de l'objet ni celle du sujet, mais celle des pratiques qui ont engendré le milieu au cours du temps, et qui l'aménagent/le réaménagent sans cesse » (1986 : 148-149).

[227] La différence entre sujet et instrument est aussi irrévocablement brouillée, voire abolie. Pour Karen Barad (2007), par exemple, il n'y a

plus de chose (« thing »), de substance stable, localisable et inerte : tout est « agissant », « se faisant » (« doing »), au sein d'une réalité mêlée en reconfiguration permanente.

[228] Rappelons que Bruno Latour rejette l'idée de Nature. Il s'intéresse à la façon dont différents acteurs interagissent dans des agencements sociaux formant des « associations d'êtres aux formes compliquées : règlements, appareils, consommateurs, institutions, mœurs, veaux, vaches, cochons, couvées qu'il est tout à fait superflu d'inclure dans une nature inhumaine et anhistorique » (1999 : 36).

[229] « D'une part, précise Susanna Lindberg, il n'y a plus de nature "intacte", dès lors que nous cherchons et trouvons l'empreinte de l'activité technologique humaine dans la nature la plus sauvage (par exemple les résidus de déchets toxiques dans l'organisme des ours polaires). D'autre part, même si nous isolions un être naturel et tâchions de l'observer tel quel, notre regard a été éduqué par les sciences pour l'observer selon des analogies techniques (la cellule comme une petite « usine », l'ADN comme un « programme informatique », etc.) et pour penser son milieu naturel comme un ensemble fonctionnel » (2016a : 89-90).

[230] Plutôt que de société, Latour parle de « collectif », « terme [qui] ne renvoie pas à une unité déjà faite mais à une procédure pour collecter les associations d'humains et de non-humains » (1999 : 351).

[231] « Le milieu est donc singulier, tandis que l'environnement est universel » (Petit, 2017).

[232] La notion de la connaissance située (ou de « savoirs situés ») a été conceptualisée par Donna Haraway (1988).

[233] Leah Aronowsky (2020) a montré que les entreprises du secteur des énergies fossiles ont très tôt compris l'intérêt que pouvaient représenter pour elles les théories systémiques du milieu. Elles s'y sont intéressées, et ont investi dans ce domaine de recherche, non seulement pour mieux comprendre l'impact des émissions fossiles sur l'environnement, mais aussi et avant tout parce qu'elles comptaient utiliser les arguments avancés par les théories du milieu sur les capacités de résilience et de régénération de la Terre pour justifier la poursuite de leurs activités polluantes.

[234] On retrouve cette même conception chez les tenants du « good Anthropocene », qui théorisent l'entrée dans une « post-nature », où les ensembles non-humains seraient hybridés de technologies et de compétences humaines, récusant de ce fait toute altérité, extériorité ou autonomie propre à la nature (cf. Hamilton, 2015).

[235] De même, Alain Caillé et al. (2001) considèrent que « la déconstruction latourienne des oppositions classiques de la nature et de la culture ou de la société est à ce point jusqu'au-boutiste qu'elle laisse le champ parfaitement libre à l'extension indéfinie du marché capitaliste et des biotechnologies ».

[236] Neyrat précise dans la partie introductive de son ouvrage que « l'inconstructible accompagne chaque nouvelle création, chaque recommencement » : il figure « la puissance du retour de la négativité originaire dont naissent les êtres et les mondes ». « Cette puissance inappropriable se manifeste sous la forme de ce qui est chaotique, sauvage, rebelle à tout ordre déterminé – d'où son caractère dangereux, destructif, lorsqu'elle prend pour cible une artificialité excessive, des conventions trop rigides, des opinions empêchant la pensée d'emprunter d'autres chemins ». L'inconstructible est ce domaine « où rien n'est par avance prédit, domestiqué, où rien ne dit encore ce qui pourra venir si ce n'est le refus de ce qui ramène le devenir à ce qui le fixe ou l'empêche ».

[237] Dans le compte-rendu qu'elle propose de l'ouvrage de Neyrat, Sophie Gosselin (2017) donne au concept de l'inconstructible un sens comparable à celui que nous lui donnons ici.

[238] Le caractère théorique et abstrus de la proposition de Neyrat n'a pas manqué d'attirer les sarcasmes de ses contradicteurs. Pierre Charbonnier écrit à son propos : « Cette énigmatique proposition philosophique, que seuls les plus spéculatifs d'entre nous pourront apprécier à sa juste valeur, résout effectivement le problème posé au départ : pour instaurer une nature résolument hors d'atteinte, séparée du misérable jeu humain de la production, de la transformation, de la connaissance – bref, de la construction – il faut bien une nature retirée tout au fond de la clairière de l'être. Celle-ci est bel et bien inconstructible, et on serait même tentés de dire qu'elle est indestructible, que sa sécurité est garantie par cette distance radicale ». Et le critique de poursuivre en disant qu'il n'a

« aucune autre philosophie de la nature à opposer à cette élégante proposition, à laquelle on ne peut d'ailleurs rien objecter – si ce n'est cela-même » (2016 : 10).

[239] N'oublions pas que le transhumanisme considère précisément l'humanité comme une espèce technique et non pas animale, comme « une *species technica*, un nœud plastique de possibles inanticipables parce que techniques » (Hottois, 1984).

[240] La vision substantialiste apparaît aux relationnistes comme la plus indigente de toutes : « Une substance, c'est-à-dire un terme ayant absorbé la relation en lui, la substance est un cas extrême de la relation, celui de l'inconsistance de la relation » (Simondon, 1964 : 275).

[241] « Bruno Latour, estime Albert Piette (2016), met au centre de son analyse la relation qui relie et qui connecte. L'entité latourienne ne se définit pas autrement que par ses relations : son action de modifier un objet ou de subir l'effet de celle-ci. Elle semble décrite comme si elle existait à chaque instant dans son plein déploiement, en connexion avec d'autres entités ».

[242] Mais dès lors que l'on réintroduit l'idée de l'exception humaine – même en la nuançant ou en la contestant par ailleurs – on ne peut plus renoncer au dualisme. Comme nous l'avons relevé avec Jean-Michel Schaeffer, « tout défenseur de la thèse de l'exception humaine est en même temps un dualiste », car il faut avoir défini au préalable deux ordres ontologiques distincts susceptibles de marquer la différence, pour pouvoir distinguer l'homme du reste des vivants.

[243] Cet élargissement passerait par la revalorisation de la dimension propre de l'esprit, qui, en tant que source d'autonomie et de devoir moral, marque la différence spécifique entre l'homme et le reste du vivant, et par la réaffirmation des droits de l'homme, dont l'application tarde à se concrétiser. Cependant, la référence à l'esprit ne serait plus envisagée selon le dualisme réducteur que l'histoire moderne a consacré, mais en liaison étroite avec l'ordre de la nature, sans se confondre avec lui. De même, les droits de l'homme ne seraient plus proclamés sans être accompagnés d'un combat effectif pour la protection des minoritaires, des plus pauvres et de l'humanité à venir. Ainsi recadré, l'humanisme anthropocentrique commanderait une gestion responsable, précaution-

neuse et adaptative de l'environnement, capable d'assurer des conditions d'habitabilité dignes et durables pour les humains et les non-humains.

[244] Alain Papaux fait partie de ceux qui ont insisté sur la nécessité de maintenir une forme d'anthropocentrisme dans la pensée écologique. Il estime que « les droits de l'homme en matière environnementale souffrent non d'un excès mais d'un manque d'anthropocentrisme » (2016 : 385-6). Papaux distingue deux conceptions : l'« anthropocentrisme d'immersion », qu'il recommande d'adopter, et l'« anthropocentrisme d'arrachement », qu'il condamne. « Le premier, d'origine aristotélicienne, place l'homme, bien qu'immergé dans la phusis, au sommet du monde sublunaire dont tous les bienfaits convergent vers lui. Le second, en revanche, érige l'homme hors nature, lui octroyant une position d'extériorité et même de transcendance prise à Dieu. Dans l'anthropocentrisme d'immersion, c'est la nature elle-même qui octroie ses bienfaits à l'homme, étant lui-même naturel. Dans l'anthropocentrisme d'arrachement, au rebours, c'est par la force que l'homme s'adjuge les bienfaits d'une nature conçue comme étrangère et adverse, telle une fille de joie qu'il convient de maltraiter (Bacon) » (Bourg et Papaux, 2015 : 756-759). La proposition de Papaux tombe sous les critiques que nous avons formulées à l'encontre des écologies de la Nature. En ratifiant l'anthropocentrisme d'immersion, Papaux devrait en toute rigueur récuser le libre-arbitre de l'homme et sa capacité d'autodétermination. En rejetant l'anthropocentrisme d'arrachement, il récuse toute exploitation productiviste de la nature et l'appropriation de l'animal, mais se prive alors de la possibilité de répondre de façon satisfaisante aux défis essentiels de la croissance démographique et de la pauvreté dans le monde.

[245] S'il exige d'œuvrer en adéquation avec les mécanismes régulateurs des systèmes naturels et invite à se soucier des autres vivants avec lesquels l'homme est en interdépendance, Ost n'accorde pas pour autant une valeur intrinsèque à la nature, aux écosystèmes et aux animaux (comme le font les éthiques environnementales). De même, s'il appelle à un meilleur pilotage des collectifs auxquels l'homme est mêlé, et ambitionne d'insuffler un sens éthique aux conquêtes de la science et de la technologie, en tant qu'elles constituent des moyens essentiels pour préserver et embellir la vie humaine, Ost ne sanctionne pas l'immersion de l'humain dans les matérialités (comme le font les écologies du

milieu). Enfin, Ost s'oppose à tout élargissement de la cité à de nouveaux partenaires, quels qu'ils soient : « la nature elle-même et ses différentes composantes (*deep ecology* et défenseurs des droits des animaux « et des autres »), les nouveaux hybrides technologiques, mixtes de nature et de culture (Bruno Latour et Michel Serres), les générations futures appelées à occuper la planète après nous (Hans Jonas, Paul Ricœur et bien d'autres) » (2018).

[246] Tenir ensemble les positions les plus contraires, dans le cadre d'une pensée du paradoxe, suppose d'excéder les principes d'identité et de non-contradiction de la logique classique. Car il s'agit d'affirmer une chose et son contraire, sans jamais clore le conflit des interprétations, de manière à inclure dans l'affirmation le tiers exclu de la pensée binaire.

[247] Dans *Dialectique de la séparation* (2018), Neyrat développe un argumentaire similaire au nôtre. Il renvoie dos-à-dos le parti des nouveaux matérialismes qui insistent sur l'inséparé (ou sur l'immanence de la matière), et le parti des réalismes spéculatifs qui affirment la séparation ontologique (ou la transcendance de l'objet). Il propose de dialectiser les deux courants de pensée, pour réveiller la puissance créatrice de la séparation.

[248] On trouvera intérêt à consulter le numéro spécial de la revue du Mauss (2001, n° 17) qui est consacrée au sujet. Ce dossier montre la sophistication des controverses en jeu et leur âpreté. Il fait ressortir les mêmes points de friction que nous avons nous-même relevés au cours de notre parcours et que nous rappelons ici brièvement. Les rédacteurs de la revue aboutissent à une conclusion proche de la nôtre.

[249] De même, de nombreux intellectuels prennent le parti de s'opposer aux dérives des technologies génétiques en refusant toute légitimité à l'idée d'un fondement biologique et naturel du vivant (Rocloux, 2001).

[250] Alain Caillé et al. (2001) estiment en ce sens que « l'abandon d'un principe de distinction entre les ordres séparés, entre l'humain et le non-humain, entre le naturel et le social, [conduirait à] l'autodestruction probable de tout principe normatif ».

[251] La revue du Mauss fait un constat similaire : « L'idéal progressiste et humaniste (…) se retrouve ici écartelé entre deux tendances (…)

diamétralement opposées », condamné à « osciller indéfiniment entre deux impératifs aussi évidents, pris séparément, qu'ils se révèlent contradictoires énoncés ensemble : tout faire pour sauver la nature d'une part, et de l'autre, déconstruire le naturalisme et l'essentialisme, puisque c'est derrière eux que s'abritent tous les conservatismes réactionnaires » (Caillé et al., 2001).

[252] C'est à cette même conclusion que parviennent les auteurs de la revue du Mauss au terme du vaste tour d'horizon qu'ils consacrent au sujet. En guise de principe général, Caillé et al. (2001) proposent que « chacun des pôles [de la culture et de la nature] soit à la fois englobant et englobé » : « la culture est partie intégrante de la nature (…), mais celle-ci ne nous est accessible qu'au détour de la culture ». Ils ajoutent : « La formulation de notre principe général nous permet de négocier une sortie de l'impasse dans laquelle nous craignions de nous retrouver enfermés d'entrée de jeu. Comment, demandions-nous, endosser la cause écologique et prétendre défendre la nature si, par ailleurs, nous devons aussi combattre tous les naturalismes ? La réponse désormais semble simple. Nous devons défendre la nature (ou la Nature, ou les natures, peu importe en définitive) parce qu'elle est transcendante par rapport à la culture. Et nous devons aussi combattre les naturalismes parce qu'ils dénient la transcendance de la culture par rapport à la nature ». Parvenus à leur conclusion, les auteurs ajoutent : « Voilà une proposition bien abstraite, pensera sans doute le lecteur. À juste titre ! ». Cette ultime remarque montre que c'est une nouvelle fois sur la question de savoir comment rendre l'articulation des contraires existentiellement significative que bute la recherche contemporaine.

[253] Dans ce débat, un élément relativement nouveau est mis en exergue, le fait que l'espèce humaine est la seule capable de modifier, et potentiellement de détruire, la vie sur Terre, par le pouvoir exorbitant que lui fournit la technique.

[254] L'expression « inéliminable animalité » est de Surya, M. (2001). *Humanimalité: l'inéliminable animalité de l'homme*. Néant.

[255] Ajoutons que, d'un point de vue existentiel, les considérations contraires laissent la question de la liberté humaine en suspens entre deux conceptions rivales, celle du libre-arbitre défendue par l'humanisme moderne (c'est-à-dire la liberté comprise comme autonomie de la

volonté), et celle de l'arbitre animal prôné par les écologies radicales (c'est-à-dire la liberté comprise comme intelligence de la nécessité). La double référence cautionnerait, d'une part, l'existence d'une part d'involontaire radical, et d'autre part, la possibilité d'une dimension d'écart par rapport à la nature (l'instinct, l'hérédité, les passions) et par rapport aux déterminismes culturels qui tiennent lieu de nature (l'histoire, l'éducation, la technique). Être libre, ce serait à la fois apprendre à habiter le monde en acquiesçant à la nécessité bien comprise, et s'appliquer à le transformer suivant l'aspiration de l'idéal. Ainsi prendrait forme une liberté en situation, qui ferait de l'adoption de la nécessité le lieu et la condition de l'émergence d'une nouvelle réalité.

[256] Le même type de problème se pose entre loups et bergers, entre ours et pasteurs, ou entre baleines et pêcheurs sous-payés.

[257] « Le cas de l'ours des Pyrénées est éloquent. Toute une frange du pastoralisme défend que ce dernier est un ennemi de l'activité pastorale en général (…). Mais des voix dissidentes (…) soutiennent que la présence de l'ours, en transformant les parcours techniques pastoraux ovins vers des troupeaux plus petits et un gardiennage plus intense, assure le plein emploi dans la montagne. Il lutte contre le déclin des activités humaines rurales soutenables ». De la même façon, « il apparaît que le loup n'est pas l'ennemi du pastoralisme en général mais, pour une part significative, d'un certain type de parcours techniques, celui du ranching avec de grands troupeaux ovins extensifs, destinés à produire de la viande, et peu aisés à protéger. Or ce ranching est aussi une pratique qui court le risque d'essorer les sols, en produisant une pression sur le couvert végétal, et qui renvoie à des modèles économiques discutables du point de vue de la soutenabilité. La question, telle qu'elle est posée par Patrick Degeorges, devient alors : Avec quelle trajectoire de transformation d'un territoire la cohabitation avec le loup est-elle une alliée ? ».

[258] D'une certaine façon, Hans Jonas l'a déjà dit : « La nouvelle nature qualitative de certaines de nos actions nous ouvre toute une nouvelle dimension d'ordre éthique et celle-ci apparaît sans précédent dans les normes et les canons des éthiques traditionnelles » (1974). Des penseurs contemporains font le même constat. Willis Jenkins (2014), par exemple, considère que nos traditions morales sont incapables de générer une action pratique qui soit à la hauteur des problèmes auxquels

nous sommes confrontés. Il conclut à l'« incompétence » de nos cadres et concepts éthiques actuels.

[259] Dans ses chroniques d'un monde menacé, Jonathan Franzen (2019) ne manque pas de souligner la contrariété qui gagne l'engagement militant dès lors qu'il intègre les perspectives de l'échec ou de la catastrophe : « La guerre totale contre le changement climatique n'avait de sens que tant qu'elle était gagnable. Une fois que vous acceptez que nous l'avons perdue, d'autres types d'actions prennent plus de sens (...). Continuez à faire ce qu'il faut pour la planète, oui, mais continuez aussi à vouloir sauver ce que vous aimez spécifiquement – une communauté, une institution, un endroit sauvage, une espèce en difficulté – et réjouissez-vous de vos petits succès. Tout ce que vous faites de bien maintenant est sans doute une protection contre un avenir plus chaud, mais ce qui compte vraiment, c'est que ce soit bien aujourd'hui ».

Bibliographie

Adorno, T.W., Horkheimer, M. (1974). La dialectique de la raison : fragments philosophiques. Gallimard.

Adorno, T.W., & Rabinbach, A.G. (1975). Culture Industry Reconsidered. *New German Critique*, 6, 12–19.

Adorno, T. W., & Bloch, E. (2008). Il manque quelque chose… Sur les contradictions propres au désir d'utopie. *Europe*, 949, mai 2008, 37-54.

Afeissa, H.S. (2012). Nouveaux fronts écologiques : essais d'éthique environnementale et de philosophie animale. Librairie philosophique J. Vrin.

Afeissa, H.S., & Lafolie, Y. (2015). *Esthétique de l'environnement : appréciation, connaissance et devoir*. Librairie Philosophique J. Vrin.

Afeissa, H.S. (2017). Solidarité versus identification. *Multitudes*, 2, 94-101.

Afeissa, H.S. postface de Naess, A. (2020). *Écologie, communauté et style de vie*. Éditions Dehors.

Afeissa, H.S. (2021). Manifeste pour une écologie de la différence. Éditions Dehors.

Akrich, M. (2006). Les objets techniques et leurs utilisateurs. De la conception à l'action. In Akrich, M., Callon, M., & Latour, B. (Eds.), *Sociologie de la traduction : Textes fondateurs*. Presses des Mines.

Allard, P., Fox, D., & Picon, B. (2008). Incertitude et environnement : la fin des certitudes scientifiques. Édisud.

Allard, P. (2010). Incertitude et environnement. *Pollution Atmosphérique*, 23.

Allen, M.R., Babiker, M., Chen, Y., de Coninck, H., Connors, S., van Diemen, R., ... & Zickfeld, K. (2018). Summary for policymakers. In Global Warming of 1.5: An IPCC Special Report on the impacts of global warming of 1.5\C above pre-industrial levels and related global greenhouse gas emission pathways, in the context of strengthening the global response to the threat of climate change, sustainable development, and efforts to eradicate poverty. IPCC.

Allwood, J.M., Azevedo, J., Clare, A., Cleaver, C., Cullen, J., Dunant, C., Fellin, T., et al. (2019). Absolute Zero.

Anders, G. (2001). L'Obsolescence de l'homme. Sur l'âme à l'époque de la deuxième révolution industrielle. L'encyclopédie des nuisances-Ivrea.

Anders, G. (2007). *Le temps de la fin*. L'Herne.

Anders, G. (2010). Et si je suis désespéré, que voulez-vous que j'y fasse (trad. fr. C. David). Allia.

Angus, I., & Butler, S. (2014). Une planète trop peuplée ? Le mythe populationniste, l'immigration et la crise écologique. Écosociété Éditions.

Antal, M., & Van Den Bergh, J.C. (2016). Green growth and climate change: conceptual and empirical considerations. *Climate Policy*, 16(2), 165-177.

Apel, K.O. (1987). Sur le problème d'une fondation rationnelle de l'éthique à l'âge de la science. Presses universitaires de Lille.

Ariès, P. (2005). *Décroissance ou barbarie*. Golias.

Ariès, P. (2016). La gauche productiviste, c'est le stalinisme. *Cahiers d'histoire. Revue d'histoire critique*, (130), 41-61.

Arnoux, R. (2017). Éthique de la responsabilité : Enquête philosophique au cœur des enjeux contemporains. Hermann.

Aron, R. (1955). *L'opium des intellectuels*. Calmann-Lévy.

Aronowsky, L. (2020). Gas Guzzling Gaia, or: A Prehistory of Climate Change Denialism, *Critical Inquiry*, 47/2, 306-327.

Asafu-Adjaye, J. et al. (2015). An ecomodernist manifesto, http://www.ecomodernism.org.

Astruc, L. (2014). Vandana Shiva pour une désobéissance créatrice : Entretiens. Éditions Actes Sud.

Atack, I., & Rollet, B. (2013). Non-violence transformative, pouvoir et changement social. *Diogène*, (3), 28-40.

Baïetto, T. (2022, 12 janvier). Réchauffement climatique : la technologie suffira-t-elle à régler le problème ? *Franceinfo*.

Bailly, J.C. (2007). *Le versant animal*. Bayard.

Bailly, J.C. (2013). *Le parti pris des animaux*. Christian Bourgois éditeur.

Baker, S., & Morrison, R. (2008). Environmental spirituality: Grounding our response to climate change. *European Journal of Science and Theology*, 4(2), 35-50.

Bandura, A. (2002). Selective moral disengagement in the exercise of moral agency. *Journal of moral education*, 31(2), 101-119.

Bandura, A. (2007). Impeding ecological sustainability through selective moral disengagement. *International Journal of Innovation and Sustainable Development*, 2(1), 8-35.

Bandura, A. (2015). Moral Disengagement: How People Do Harm and Live with Themselves. Worth Publishers.

Barad, K. (2007). Meeting the universe halfway: Quantum physics and the entanglement of matter and meaning. Duke university Press.

Barker, D. et Bearce, D. (2013). End-times theology, the shadow of the future, and public resistance to addressing global climate change. *Political Research Quarterly*, 66(2), 267-279.

Barot, E. (2010). Du caractère historique des concepts de terreur et de morale révolutionnaires. *Cahiers philosophiques*, (1), 9-32.

Belaïch, C. (2019, 2 avril). Accepter que la liberté s'arrête là où commence la planète. *Libération*.

Bendell, J. (2018) Deep adaptation: a map for navigating climate tragedy. *Institute for Leadership and Sustainability (IFLAS) Occasional Papers*, vol.2. University of Cumbria.

Benoît XVI (2009). *Lettera Enciclica «Caritas in Veritate»*. Libreria Editrice Vaticana.

Bergson, H. (1992). Les Deux Sources de la morale et de la religion. Puf.

Berque, A. (1986). Le sauvage et l'artifice : les Japonais devant la nature. Gallimard.

de Benoist, A. (2009). Comment peut-on être païen ? Un recours aux racines-une spiritualité pour notre temps. Avatar Editions.

Bimbenet, É. (2017). Le complexe des trois singes : Essai sur l'animalité humaine. Le Seuil.

Bloch, E. (1976). *Le principe espérance*. Gallimard.

Bloch, E. (1977). *L'esprit de l'utopie*. Gallimard.

Blondel, J. (2003). De l'utopie écologiste au développement durable. *Études*, 399, 327-337.

Boissinot, C. (1999). Les aventures philosophiques contemporaines de la responsabilité. Université Laval.

Boiuma-Prediger, S. (1995). The Greening of Theology: The Ecological Models of Rosemary Radford Ruether, Joseph Sittler, and Jürgen Moltmann. Scholars Press.

Bonneuil, C., & Fressoz, J.B. (2013). *L'événement Anthropocène : la Terre, l'histoire et nous*. Média Diffusion.

Bouanchaud, C. (2019, 5 février). Du « coup de massue » à la « renaissance », comment les collapsologues se préparent à « la fin de notre monde ». *Le Monde.fr*.

Bourban, M., Broussois, L. (2020). Nouvelles convergences entre éthique environnementale et éthique animale : vers une éthique climatique non anthropocentriste. *VertigO-la revue électronique en sciences de l'environnement*, Hors-série 32.

Bourdieu, P. (2017). Anthropologie économique - Cours au Collège de France 1992-1993. Média Diffusion

Bourg, D. (2013). Peut-on encore parler de crise écologique ? *Revue d'éthique et de théologie morale*, 276, 61-71.

Bourg, D., & Papaux, A. (2015). La pensée écologique. In *Dictionnaire de la pensée écologique*, 756-759. Puf.

Bourgain, A. (2009). Chemins de traverse : passages de Freud à Derrida. Editions Lambert Lucas.

Boyer, C. (2014). L'éthique de Hans Jonas contre l'utopie (marxiste). *Le Philosophoire*, 42, 197-213.

Brown, W. (2018). *Défaire le dèmos. Le néolibéralisme, une révolution furtive*. Éditions Amsterdam (tr. fr. Jérôme Vidal).

Buhaug, H., & von Uexkull, N. (2021). Vicious circles: violence, vulnerability, and climate change. *Annual Review of Environment and Resources*, 46, 545-568.

Burchardt, J. Gerbert, P., Schönberger, S., Herhold, P., Brognaux, C. & Päivärinta, J. (2018). The Economic Case for Combating Climate Change, *The Boston Consulting Group*.

Burgat, F. (1993). Réduire le sauvage : Sauvage et domestique. *Études rurales*, 129-30, 179–188.

Caillé, A., & Insel, A. (2000). Ethique et économie : L'impossible (re) mariage ? *Revue du MAUSS semestrielle*, 15.

Caillé, A. (2001). Une politique de la nature sans politique. *Revue du MAUSS*, 17, 94-116.

Caillé, A., Chanial, P. & Vandenberghe, F. (2001). Présentation. *Revue du MAUSS*, 17, 15-21.

Caillé, A. & Chanial, P. (2009). Présentation. Que faire, que penser de Marx aujourd'hui ? *Revue du MAUSS*, 34, 5-25.

Caney, S. (2014). Climate change, intergenerational equity, and the social discount rate. *Politics, Philosophy & Economics*, 13(4), 320-342.

Carrozzo Magli, A., & Manfredi, P. (2022). Coordination games vs prisoner's dilemma in sustainability games: A critique of recent contributions and a discussion of policy implications. *Ecological Economics*, 192.

Castillo, D. (2017). Plenary Session: Response to Anne Clifford, "Pope Francis' Laudato Si'", *CTSA Proceedings*, 72 / 2017

Castoriadis, C. (1973). Technique, *Encyclopædia Universalis*, t.15, 803–809.

Castoriadis. (1996). Les carrefours du labyrinthe 4. La montée de l'insignifiance. Editions du Seuil.

Castoriadis, C. (1999). *L'institution imaginaire de la société*. Éd. du Seuil.

Castoriadis, C. (2005). Une société à la dérive : entretiens et débats, 1974-1997. Éd. du Seuil.

Chakrabarty, D. (2009). The climate of history: Four theses. *Critical Inquiry*, 35(2), 197-222.

Chakrabarty, D., Haber, S. & Guillibert, P. (2017). Réécrire l'histoire depuis l'anthropocène. *Actuel Marx*, 61, 95-105.

Charbonnier, P. (2016). Constructivisme et urgence environnementale. *La vie des idées*, 10.

Charbonnier, P. (2019). Splendeurs et misères de la collapsologie. *Revue du crieur*, 13(2), 88-95.

Charbonnier, P. (2022). La naissance de l'écologie de guerre. *Green*, 2(1), 76-83.

Citton, Y. (2014). Pour une écologie de l'attention. Le Seuil.

Climate Action Tracker. (2021). Global Update: Climate target updates slow as science demands action. https://climateactiontracker.org.

Clingerman, F. (2012). Between Babel and Pelagius: Religion, theology, and geoengineering. In Preston, C.J. (ed.) *Engineering the Climate: The Ethics of Solar Radiation Management*. Lexington.

Clingerman, F. & O'Brien, K.J. (2014) Playing God: Why religion belongs in the climate engineering debate. *Bulletin of the Atomic Scientists*, 70(3), 27-37.

Clingerman, F., Gardner, G., Harper, F., van Andel, A., Catovic, S.A., Deane-Drummond, C., Dedeoğlu, Ç., Hartman, L., McDermott, M., McLaren, D., O'Brien, K., Tirosh-Samuelson, H., Vivekānanda, B.,

Venkatachalam, A., Venkatasubramanian, S.R., & Whyte, K. (2018). *Playing God? Multi-faith Responses to the Prospect of Climate Engineering*. GreenFaith.

Coale, A.J. (1970). Man, and His Environment: Economic factors are more important than population growth in threatening the quality of American life. *Science*, 170(3954), 132-136.

Collomb, C. (2011). Ontologie relationnelle et pensée du commun. *Multitudes*, 45, 59-63.

Combes, J.L., Combes-Motel, P., & Schwartz, S. (2016). Un survol de la théorie des biens communs. *Revue d'économie du développement*, 24(3), 55-83

Comeau, G., & Younès, M. (2018). Bulletin de théologie des religions. *Recherches de science religieuse*, 106(4), 647-675.

Commoner, B. (1991). Rapid population growth and environmental stress. In *Consequences of rapid population growth in developing countries*, 161-190. Taylor & Francis.

Comte-Sponville, A. (1994). *Le mythe d'Icare*. Presses universitaires de France.

Costea, B., & Amiridis, K. (2017). Ernst Jünger, total mobilisation and the work of war. *Organization*, 24(4), 475–490.

Courtin, C. (2012). *Lire Heidegger aujourd'hui*. Golias Ed.

Cramer, B. (2014). Guerre et paix... et écologie : Comment le militarisme détruit la planète. Editions Yves Michel.

Cravatte, J. (2019). L'effondrement, parlons-en... : Les limites de la 'collapsologie'. *Barricade asbl*, 51.

Cripps, E. (2013). Climate Change and the Moral Agent: Individual Duties in an Interdependent World. Oxford University Press.

Criqui, P. (2019). Peut-on concilier capitalisme et écologie ? *Revue Projet*, 370(3), 58-62.

Cronon, W. (2009). Le problème de la wilderness, ou le retour vers une mauvaise nature. *Écologie & politique*, 38, 173-199.

Darbouret, A. (2019, 3 avril). Paul Watson, fondateur de Sea Shepherd : « Nous prônons la non-violence agressive ». *NEON*.

Dardot, P., & Laval, C. (2015). *Commun : essai sur la révolution au XXIe siècle*. La découverte

Daumas, L. (2020). L'effet-rebond condamne-t-il la transition à l'échec ? *Regards croisés sur l'économie*, 26, 189-197.

Davis, M. (2008). Living on the ice shelf: Humanity's meltdown. *TomDispatch.com*, 26.

DeCanio, S.J., & Fremstad, A. (2013). Game theory and climate diplomacy. *Ecological Economics*, 85, 177-187.

Deeg, R., & Jackson, G. (2007). Towards a more dynamic theory of capitalist variety. *Socio-economic review*, 5(1), 149-179.

Deleuze, G., & Guattari, F. (1980). *Mille plateaux*. Éd. de Minuit.

Denécé, E. (2021, 14 juin). « "Au nom des droits des animaux. . . " : les actions violentes des groupes animalistes ». *Centre Français de Recherche sur le Renseignement*.

Derrida, J. (2006). *L'animal que donc je suis*. Galilée.

Descola, Ph. (2005). *Par-delà nature et culture* (Vol. 1). Gallimard.

Descola, Ph. (2017). Les défis conceptuels de l'Anthropocène. *In* Bœuf, G., Swynghedauw, B. & Toussaint, J.F. (dir.), *L'homme peut-il accepter ses limites ?* Éditions Quae, 180-188.

Diethelm, P., & McKee, M. (2009). Denialism: what is it and how should scientists respond? *The European Journal of Public Health*, 19(1), 2-4.

Dijon, X. (1995). François Ost, La nature hors la loi, La Découverte, Paris, 1995, 346 p. *Revue interdisciplinaire d'études juridiques*, 34, 201-204.

Dupuy, J.P. (2009). Pour un catastrophisme éclairé. Quand l'impossible est certain. Média Diffusion.

Dupuy, J. (2021, 24 juin). Contre les collapsologues et les optimistes béats, réaffirmer le catastrophisme éclairé. *Analyse Opinion Critique*.

Durieux, M.J. (2020). Un psychanalyste pionnier de l'écologie : Harold Searles et l'environnement non humain. *Enfances*, 242(3), 33-45.

Eaton, H. (2005). *Introducing ecofeminist theologies*. T&T Clark International.

Eber, N. (2018). *Théorie des jeux*. Dunod.

Ellul, J. (1988). *Le bluff technologique*. Hachette.

Ellul, J., & Porquet, J. (2012). *Le Système Technicien*. Cherche Midi.

Escobar, A. (2018). *Sentir-penser avec la Terre*. Éditions du Seuil.

Fabro, C. (1999). *Introduction à l'athéisme moderne* (trad. Grenier, A.). A. Sigier.

FAO (2021). L'État des ressources en terres et en eau pour l'alimentation et l'agriculture dans le monde. Rapport de synthèse. Food & Agriculture Organisation.

Farrell, J., McConnell, K., & Brulle, R. (2019). Evidence-based strategies to combat scientific misinformation. *Nature Climate Change*, 9(3), 191-195.

Federeau, A. (2020). La valeur Gaïa. VertigO-la revue électronique en sciences de l'environnement, Hors-série 32.

Feenberg, A. (2016). Pour une Théorie Critique de la Technique. Lux éditeur.

Ferdinand, M. (2019). Une écologie décoloniale - Penser l'écologie depuis le monde caribéen. Média Diffusion.

Ferry, L. (1992). Le nouvel ordre écologique : l'arbre, l'animal et l'homme. Grasset

Flipo, F. (2010). L'écologie politique est-elle réactionnaire ? L'enjeu des choix technologiques chez John Bellamy Foster. *Sens public*.

Fœssel, M., & Worms, F. (2011). La catastrophe est-elle une politique ? Propos recueillis par Leplâtre, S., Padis, M.-O. *Esprit*, mai (5), 54–70.

Folscheid, D., Lécu, A., & de Malherbe, B. (2018). *Critique de la raison transhumaniste*. Éditions du Cerf.

de Fontenay, É. (2009). L'Homme et l'animal : anthropocentrisme, altérité et abaissement de l'animal. *Pouvoirs*, 131(4), 19-27.

de Foucauld, J.B. (2010). L'abondance frugale : pour une nouvelle solidarité. Odile Jacob.

de Freitas Netto, S.V., Sobral, M.F.F., Ribeiro, A.R.B. et al. (2020). Concepts and forms of greenwashing: A systematic review. *Environmental Sciences Europe*, 32(1), 1-12.

François. (2015). Laudato si'. Lettre encyclique sur la sauvegarde de la maison commune. Libreria Editrice Vaticana.

François, J., & Thomas, L.R. (2017). La contamination du monde. Une histoire des pollutions à l'âge industriel. Éd. Le Seuil.

François, S. (2012). Antichristianisme et écologie radicale. *Revue d'éthique et de théologie morale*, 272, 79-98.

Franzen, J. (2019, 8 septembre). What if We Stopped Pretending the Climate Apocalypse Can Be Stopped? *The New Yorker*.

Fressoz, J.B. (2018). La collapsologie, un discours réactionnaire ? *Libération*.

Fressoz, J.B., & Locher, F. (2020). Les Révoltes du ciel : Une histoire du changement climatique XVe-XXe siècle. Seuil.

Funtowicz, S.O., & Ravetz, J.R. (1991). A new scientific methodology for global environmental issues. *Ecological economics: The science and management of sustainability*, 10, 137-152.

Gabor, D. (2021). The Wall Street consensus. *Development and Change*, 52(3), 429-459.

Gadrey, J. (2020). Le « Green New Deal » aux États-Unis et en Europe. *Les Possibles* (23/2020). Attac France.

Gardiner, S. (2011). Is no one responsible for global environmental tragedy? Climate change as a challenge to our ethical concepts. In D.

Arnold (Ed.), *The Ethics of Global Climate Change* (pp. 38-59). Cambridge: Cambridge University Press.

Garric, A. (2022, 8 avril). Dennis Meadows : « Il faut mettre fin à la croissance incontrôlée, le cancer de la société ». *Le Monde*.

Gauchet, M. (2008). Crise dans la démocratie. *La revue lacanienne*, 2, 59-72.

Gauchet, M. (2013). La révolution moderne : L'avènement de la démocratie, I. Gallimard.

Gauchet, M. (2017). Pourquoi l'avènement de la démocratie ? *Le Débat*, 193, 182-192.

Gauthier, F. (2011). Du mythe moderne de l'autonomie à l'hétéronomie de la Nature. Fondements pour une écologie politique. *Revue du MAUSS*, 38, 385-393.

Gens, J.C. (2016). De l'éthique de la responsabilité à l'esthétique de l'émerveillement. *Transversalités*, 139, 65-79

Gens, J.C. (2018) La nature, Umwelt et Gaïa, *Alter*, 26, 143-158.

Gerber, P. J., Steinfeld, H., Henderson, B., Mottet, A., Opio, C., Dijkman, J., ... & Tempio, G. (2013). *Tackling climate change through livestock: a global assessment of emissions and mitigation opportunities*. Food and Agriculture Organization of the United Nations (FAO).

Ghosh, A. (2018). The great derangement: Climate change and the unthinkable. Penguin.

Gifford, R. (2011). The dragons of inaction: Psychological barriers that limit climate change mitigation and adaptation. *American Psychologist*, 66(4), 290-302.

Glon, É. (2009). Faut-il prendre les canards sauvages pour des enfants du Bon Dieu ? *Géographie et cultures*, (69), 43-58.

Gnanadason, A. (2005). Listen to the women, listen to the earth. WWWPublications.

Goodman, P. (1974). Le réalisme utopique. *Esprit*, 434 (4), 625-642.

Gorz, A. (1978). *Écologie et politique*. Éditions du Seuil.

Gosselin, S. (2017). La Part inconstructible de la Terre. Seuil, coll. « Anthropocène », 2016. *Les Cahiers philosophiques de Strasbourg*, (42), 229-242.

Gottlieb, R. (2006). Introduction, Religion and Ecology – What is the Connection and Why Does It Matter? In *The Oxford Handbook of Religion and Ecology*. Oxford University Press.

Grassin, M. (2011). Technophilie et technophobie : quelle critique possible ? *Revue d'éthique et de théologie morale*, 265(3), 75–89.

Griffon, M., & Weber, J. (1996). La révolution doublement verte : économie et institutions. *Cahiers Agricultures*, 5(4), 239-242.

Guattari, F. (1977). *La révolution moléculaire*. Recherches.

Guattari, F. (1989). *Les trois écologies*. Galilée.

Guattari, F. (1992a). Écologie et mouvement ouvrier. *Revue Chimères*, 21 (hiver 1994), 1, 95-104.

Guattari, F. (1992b). Vers une nouvelle démocratie écologique. *Revue Chimères*.

Guattari, F. (2013). Qu'est-ce que l'écosophie ? *Lignes IMEC*.

Guattari, F. (2016). Les trois écologies. *EcoRev'*, 43, 5-7.

Gudynas, E. (2012). La Pacha Mama des Andes : plus qu'une conception de la Nature. *La Revue Des Livres*, 4 (France).

Guha, R., & Alier, J.M. (2013). Varieties of environmentalism: essays North and South. Routledge.

Guidère, M. (2010). *Les nouveaux terroristes*. Autrement.

Guillou, M., & Matheron, G. (2011). 9 milliards d'hommes à nourrir : un défi pour demain. F. Bourin.

Guyomard, H. (2009). Nourrir la planète de façon durable est possible, à condition que.... *Politique étrangère*, 291-303.

Habermas, J. (1973). La technique et la science comme "idéologie". Gallimard

Habermas, J., Ratzinger, J., & Schlegel, J. L. (2004). Les fondements prépolitiques de l'État démocratique. *Esprit*, 5-28.

Hache, É. (2019). Ce à quoi nous tenons : propositions pour une écologie pragmatique. La Découverte.

Haëntjens, J. (2021). Écologie et capitalisme, le mariage du siècle ? *Futuribles*, 6, 17-32.

Hamilton, C. (2012). Nous sommes tous des climato-sceptiques. In *Controverses climatiques, sciences et politique*, 221-243. Presses de Sciences Po.

Hamilton, C. (2013). Les Apprentis sorciers du climat. Raisons et déraisons de la géo-ingénierie : Raisons et déraisons de la géo-ingénierie. Média Diffusion.

Hamilton, C. (2015). The theodicy of the "good Anthropocene". *Environmental Humanities*, 7, 233-238.

Haraway, D., Ishikawa, N., Gilbert, S. F., Olwig, K., Tsing, A. L., & Bubandt, N. (2016). Anthropologists are talking–about the Anthropocene. *Ethnos*, 81(3), 535-564.

Haraway, D. (2016). Situated Knowledges: The Science Question in Feminism and the Privilege of Partial Perspective. In *Space, Gender, Knowledge: Feminist Readings*, 53-72. Routledge.

Hardin, G. (1968). The Tragedy of the Commons. *Science*, 162(3859), 1243-1248.

Harribey, J.M. (2002). L'économie sociale et solidaire, un appendice ou un faux-fuyant ? *Mouvements*, (1), 42-49.

Harribey, J.M. (2007). Les théories de la décroissance : enjeux et limites. *Cahiers Français*, 337, 20.

Harvey, J.A., Ellers, J., Kampen, R., Crowther, T.W., Roessingh, P., Verheggen, B., ... & Michael, E.M. (2018). Corrigendum: internet blogs, polar bears, and climate-change denial by proxy. *Bioscience*, 68(4), 237.

Heidegger, M. (1958). Essais et conférences. La question de la technique. Gallimard.

Helmers, E., Dietz, J., & Weiss, M. (2020). Sensitivity Analysis in the Life-Cycle Assessment of Electric vs. Combustion Engine Cars under Approximate Real-World Conditions. *Sustainability*, 12(3), 1241.

Hély, M., & Moulévrier, P. (2013). L'économie sociale et solidaire. De l'utopie aux pratiques. ⟨hal-02173044⟩.

Hervieu-Léger, D. (dir.) (1993). *Religion et écologie* [colloque de Paris organisé 27-28 novembre 1991 par le ministère de l'Environnement]. Éd. du Cerf.

Hess, G. (2013). *Éthiques de la nature*. Presses Universitaires de France.

Hess, G. (2017). Réconcilier l'éthique environnementale et l'écologie politique : une analyse méta-éthique. *La pensée écologique*, 1(1), d.

Hess, G., Pelluchon, C. & Pierron, J. (2020). Humains, animaux, nature : Quelle éthique des vertus pour le monde qui vient ? Hermann.

Hickel, J., & Kallis, G. (2020). Is green growth possible? *New political economy*, 25(4), 469-486).

Hoquet, T. (2022). Dieu-Nature-Humain. *Critique*, 903904(8), 624-638.

Hösle, V. (2011). *Philosophie de la crise écologique*. Éditions Payot & Rivages.

Hottois, G. (1984). Le signe et la technique. La philosophie à l'épreuve de la technique, Aubier.

Hottois, G. (2004). Philosophies des sciences, philosophies des techniques. Odile Jacob.

Hottois, G. (2009). Dignité et diversité des hommes. Vrin.

Hottois, G. (2018). Philosophie et idéologies trans/posthhumanistes. Vrin.

Hui, Y. (2020a). One hundred years of crisis. *e-flux journal*, 108.

Hui, Y. (2020b). Produire des technologies alternatives. *Revue Ballast*, 9 juillet 2020.

Humbert, M., & Caillé, A. (2006). *La démocratie au péril de l'économie*. Presses universitaires de Rennes.

Illich, I. (2003). *La convivialité*. Éditions du Seuil.

INRAE (2019, 11 janvier), Quels sont les bénéfices et les limites d'une diminution de la consommation de viande ? *INRAE.*

IPCC. (2022). Climate Change 2022: Mitigation of Climate Change. Contribution of Working Group III to the Sixth Assessment Report of the Intergovernmental Panel on Climate Change. Cambridge University Press.

Jackson, G., & Deeg, R. (2012). The long-term trajectories of institutional change in European capitalism. *Journal of European Public Policy*, 19(8), 1109-112.

Jakob, M., & Hilaire, J. (2015). Unburnable fossil-fuel reserves. *Nature*, 517(7533), 150-151.

Jeangène Vilmer, J. (2008). *Éthique animale*. Presses Universitaires de France.

Jeanneau, C. (2020). Non, la technologie ne nous sauvera pas du désastre écologique. *Revue de Telecom Paris Alumni*, 196.

Jean-Paul II. (1988, 5 mars). Discours du Saint-Père Jean-Paul II à l'assemblée plénière du secrétariat pour les non-croyants. Libreria Editrice Vaticana.

Jenkins, W. (2013). The future of ethics: sustainability, social justice, and religious creativity. Georgetown University Press.

Jenkins, W. (2014). Atmospheric Powers, Global Injustice, and Moral Incompetence: Challenges to doing Social Ethics from Below. *Journal of the Society of Christian Ethics*, 34.1, 65–82.

Jonas, H. (1974). Technologie et responsabilité. Pour une nouvelle éthique. *Esprit*, 42(7), 163-184.

Jonas, H. (1990). Le principe responsabilité–Une éthique pour la civilisation technologique. Trad. J. Greisch. Le Cerf.

Jonas, H. (1994). *Le concept de Dieu après Auschwitz*. Paris : Payot et Rivages.

Jonas, H. (2005). Souvenirs : d'après des entretiens avec Rachel Salamander. Payot & Rivages.

Jonas, H. (2017). *Une éthique pour la nature*. Arthaud.

Jourdain, E. (2022). La démocratie des communs. *Esprit*, Juin (6), 31–34.

Jurdant, M. (1984). *Le défi écologiste.* Boréal Express.

Kahn, P.H. (1999). The human relationship with nature: Development and culture. MIT Press.

Kallis, G. (2011). In defence of degrowth. *Ecological economics*, 70(5), 873-880.

Kallis, G. (2017). In defense of degrowth: Opinions and manifestos. Uneven Earth Press.

Kallis, G., Paulson, S., D'Alisa, G., Demaria, F. (2023). *Plaidoyer pour une décroissance heureuse.* Presses universitaires de France.

Kartha, S., Kemp-Benedict, E., Ghosh, E., Nazareth, A., & Gore, T. (2020). The Carbon Inequality Era: An assessment of the global distribution of consumption emissions among individuals from 1990 to 2015 and beyond.

Kaza, S., Yao, L.C., Bhada-Tata, P., Van Woerden, F. (2018). *What a Waste 2.0: A Global Snapshot of Solid Waste Management to 2050.* Urban Development. World Bank.

Klein, N. (2018). Capitalism Killed Our Climate Momentum, Not 'Human Nature'. *The Intercept.*

Kobiljski, A., Hilaire-Pérez, L., & Carnino, G. (2016). *Histoire des techniques : Mondes, sociétés, cultures (XVIe-XVIIIe siècles).* Presses universitaires de France.

Koubi, V. (2019). Climate change and conflict. *Annual Review of Political Science*, 22, 343-360.

Kozlowski, G. (2018). De l'actualité du colonialisme. *La Revue Nouvelle*, (1), 36-44.

Krtolica, I. (2022). Pour une critique de la raison anthropocentrique. *Rue Descartes*, 101, 1-8.

Lagasse, É. (2018). Contre l'effondrement, pour une pensée radicale des mondes possibles. *Contretemps,* 18.

Laigle, L., & Racineux, N. (2017). Initiatives citoyennes et transition écologique : quels enjeux pour l'action publique ? *Revue Thema.*

Lamb, W.F., Mattioli, G., Levi, S., Roberts, J.T., Capstick, S., Creutzig, F., Minx, J.C., Müller-Hansen, F., Culhane, T., & Steinberger, J.K. (2020). Discourses of climate delay. *Global Sustainability*, 3(17), 1-15.

Larrère, C. (2011). La question de l'écologie : Ou la querelle des naturalismes. *Cahiers philosophiques*, 127, 63-79.

Larrère, C., & Larrère, R. (2020). Le pire n'est pas certain. Essai sur l'aveuglement catastrophique. Premier Parallèle.

Lassalle, H. (2017). Malthus... et bouche cousue ? *Revue Projet*, 359, 24-31.

Latouche, S. (2003a). L'oxymore de l'économie solidaire. *Revue du MAUSS*, 21, 145-150.

Latouche, S. (2003b). Pour une société de décroissance. *Le monde diplomatique*, 596.

Latouche, S. (2005). Écofascisme ou éco-démocratie : Esquisse d'un programme « politique » pour la construction d'une société de décroissance. *Revue du MAUSS*, 26(2), 279-293.

Latouche, S. (2006). Le Veau d'or est vainqueur de Dieu. *Revue du MAUSS*, 27(1), 307-321.

Latouche, S. (2008). Comment sortir de l'imaginaire économique dominant ? Le problème des valeurs. In *Les valeurs explicites et implicites dans la formation des enseignants*, 141-150. De Boeck Supérieur.

Latouche, S. (2011). La voie de la décroissance. Pour une société d'abondance frugal. *De la convivialité. Dialogues sur la société conviviale à venir*, 47-72.

Latouche, S. (2015). Une société de décroissance est-elle souhaitable ? *Revue juridique de l'environnement*, 40, 208-210

Latouche, S. (2022). *La décroissance*. Presses Universitaires de France.

Latour, B. (1999). Politiques de la nature : comment faire entrer les sciences en démocratie. Éditions la Découverte.

Latour, B. (2001). Réponse aux objections.... *Revue du MAUSS*, 17, 137-152.

Latour, B. (2015). *Face à Gaïa*. La Découverte.

Latour, B. (2019). Sur une nette inversion du schème de la fin des temps. *Recherches de Science Religieuse*, 107, 601-615.

Latour, B. (2022a). Le sol européen est-il en train de changer sous nos pieds ? *Groupe d'études géopolitiques Working papers*, 1-11.

Latour, B. (2022b, 16 février). Tout le monde se sent trahi, on comprend bien que ce modèle n'est plus possible. *Basta Media*.

Latour, B., & Schultz, N. (2022a). Mémo sur la nouvelle classe écologique : Comment faire émerger une classe écologique consciente et fière d'elle-même. Empêcheurs de penser en rond.

Latour, B., & Schultz, N. (2022b). La nouvelle classe écologique : une gauche au carré ! Propos recueillis par J.P. Gaudillière. *Mouvements*, 109, 14-24.

Laugier, S. (2017, 8 juin). Trump coupable comme nous tous. *Libération*.

Laurent, É. (2013). La démocratie, ruine de l'écologie ? *The Tocqueville Review*, 34(2), 133-154.

Laurent, É. (2015). La social-écologie : une perspective théorique et empirique. *Revue française des affaires sociales*, (1), 125-143.

Laville, J.L. (2006). Repenser les rapports entre démocratie et économie, in A. Caillé, *Quelle démocratie voulons-nous ? Pièces pour un débat*. La Découverte, 111-122.

Le Bras H. (2017). Les causes d'imprécision des prévisions démographiques à long terme. *In* Bœuf, G., Swynghedauw, B. & Toussaint, J.F. (dir.), *L'homme peut-il accepter ses limites ?* Éditions Quae, 115-125.

Lebaron, F. (2019). Croyance économique et croyance religieuse - Quelles relations ? Quelques réflexions durkheimiennes. *Bibliothèque des sciences sociales*, 137-153.

Legros, C. (2022, août 31). Le coût écologique exorbitant des guerres, un impensé politique. *Le Monde.fr*.

Leopold, A. (1966). *A sand county Almanac*. Oxford University Press.

Leopold, A. (2000). *Almanach d'un comté des sables*, trad. Anna Gibson. Flammarion.

Lepage, C. (2008). Les véritables lacunes du droit de l'environnement. *Pouvoirs*, 127, 123-133.

Leroi-Gourhan, A. (1965). Le geste et la parole. II. La mémoire et les rythmes. Albin Michel.

Lévi-Strauss, C. (1979, 21-22 janvier). Entretien avec Jean-Marie Benoist, « L'idéologie marxiste, communiste et totalitaire n'est qu'une ruse de l'histoire ». *Le Monde*.

Lewis, E., & Slitine, R. (2016). Le coup d'État citoyen : ces initiatives qui réinventent la démocratie. La découverte.

Lindberg, S. (2016a). Le monde défait : L'être au monde aujourd'hui. Hermann.

Lindberg, S. (2016b). La question de la techno-écologie. *Multitudes*, 65, 167-177

Louart, B. (2019). *Dossier : la critique de la collapsologie, Happy collapse?*. Academia. https://www.academia.edu/40798631/

Lubac, T.X. (1998). *Le drame de l'humanisme athée*. Les Éditions du Cerf.

Macé, E. (2022). L'approche sociologique de l'Anthropocène : un nouveau cadre historique des rapports sociaux, *Les Cahiers de Framespa*, 40, 2022.

Madeline, B. (2022, 10 juin). Sobriété énergétique : le difficile découplage entre activité économique et émissions de gaz à effet de serre. *Le Monde.fr*.

Maffesoli, M. (2010). *Matrimonium : petit traité d'écosophie*. CNRS Éditions.

Magny, M. (2019). Aux racines de l'Anthropocène. Une crise écologique, reflet d'une crise de l'homme, Lormont. Éditions Le bord de l'eau.

Mandle et al. (2019). Green Growth that works: Natural capital policy and finance mechanisms from around the world. Island Press.

Marconde, L. (coord.) (2011). Eau et féminismes : petite histoire croisée de la domination des femmes et de la nature. La Dispute.

Marcuse, H. (1964). *L'Homme unidimensionnel*. Éditions de Minuit.

Marcuse, H. (1968). *La fin de l'utopie*. Delachaux et Niestlé. Éditions du Seuil.

Maréchal, J.P. (2013). La Chine, les États-Unis et la difficile construction d'un nouveau régime climatique. *Revue de la régulation. Capitalisme, institutions, pouvoirs*, 13.

Maris, V. (2018). La part sauvage du monde-Penser la nature dans l'Anthropocène. Média Diffusion.

Martel, F. (2019, 15 octobre). La géo-ingénierie, fausse solution pour le climat. *Les Echos*.

Marx, K. (1849). Travail salarié et capital, in Rubel, M. (1970) Pages de Karl Marx pour une éthique socialiste, vol. 1 : sociologie critique. Payot.

McAuliffe, M. et Triandafyllidou, A. (Eds.) (2021). *World Migration Report 2022*. IOM.

McCarthy, J. (2008). Théologie et écologie. *Nouvelle revue théologique*, 130(3), 550-572.

McFague, S. (1987). Models of God: Theology for an Ecological, Nuclear Age. SCM Press.

McMullan, P. (2017). Contemplating the Unthinkable: A Critique of Laudato Si'. *Catholic Theology and Thought*, (78), 157-186.

Michaud, G. (2009). Sur une note serpentine. *Lignes*, 28, 108-145.

Moltmann, J. (1988). Dieu dans la création : Traité écologique de la création. Éd. du Cerf.

Moore, J.W. (2016) Anthropocene or Capitalocene? Nature, History, and the Crisis of Capitalism. PM Press.

Morizot, B. (2017). Nouvelles alliances avec la Terre. Une cohabitation diplomatique avec le vivant. *Tracés. Revue de sciences humaines*, (33), 73-96.

Morizot, B. (2018). L'écologie contre l'Humanisme. Sur l'insistance d'un faux problème. *Essais. Revue interdisciplinaire d'Humanités*, (13), 105-120.

Morizot, B. (2020). Manières d'être vivant : enquêtes sur la vie à travers nous. Éditions Actes Sud.

Morozov, E. (2014). Pour tout résoudre, cliquez ici : l'aberration du solutionnisme technologique. Fyp.

Morrison, M., Duncan, R., & Parton, K. (2015). Religion does matter for climate change attitudes and behavior. *PloS one*, 10(8).

Mumford, L. (1973). *Le Mythe de la machine*, tomes 1 et 2, Fayard.

Næss, A. (1973). The Shallow and the Deep, Long-Range Ecology Movement. *Inquiry*, 16, 95-100.

Naess, A. (2008). *Écologie, communauté et style de vie* (trad. Ch. Ruelle). Éditions MF.

Nemo, P. (2013). La belle mort de l'athéisme moderne. PUF.

Neyrat, F. (2007). L'affirmation autonome jusque dans la mort. *Multitudes*, 31, 181-186.

Neyrat, F. (2008). Biopolitique des catastrophes. Ed. MF, 77, 94

Neyrat, F. (2016). La Part inconstructible de la Terre. Critique du géo-constructivisme. Seuil.

Neyrat, F. (2018). Dialectique de la séparation. *Multitudes*, 72, 86-96.

Ost, F. (2003). *La nature hors la loi*. La Découverte.

Ost, F. (2018). Elargir la communauté politique par les droits ou par les responsabilités ? *Ecologie*, 56(1), 65-82.

Ostrom, E. (2010). Gouvernance des biens communs : pour une nouvelle approche des ressources naturelles. De Boeck Supérieur.

Oxfam France. (2022, 23 février). Transition écologique : définition et moyens d'actions. www.oxfamfrance.org/climat-et-energie/transition-ecologique.

Pallante, M. (2011). La décroissance heureuse - La qualité de vie ne dépend pas du PIB, trad. N. Rose. Nature et Progrès.

Papaux, A. (2013). De la société du risque à la société de la menace. Dans : Bourg, B. (éd.), *Du risque à la menace : Penser la catastrophe*, 145-164. Presses Universitaires de France.

Papaux, A. (2016). Droits de l'Homme et protection de l'environnement : plaidoyer pour davantage d'anthropocentrisme et d'humanité. In *Les Minorités et le Droit-Mélanges en l'honneur de B. Wilson.*

Parrique, T., Barth, J., Briens, F., Kerschner, C., Kraus-Polk, A., Kuokkanen, A., & Spangenberg, J.H. (2019). Decoupling debunked.

Evidence and arguments against green growth as a sole strategy for sustainability. *The European Environment Bureau.*

Paul VI (1967). Populorum Progressio, lettre encyclique sur le développement des peuples, Mars 1967. Libreria Editrice Vaticana.

Peeters, W., Diependaele, L., & Sterckx, S. (2019). Moral Disengagement and the Motivational Gap in Climate Change. *Ethical Theory and Moral Practice*, 22(2), 425-447.

Peifer, J.L., Ecklund, E.H., & Fullerton, C. (2014). How evangelicals from two churches in the American Southwest frame their relationship with the environment. *Review of Religious Research*, 56(3), 373-397.

Pelluchon, C. (2018). *Éthique de la considération.* Éditions du Seuil.

Pestre, D. (2008). Challenges for the democratic management of technoscience: governance, participation, and the political today. *Science as culture*, 17(2), 101-119.

Petit, V. (2015). L'éco-design : design de l'environnement ou design du milieu ? *Sciences Du Design*, n° 2(2), 31–39.

Petit, V. (2017). Le désir du milieu (dans la philosophie française). *La Deleuziana. Online Journal of Philosophy*, 6/2017.

Piette, A. (2014). *Contre le relationnisme*, Le Bord de l'eau.

Piette, A. (2016). De la relation à l'existence : sciences sociales ou sciences humaines. *Revue du MAUSS*, 47, 257-286.

Polanyi, K. (1983). La grande transformation : Aux origines politiques et économiques de notre temps. Gallimard.

Pommier, É. (2012). La responsabilité en discussion : Apel/Jonas. *Revue philosophique de la France et de l'étranger*, 137, 495-514

Pyle, R. (2016). L'extinction de l'expérience. *Écologie & politique*, 53, 185-196.

Quessada, D. & Citton, Y. (2018). Habiter l'inséparation. *Multitudes*, 72, 47-59.

Reeves, H. (1990). Malicorne : réflexions d'un observateur de la nature. Éditions du Seuil.

Regan, T. (1983). *The Case for Animal Rights, Berkley.* University of California Press.

Renaut, A. (2006). *La Philosophie.* Odile Jacob.

Riesel, R., & Semprun, J. (2008). Catastrophisme, administration du désastre et soumission durable. Encyclopédie des nuisances.

Rist, G. (2013). Le grand retournement ? In Rist, G. *Le développement : Histoire d'une croyance occidentale*, 417-442. Presses de Sciences Po.

Rist, G. (2015). Les paradoxes de la décroissance. *Nouveaux cahiers du socialisme*, 14, 33-40.

Rivière, E. (2021, 28 Oct.), Sharing the responsibility for climate action: an individual and collective commitment. *Kantar Public*, issue 4.

Robock, A. (2008). 20 reasons why geoengineering may be a bad idea. *Bulletin of the Atomic Scientists*, 64(2), 14-18.

Rockström, J., Steffen, W., Noone, K., Persson, Å., Chapin, F.S., Lambin, E.F., ... & Foley, J.A. (2009). A safe operating space for humanity. *Nature*, 461(7263), 472-475.

Rocloux, J. (2001). La nature humaine à l'épreuve : « élevage » ou « dressage. *Revue du MAUSS*, 17, 40-56.

Rodrigues, P. (2019). Anthropologie chrétienne et transhumanisme. *ET studies*, 10(2), 229-248.

Rosset, C. (2011). *L'anti-nature : Éléments pour une philosophie tragique*. Presses Universitaires de France.

Rotillon, G. (2022, 11 février). Le capitalisme est responsable des dérèglements environnementaux. *L'âge de faire*.

Sartre, J.P. (1946). L'existentialisme est un humanisme. Gallimard.

Sauvêtre, P. (2016). Quelle politique du commun ? *SociologieS*, 19.

Schaeffer, J. M. (2005). La thèse de l'exception humaine. *Communications*, 78(1), 189-209.

Schaeffer, J.M. (2018). Esthétique de la nature ou esthétique environnementale ? *Nouvelle revue d'esthétique*, 22, 55-64

Scherer, A.G., & Voegtlin, C. (2017). Responsible innovation and the innovation of responsibility: Governing sustainable development in a globalized world. *Journal of business ethics*, 143(2), 227-243.

Scherer, A.G., & Voegtlin, C. (2020). Corporate governance for responsible innovation: Approaches to corporate governance and their implications for sustainable development. *Academy of Management Perspectives*, 34(2), 182-208.

Schmid, L. (2022, 17 octobre). Il n'y a pas de bonne guerre pour l'écologie. *La Croix*.

Schneiders, S.M. (1986). Women and the Word: The gender of God in the New Testament and the spirituality of women. Paulist Press.

Schumpeter, J. (2023). Capitalisme, socialisme et démocratie. Payot.

Scott, J.C. (2021). Homo domesticus: une histoire profonde des premiers États. La Découverte

Searchinger, T., Waite, R., Hanson, C., Ranganathan, J., Dumas, P., Matthews, E., & Klirs, C. (2019). Creating a sustainable food future: A menu of solutions to feed nearly 10 billion people by 2050. Final report. *World Resources Institute*.

Searles, H. (1986). *L'environnement non humain*. Gallimard.

Semprun, J. (1997). *L'abîme se repeuple*. Editions de l'Encyclopédie des Nuisances.

Serres, M. (1990). *Le contrat naturel*. Éditions Le Pommier.

Servier, J. (1991). *Histoire de l'utopie*. Gallimard.

Servigne, P., & Stevens, R. (2015). Comment tout peut s'effondrer. Petit manuel de collapsologie à l'usage des générations présentes : Petit manuel de collapsologie à l'usage des générations présentes. Média Diffusion.

Servigne, P., Stevens, R., & Chapelle, G. (2018). *Une autre fin du monde est possible*. Média Diffusion.

Shearman, D., & Smith, J. W. (2007). *The climate change challenge and the failure of democracy*. Bloomsbury Publishing.

Simondon, G. (1964). *L'individu et sa genèse physico-biologique*. Presses universitaires de France.

Simondon, G. (2005). L'individuation à la lumière des notions de forme et d'information. Éditions Jérôme Millon.

Sinnott-Armstrong, W. (2005). It's Not My Fault. In *Perspectives on climate change: Science, economics, politics, ethics*. Emerald Group Publishing Limited.

Smil, V. (2011). Harvesting the biosphere: The human impact. *Population and development review*, 37(4), 613-636

Soper, K. (2001). Écologie, nature et responsabilité. *Revue du MAUSS*, 17,1, 71-93.

Souyri, P. (1983). La dynamique du capitalisme au XXe siècle. Payot

Steffen, W., Crutzen, P.J., & McNeill, J.R. (2007). The Anthropocene: are humans now overwhelming the great forces of nature. *AMBIO: A Journal of the Human Environment*, 36(8), 614-621.

Steffen, W., Broadgate, W., Deutsch, L., Gaffney, O., & Ludwig, C. (2015). The trajectory of the Anthropocene: the great acceleration. *The Anthropocene Review*, 2(1), 81-98

Steffen, W., Richardson, K., Rockström, J., Cornell, S.E., Fetzer, I., Bennett, E.M.,... & Sörlin, S. (2015). Planetary boundaries: Guiding human development on a changing planet. *Science*, 347(6223).

Stengers, I. (2009). Au temps des catastrophes : résister à la barbarie qui vient. La Découverte.

Stern, N. (2008). The economics of climate change. *American Economic Review*, 98(2), 1-37

Stern, N. (2015). Economic development, climate, and values: making policy. *Proceedings of the Royal Society B: Biological Sciences*, 282(1812).

Stiegler, I. (2006). Réenchanter le monde : la valeur esprit contre le populisme industriel. Flammarion.

Sunstein, C.R. (2007). The World vs. the United States and China-The Complex Climate Change Incentives of the Leading Greenhouse Gas Emitters. *UCLA L. Rev.*, 55, 1675.

Surya, M. (2001). Humanimalité : l'inéliminable animalité de l'homme. Néant.

Tanuro, D. (2015, 6 juin). Pablo Servigne et Rafaël Stevens, ou l'effondrement dans la joie. *LCR-lagauche*.

Tanuro, D. (2018). L'effondrement des sociétés humaines est-il inévitable ? Une critique de la « collapsologie » : c'est la lutte qui est à l'ordre du jour, pas la résignation endeuillée. *Gauche Anticapitaliste*, 27.

Tanuro, D. (2019, 6 mars). La plongée des « collapsologues » dans la régression archaïque. *Contretemps*.

Tasset, C. (2019). Les « effondrés anonymes » ? S'associer autour d'un constat de dépassement des limites planétaires. *La pensée écologique*, 3(1), 53-62.

Taylor, S. E. (1989). Positive illusions: Creative self-deception and the healthy mind. Basic Books/Hachette Book Group.

Tebaldi, C., & Friedlingstein, P. (2013). Delayed detection of climate mitigation benefits due to climate inertia and variability. *Proceedings of the National Academy of Sciences*, 110(43), 17229-17234.

Theis, R. (2014). Hans Jonas et la question de la destination de l'homme, *Alter*, 22, 2014, 29-46.

Tibon-Cornillot, M. (1992). Les corps transfigurés : mécanisation du vivant et imaginaire de la biologie. Editions du Seuil.

Tordjman, H. (2021). La croissance verte contre la nature ; critique de l'écologie marchande. La Découverte.

Twine, R. (2012). Revealing the 'animal-industrial complex' - A concept & method for Critical Animal Studies? *Journal for Critical Animal Studies*, 10(1), 12-39.

UNEP (2021). Emissions Gap Report 2021: The heat is still on. A world of climate promises not delivered. UNEP.

UNESCO. (2019, 3 décembre). Rareté et qualité de l'eau. *Unesco.org*.

United Nations, Department of economic and social affairs (2022). World Population Prospects 2022 : Summary of Results. United Nations.

Valadier, P. (2010). Exceptionnelle humanité. *Études*, 412, 773-784.

Véron, J. (2013). *Démographie et écologie*. La Découverte.

Villalba, B. (2022). Managing irreversible ruins. *Ecologie politique,* 64(1), 37-55.

Vuillerod, J. B. (2021). Theodor W. Adorno. La domination de la nature. *Lectures, Publications reçues.*

Wagner, G., & Weitzman, M.L. (2012, 25 octobre). Playing God. *Foreign Policy.*

Warren, K. (2009). Le pouvoir et la promesse de l'écoféminisme. *Multitudes,* 36, 170-176.

Weinstein, O. (2015). Comment se construisent les communs : questions à partir d'Ostrom. In Coriat, B. (dir.). *Le Retour des communs. La crise de l'idéologie propriétaire,* 69-86. Éditions Les liens qui libèrent.

White Jr, L. (1967). The historical roots of our ecologic crisis. *Science,* 155(3767), 1203-1207.

Wieviorka, M. (2021). La crise de la démocratie... et après. In Piero Ignazi éd., *La vie politique : Pour Pascal Perrineau,* 151-155. Presses de Sciences Po.

Williams, M. (2003). Deforesting the Earth: From Prehistory to Global Crisis. Univ. of Chicago Press.

World Health Organization. (2021). The State of Food Security and Nutrition in the World 2021: Transforming food systems for food security, improved nutrition, and affordable healthy diets for all. Food & Agriculture Org.

Zhong Mengual, E. & Morizot, B. (2018). L'illisibilité du paysage : Enquête sur la crise écologique comme crise de la sensibilité. *Nouvelle revue d'esthétique,* 22, 87-96.

Zitouni, B., & Thoreau, F. (2018). Contre l'effondrement : agir pour des milieux vivaces. Lundi matin, 170.

Table des matières